国家科学技术学术著作出版基金资助出版

中国黑螺原色图鉴

杜丽娜　杨君兴　主编

河南科学技术出版社
·郑州·

内 容 提 要

本书以形态学和分子生物学研究结果为基础，对我国黑螺种类进行系统的分类整理。研究结果显示，记录于我国的黑螺种类主要被划分在厚唇螺科、短沟蜷科和跑螺科。本书分为总论和各论两大部分。总论部分介绍了"黑螺"的研究历史和系统学地位，以及淡水腹足类的采样、保存及组织材料采取等内容。各论部分记录了厚唇螺科 2 属 9 种、短沟蜷科 3 属 43 种、跑螺科 4 属 4 种，编制了各科的分属、分种检索表，系统叙述了每种的异名、形态鉴别特征、生存环境和地理分布，并对部分种类的生活习性、经济意义及分类问题进行了描述和讨论。每个物种都配有形态特征图，部分物种附有生态图。本书可供动物学及水生生物学领域的科研、教学使用，并为了解中国淡水腹足类多样性、水生态监测提供重要参考。

图书在版编目（CIP）数据

中国黑螺原色图鉴/杜丽娜，杨君兴主编 .—郑州：河南科学技术出版社，2023.1

ISBN 978-7-5725-1045-8

Ⅰ. ①中… Ⅱ. ①杜… ②杨… Ⅲ. ①黑螺科-中国-图解 Ⅳ. ①Q959.212-64

中国国家版本馆 CIP 数据核字（2023）第 006570 号

主　编　杜丽娜　杨君兴
副主编　陈　军

出版发行：河南科学技术出版社
　　　　　地址：郑州市郑东新区祥盛街 27 号　　　邮编：450016
　　　　　电话：（0371）65737028　65788613
　　　　　网址：www.hnstp.cn
策划编辑：李义坤
责任编辑：李义坤　申卫娟
责任校对：臧明慧
封面设计：张　伟
责任印制：宋　瑞
地理审图号：GS（2022）3830 号
地理编制：湖南地图出版社
印　　刷：河南瑞之光印刷股份有限公司
经　　销：全国新华书店
开　　本：787 mm × 1 092 mm　1/16　　印张：14.75　　插页：7　　字数：361 千字
版　　次：2023 年 1 月第 1 版　　2023 年 1 月第 1 次印刷
定　　价：228.00 元

如发现印、装质量问题，影响阅读，请与出版社联系并调换。

蟹守螺超科中淡水种类最初是被放在黑螺科黑螺属，随着系统发育学和分子生物学的不断发展，黑螺科的种类不断被划分到拟黑螺科、厚唇螺科、沼螺科、肋蜷科、短沟蜷科和跑螺科。其中，厚唇螺科、沼螺科、短沟蜷科和跑螺科的种类在中国有记录，但对于这些种类的分类地位有效性及系统发育关系一直缺乏系统的研究。厚唇螺科、沼螺科、短沟蜷科和跑螺科种类既是重要的水生态监测物种，又是重要的医学贝类，其大多数种类是吸虫类寄生虫的中间宿主。但是，由于壳形变异较大且缺少系统的分类鉴定书籍，这给黑螺类物种分类带来了很大的难度。我们开展此项工作，希望可以对中国"黑螺"种类进行系统的研究，进而深入阐释我国"黑螺"种类的分类地位及生物多样性。

在国家自然科学基金项目（32060117、31301865）、广西科技基地和人才专项（桂科 AD20159075）、广西师范大学珍稀濒危动植物生态与环境保护教育部重点实验室项目（ERESEP2020Z22）和广西师范大学广西珍稀濒危动物生态学重点实验室项目（19A0104）的资助下，本书编者对我国海南、云南、广西、广东、贵州、四川、重庆、湖南、浙江、江西、安徽、黑龙江、吉林、辽宁、天津等省（市、区）进行系统标本收集。利用分子学和形态学相结合的方法，厘订了我国短沟蜷科、厚唇螺科和跑螺科种类的分类地位。在中国科学院动物进化与系统学重点实验室开放课题（项目编号：Y229YX5105）的资助下，查看了中国科学院动物研究所馆藏的沼螺科、厚唇螺科、短沟蜷科和跑螺科标本。

本项研究得到了中国科学院动物研究所 刘月英 研究员和昆明医科大学 张迺光 教授的指导；感谢澳大利亚自然历史博物馆的 Frank Köhler 教授在短沟蜷科和厚唇螺科研究中提出的宝贵建议；感谢广西壮族自治区都安瑶族自治县水产技术推广站蓝家湖教授，南宁师范大学杨剑教授，柳州市渔业技术推广站罗福广高级工程师，中国科学院昆明动物研究所陈小勇研究员、闵锐助理研究员、刘淑伟助理研究员、秦涛博士、舒树森博士，吉首大学蒋万胜教授，西南林业大学赵亚鹏博士，中国科学院水生生物研究所刘振元博士、李正飞博士，四川农业大学陈重光博士，云南省丘北县渔业工作站杨洪福副研究员，以及螺类爱好者刘宝刚、邱鹭、曹倩、李浩等在标本收集过程中给予的帮助。感谢中国科学院动物研究所孟凯巴依尔在标本查看中给予的帮助。感谢广西师范大学生命科学学院武正军院长和周歧海教授在项目申请中提出的宝贵修改建议；感谢广西师范大学生命科学学院梁梅、纳超同学在标本查看中付出的努力；感谢曲阜师范大学舒凤月教授和李丽丽研究生在标本齿舌制作方面给予的无私帮助；非常感谢中国科学院昆明动物研究所昆明动物博物馆志愿者范晓兰在标本整理中给予的无私帮助。在本书的编撰过程中，得到许多亲人、老师、朋友、学生的帮助，在此一并表示感谢。

由于时间仓促，编者对我国沿海地区的标本调查力度还不够；另外，书中可能有不少错误和疏漏之处，敬请各位专家、同行、读者批评指正，以便再版时修订完善。

编者

2021 年 5 月

目　录

第一章 总 论

第一节 背景介绍

软体动物门（Mollusca）是动物界中第二大门类，仅次于节肢动物门（Arthropoda），全世界目前已知有 100 000 余种，广泛分布于世界各地，包括海洋、淡水和陆地（Strong 等，2008）。软体动物门包括双神经纲（Amphineura）、腹足纲（Gastropoda）、掘足纲（Scaphopoda）、瓣鳃纲（Bivalvia）及头足纲（Cephalopoda）等 5 个纲。其中，双神经纲、掘足纲和头足纲种类完全生活在海洋中；瓣鳃纲种类生活在海洋和淡水中；腹足纲种类既可以生活在陆地，也可以生活在海洋和淡水中（刘月英等，1993；Donald 等，2000；Colgan 等，2003）。

腹足纲以其足位于身体腹面而得名，它是软体动物门中最大的一个类群，估计有40 000~90 000 种，广泛分布于淡水、海洋和陆地各种栖息环境，是唯一可以在陆地上生活的软体动物类群（Ponder et al.，2020）。腹足类动物的大小变异较大，最大的巨型海螺（*Syrinx aruanus*）的贝壳高可达 600 mm，而最小的腹足类贝壳高不足 1 mm。在形态结构上，腹足纲的身体左右不对称，可明显地分为头、足和内脏团 3 个部分。头部是摄食和感觉中心，有口球、眼及 1 对或 2 对触角。足发达，紧接头后，位于身体的腹面，多扁平，适于爬行。内脏团多因扭转而左右不对称，一部分脏器如栉状鳃、肾、心耳等仅在一侧保留，而另一侧消失。

一、腹足纲的系统分类

Bouchet et al.（2017）将现生的腹足纲动物放入 7 个亚纲中，分别为笠螺亚纲（Patellogastropoda）、新帽贝亚纲（Neomphaliones）、古腹足亚纲（Vetigastropoda）、蜑螺亚纲（Neritimorpha）、新进腹足亚纲（Caenogastropoda）、异鳃亚纲（Heterobranchia）和直神经亚纲（Euthyneura）。Ponder et al.（2020）将腹足纲分为原腹足亚纲（Eogastropoda）和正腹足亚纲（Orthogastropoda）2 个亚纲。笠螺亚纲、古腹足亚纲、蜑螺亚纲、新进腹足亚纲和异鳃亚纲的分类地位被降低为下纲，但拉丁名未发生改变。笠螺下纲隶属于原腹足亚纲，其他 4 个下纲隶属于正腹足亚纲。

（一）原腹足亚纲 Eogastropoda

本亚纲包括一个下纲，即笠螺下纲（Patellogastropoda = Docoglossa）。本亚纲的动物几乎都生活在海洋，具有帽贝形状的贝壳。幼虫阶段的帽贝呈管状，具有厣，成体厣退化，有羽状鳃一个，齿舌为双舌型。

（二）正腹足亚纲 Orthogastropoda

本亚纲包含除原腹足亚纲以外的全部种类，可以分为 4 个下纲：古腹足下纲（Vetigastropoda）、蜑螺下纲（Neritimorpha）、新进腹足下纲（Caenogastropoda）和异鳃下纲（Heterobranchia）。

1. 古腹足下纲 Vetigastropoda　本下纲动物主要为原始的正腹足类，全部分布于海洋，包含以前被称为原始腹足目（Archaeogastropoda）中的绝大部分种类。其中，缝螺超科（Scissurelloidea）、翁戎螺超科（Pleurotomarioidea）和鲍螺超科（Haliotoidea）是仅有的保留有成对栉鳃、鳃下腺和嗅感器的类群。本下纲中的大部分种类具有 2 个心耳、2 个肾，鳃呈栉状。齿舌侧齿数目多，其中一个小齿较其他小齿明显增大，在许多类群中，齿舌不对称。

2. 蜑螺下纲 Neritimorpha　本下纲动物曾被放在原始腹足目（Archaeogastropoda）中，分布范围从潮间带到深海，部分种类可在淡水和陆地上生活。本下纲动物大部分种类具有螺旋贝壳，少部分种类，如扁帽螺科（Phenacolepadidae）和淡水种类具有帽贝状贝壳。大多数种类在生长过程中会吸收贝壳的内部螺旋，这使得动物的贝壳的体螺层较大，而螺旋层较小，呈卵圆形。厣上具有螺旋生长纹，较厚，厣内侧具有 1 个钉状突起。具有 2 个心耳、1 个肾。

3. 新进腹足下纲 Caenogastropoda　腹足纲约 60% 的种类都是属于新进腹足下纲。最初，本下纲是作为前鳃类（prosobranchs）的一个分支，包括中腹足目（Mesogastropoda）大部分种类和狭舌目（Stenoglossa）全部种类。本下纲动物在贝壳形式上是现存腹足类中最多样化的类群。具有 1 个心耳、1 个肾、1 个鳃，生殖腺开口于独立的生殖管上，有生殖孔。广泛分布在海洋、淡水和陆地，具有重要的生态和经济价值，也是重要的医学贝类。

4. 异鳃下纲 Heterobranchia　本下纲包括以前被称为后鳃亚纲（Opisthobranchia）中大部分陆生蜗牛和肺螺亚纲（Pulmonata）中全部的陆生蛞蝓，以及部分淡水和海洋种类。本下纲动物侧脏神经连接不交叉成"8"字形，鳃位于心室的后方。贝壳退化或无。无厣。

二、淡水腹足类多样性

淡水腹足动物分布在除南极洲以外的每一个大陆，几乎所有水生栖息地都有淡水腹足动物，包括河流、湖泊、小溪、沼泽和泉水，以及临时池塘、排水沟和其他季节性水域。全世界现生的腹足类有 482 科（Ponder et al.，2020），其中 34 个科完全或部分种类生活于淡水（Strong et al.，2008），Lydeard and Cummings（2019）提出淡水腹足类约有 4 370 种，隶属于 34 科 535 属；其中，分布于中国的淡水腹足类有 21 科 57 属（表 1-1）。根据腹足类栖息环境的不同，可以将其分为：①潮湿地区、水位变化区，代表种类如钉螺和拟沼螺等；②沟渠、池塘、水稻田，代表种类如田螺科、椎实螺科和扁蜷螺科等；③湖泊，代表种类有田螺科、短沟蜷科等；④江、河流水地区，代表种类有田螺科、短沟蜷科、厚唇螺科和跑螺科；⑤水流较急，底质多为沙、石底的山区溪流，水质清澈透明，代表种类如短沟蜷科和厚唇螺科。

Strong et al.（2008）估计全球淡水腹足类有效物种为 4 000 多种，并对全球的淡水腹足类多样性与动物地理区域间的关系进行了探讨，其中古北区物种最多，有 1 408~1 711 种；其次是新北区，物种数量为 585 种，分布于东洋区、新热带区和大洋洲的物种数分别为 509~606 种、440~533 种和 490~514 种。由于腹足类壳形变异较大，给分类学研究带来了一定困难，想要明确一个地区的腹足类物种多样性是有一定难度的。仅依据贝壳形态特征会导致对腹足类物种多样性评估偏高，如在北美洲记录的肋蜷科种类超过 1 000 种，但仅 200 被认为是有效种类（Graf，2001），膀胱螺科约 460 种被记录，同样，仅约 80 种被认为是有效种类（Taylor，2003）。在我国，早期的分类鉴定研究多基于壳形的相似性，将我国的种类鉴定到相类似的属种，如环棱螺属（*Bellamya*）在我国广泛分布，且记录的种类较多，但环棱螺属的模式种类分布在非洲，并且分子生物学结果暗示，分布在我国的环棱螺属种类并不是真正的环棱螺，而可能是属于石田螺属（*Sinotaia*）（Sengupta 等，2009）。Lu 等（2014）对我国记录的 18 种圆田螺（*Cipangopaludina*）的分类地位进行厘定，从而确定有效种类为 11 种、2 亚种。除了同物异名以外，近些年也有一些新种被描述发表，Köhler et al.（2010）描述发表川蜷属（*Brotia* H. Adams，1866）1 个新种——云南川蜷（*Brotia yunnanensis* Köhler，Du & Yang，2010）。Du et al.（2011）在我国首次记录了拟小螺属（*Trochotaia* Brandt，1974），并描述发表 1 个新种——塔形拟小螺（*Trochotaia pyramidella* Du，Yang & Chen，2011）。Zhang et al.（2015）对螺蛳属（*Margarya* Nevill，1877）进行了系统的分类整理，将阳宗海螺蛳（*Margarya yangtsunghaiensis* Tchang & Tsi，1949）和叠唇玺螺蛳（*Tchangmargarya multilabiata* Zhang，Chen & Köhler，2015）放到玺螺蛳属（*Tchangmargarya* He，2013），除此之外，以光肋螺蛳（*Margarya mansuyi* Dautzenberg & Fischer，1906）为模式种建立了 1 个新属——环螺蛳属（*Anularya* Zhang & Chen，2015），并将二肋螺蛳（*Margarya bicostata* Tchang & Tsi，1949）归到环螺蛳属，有效种名为二肋环螺蛳（*Anularya bicostata*）。Zhang（2017）描述发表玺螺蛳属另外 1 个新种——缁衣玺螺蛳（*Tchangmargarya ziyi* Zhang，2017）。Du and Yang（2019）对我国厚唇螺科沟蜷属进行了分类整理，明确了我国沟蜷属物种多样性，并描述发表 2 个新种，即广西沟蜷（*Sulcospira guangxiensis* Du & Yang，2019）和码市沟蜷（*Sulcospira mashi* Du & Yang，2019），以及 1 个新记录——越南沟蜷［*Sulcospira tonkiniana*（Morlet，1887）］。Du et al.（2019a）对我国西南地区的短沟蜷属（*Semisulcospira* Boettger，1886）种类进行了系统的分类整理，明确记录我国的短沟蜷属的种类分别隶属于短沟蜷属和华蜷属（*Hua* Chen，1943），并描述发表了刘氏华蜷（*Hua liuii* Du，Köhler，

Yu，Chen & Yang，2019)、富宁华蜷 (*Hua funingensis* Du，Köhler，Yu，Chen & Yang，2019)、昆明华蜷 (*Hua kunmingensis* Du，Köhler，Yu，Chen & Yang，2019) 和张氏华蜷 (*Hua tchangsii* Du，Köhler，Yu，Chen & Yang，2019) 4 个华蜷属新种。Shi et al. (2020) 在云南抚仙湖采集到仿穴螺属 (*Lacunopsis* Deshayes，1876) 1 个新种，命名为玉溪仿穴螺 (*Lacunopsis yuxiensis* Shi，Shu，Qiang，Xu，Tian & Chang，2020)。

我国淡水腹足类物种多样性较丰富，从 19 世纪中期开始，各国贝类研究者已对中国淡水贝类进行研究，如 Heude (1888) 记录了 74 种（或亚种）分布于中国的淡水腹足类；Boettger (1886) 记录分布于中国的黑螺类有 24 种；Yen (1939) 对德国法兰克福森根堡自然博物馆 (Naturmuseum senckenberg，Frankfurt/Main，Germany) 馆藏的中国陆生及水生螺类进行整理，记录中国淡水腹足类 147 种（或亚种）；Yen (1942) 整理保存在英国自然历史博物馆的中国腹足类标本，共整理中国淡水腹足类 101 种（或亚种）。我国较系统地记录腹足类的书籍主要有以下 4 种图书：《中国动物图谱 软体动物》（第一册和第四册），共记录淡水腹足类 69 种（张玺等，1964；齐钟彦等，1985）；《中国经济动物志 淡水软体动物》，共记录我国淡水腹足类 56 种（刘月英等，1979）；《中国水生贝类原色图鉴》，收录了水生贝类 697 种，其中淡水腹足类 19 种（王如才，1988）；《医学贝类学》，列举了 115 种淡水腹足类（刘月英等，1993）。此外，张玺光等 (1997) 对云南淡水腹足类进行了全面的调查研究，整理云南淡水腹足类 124 种。

三、淡水腹足类与人类的关系

我国是世界淡水水域最多的国家之一，境内江河、湖泊、沟渠、池塘及水库遍及各地，这些水域内生活着各种各样的软体动物，它们与人类的关系是极为密切的，有的种类对于人类有益，可供人们食用或药用，或作为家禽的饲料，如广西柳州螺蛳粉的主要原料之一便是石田螺或圆田螺，《舌尖上的中国》播出的浙江青蛳是当地人们喜食的螺类，具有清热、解毒、明目等功效。除此之外，有的种类对于人类是有害的，它们是危害人体、家畜、家禽或鱼类健康的寄生虫中间宿主，如钉螺是日本血吸虫中间宿主，短沟蜷科种类多是并殖吸虫 (*Paragonimus*) 的中间宿主，豆螺 (*Bithynia* sp.)、沼螺 (*Parafossarulus* sp.)、拟沼螺 (*Assiminea* sp.) 等是华支睾吸虫 (*Clonorchis sinensis* Cobbold，1875) 的第一中间宿主（刘月英等，1995)。

淡水腹足类生活在各种各样的水体中，对水质的变化较敏感，是重要的水质监测类群。随着工农业的发展，水体中的营养物质含量增加，湖泊富营养化加剧，加之工农业污染，以及过量捕获、外来种类入侵等影响，使得软体动物的种群结构发生变化。在滇池，由于湖泊富营养化的加剧，已使得一些对水质敏感的种类，如华蜷属种类在湖体中消失，取而代之的是一些耐污、耐低氧的种类，如萝卜螺 (*Radix* spp.)、膀胱螺 (*Physa* sp.) 等肺螺亚纲的种类 (Du 等，2011)。

表1-1　中国现生淡水腹足类的科、属（依据刘月英等，1993；张酒光等，1997；
Lydeard and Cummings，2019；Ponder et al.，2020）

Table 1-1　Currently recognized Chinese freshwater gastropod families and genera
（after Liu et al.，1993；Zhang et al.，1997；Lydeard and Cummings，2019；
Ponder et al.，2020）

腹足纲 Gastropoda

　蜑螺下纲 Neritimorpha

　　蜑形目 Cycloneritida

　　　蜑螺总科 Neritoidea Rafinesque，1815

　　　　蜑螺科 Neritidae Rafinesque，1815

　　　　　蜑螺属 *Neritina* Lamarck，1816

　　　　　石蜑螺属 *Clithon* Montfort，1810

　新进腹足下纲 Caenogastropoda

　　主扭舌目 Architaenioglossa

　　　瓶螺总科 Ampullarioidea Gray，1824

　　　　瓶螺科 Ampullariidae Gray，1824

　　　　瓶螺属 *Pila* Röding，1798

　　　　福寿螺属 *Pomacea* Perry，1810

　　　田螺总科 Viviparoidea Gray，1847

　　　　田螺科 Viviparidae Gray，1847

　　　　　田螺亚科 Viviparinae Gray，1847

　　　　　田螺属 *Viviparus* Montfort，1810

　　　　　河螺属 *Rivularia* Heude，1890

　　　　　环棱螺亚科 Bellamyinae Rohrbach，1937

　　　　　　角螺属 *Angulyagra* Rao，1931

　　　　　　环螺蛳属 *Anularya* Zhang & Chen，2015

　　　　　　圆田螺属 *Cipangopaludina* Hannibal，1912

　　　　　　色带田螺属 *Filopaludina* Habe，1964

　　　　　　螺蛳属 *Margarya* Nevill，1877

　　　　　　湄公螺属 *Mekongia* Crosse & Fischer，1876

　　　　　　石田螺属 *Sinotaia* Haas，1939

　　　　　　玺螺蛳属 *Tchangmargarya* He，2013

　　　　　　拟小螺属 *Trochotaia* Brandt，1974

　　蟹守螺总目 Cerithiimorpha

　　　蟹守螺总科 Cerithioidea Flemming，1822

厚唇螺科 Pachychilidae Fischer & Crosse, 1892

　川蜷属 *Brotia* H. Adams, 1866

　沟蜷属 *Sulcospira* Troschel, 1858

沼蜷科 Paludomidae Stoliczka, 1868

　沼蜷属 *Paludomus* Swainson, 1840

短沟蜷科 Semisulcospiridae Morrison, 1952

　短沟蜷属 *Semisulcospira* Boettger, 1886

　华蜷属 *Hua* Chen, 1943

　韩蜷属 *Koreoleptoxis* Burch & Jung, 1988

跑螺科 Thiaridae Gill, 1871

　拟黑螺属 *Melanoides* Olivier, 1804

　米氏蜷属 *Mieniplotia* Low & Tan, 2014

　齿蜷属 *Sermyla* H. Adams & A. Adams, 1854

　狭蜷属 *Stenomelania* Fischer, 1885

　粒蜷属 *Tarebia* H. Adams & A. Adams, 1854

高腹足总目 Hypsogastropoda

玉黍螺目 Littorinimorpha

截螺总科 Truncatelloidea Gray, 1840

溪螺科 Amnicolidae Tryon, 1862

　秋吉螺属 *Akiyoshia* Kuroda & Habe, 1954

　洱海螺属 *Erhaia* Davis & Kuo, 1985

拟沼螺科 Assimineidae H. Adams & A. Adams, 1856

　拟沼螺属 *Assiminea* Fleming, 1828

　山椒螺属 *Solenomphala* Martens, 1883

豆螺科 Bithyniidae Gray, 1857

　豆螺属 *Bithynia* Leach, 1818

　涵螺属 *Alocinma* Annandale & Prashad, 1919

　沼螺属 *Parafossarulus* Annandale, 1924

　小豆螺属 *Pseudobithynia* Glöer & Pešić, 2006

江旋螺科 Helicostoidae Pruvot-Fol, 1937

　江旋螺属 *Helicostoa* Lamy, 1926

莫氏螺科 Moitessieriidae Bourguignat, 1863

　脆弱螺属 *Paladilhia* Bourguignat, 1865

盖螺科 Pomatiopsidae Stimpson，1865

德拉维螺属 *Delavaya* Heude，1889

龙骨螺属 *Fenouilia* Heude，1889

胡本螺属 *Hubendickia* Brandt，1968

景洪蜷属 *Jinghongia* Davis & Kang，1990

昆明蜷属 *Kunmingia* Davis & Kuo，1984

仿穴螺属 *Lacunopsis* Deshayes，1876

雕石螺属 *Lithoglyphopsis* Thiele，1928

曼宁螺属 *Manningiella* Brandt，1970

新拟钉螺属 *Neotricula* Davis，1986

钉螺属 *Oncomelania* Gredler，1881

拟塔螺属 *Parapyrgula* Annandale & Prashad，1919

拟钉螺属 *Tricula* Benson，1843

武汉蜷属 *Wuconchona* Kang，1983

狭口螺科 Stenothyridae Tryon，1866

狭口螺属 *Stenothyra* Benson，1856

异鳃下纲 Heterobranchia

盘螺总科 Valvatoidea Gray，1840

盘螺科 Valvatidae Gray，1840

盘螺属 *Valvata* Müller，1774

椎实螺总科 Lymnaeoidea Rafinesque，1815

椎实螺科 Lymnaeidae Rafinesque，1815

椎实螺属 *Lymnaea* Lamarck，1799

土蜗属 *Galba* Schrank，1803

萝卜螺属 *Radix* Montfort，1810

淤泥螺科 Bulinidae Fischer & Crosse，1880

印度扁蜷螺属 *Indoplanorbis* Annandale & Prashad，1921

膀胱螺科 Physidae Fitzinger，1833

膀胱螺属 *Physa* Draparnaud，1801

扁蜷螺科 Planorbidae Rafinesque，1815

双脐螺属 *Biomphalaria* Preston，1910

旋螺属 *Gyraulus* Charpentier，1837

圆扁螺属 *Hippeutis* Charpentier，1837

第二节　淡水腹足类采集及标本处理

一、标本采集

（一）采集前准备

在采集工作开始之前，首先要明确采集的目的，根据采集目的确定采样区域，初步确定采样点。收集调查区域自然概况，如地形地貌图、水系资料、水文资料，了解当地人生活习惯以及以往相关研究的资料信息等。

（二）工具的准备

1. 防护工具　采集过程中常需要下到水中，要注意防护，需要准备水裤和乳胶手套。

2. 采集工具（如图1-1）

（1）手抄网：用于采集水域中的水草上或其他固着物上的螺类；手抄网一般选择前端为平直的，尽量不选择圆弧的，网袋的网眼一般为40 μm。收集到的样本里会混有石块、水草、枯枝及其他的底栖动物，需将全部样本放进水桶里慢慢清洗，除去石块、水草等大的物体后，将其过筛，然后将所得样本放到白瓷盘中，加少量清水，用镊子将螺类及其他底栖动物捡出后保存。

（2）三角拖网：用于采集江、河、湖底的底栖软体动物。三角拖网所采集到的样本直接放到水桶中，清洗除去大石块等杂物，然后过筛，分拣出目标动物。

除此之外，还需准备水桶、网眼为40 μm的筛子、白瓷盘、眼科镊等工具，以及准备少量防蚊虫药品、感冒药、胃肠药。

3. 保存工具及药品

（1）保存工具：组织材料的保存需要准备1.5 mL或2.0 mL冻存管若干，每个管中装好无水乙醇和标签；5 mL和50 mL冻存管，用于保存取完组织后留下的标本，注意标本号要与组织材料号一致。

（2）药品：硫酸镁腹足类麻醉用，75%乙醇溶液（整体保存）、无水乙醇（组织材料的保存）；不同规格的标本瓶或冻存管，用于标本的保存；防水的标签纸或硫酸纸。

（三）标本采集方法

1. 直接采集　根据不同的生境可选择不同的方法，在水深小于1 m、水底多为卵石或砾石溪流中，采样时可选用踢网法（即将网口与水流方向相对，用下肢或手搅动网前约0.5 m的河床底质，利用水体的流速将腹足类动物及其他底栖动物带入网内）或直接翻转石头，这是因为白天腹足类动物会躲藏在石头的下面，快速翻转石头可以

水裤

手抄网

三角拖网

图 1-1　手抄网及三角拖网

Fig. 1-1　Handnet and triangle net

看到一些螺类附着在石头上。在水深大于 1 m 的河道或者湖泊，可尝试三角拖网采样，无船时可站在岸边，尽量将网丢出，待网下沉到水底后再慢慢地将其拉回；如有船时则可以直接将网放在船后，随着船缓慢向前，拖取底栖的腹足类及其他动物。

2. 雇请当地渔民协助采集　在一些水体较大、水文条件比较复杂的地区采集时，为安全起见，在有条件的情况下可以雇请当地专业或业余渔民协助标本采集，因为当地人比较熟悉采集地的水环境，如水深、有无暗流等重要安全因素，往往可以收到较好的采集效果。

3. 市场购买　在很多地区，市场是比较理想的标本收集地，当地人会把一些螺类不分种类、不分规格直接拿到市场上出售，这给标本采集人员提供了比较好的选择标本的机会。

（四）标本采集注意事项

（1）标本采集人员一定要具备必要的标本鉴定知识，对大部分采集到的标本具有现场鉴定能力；否则，将很难开展工作。

（2）标本采集数量不宜过多，一般同一种采集 20 号即可。

（3）标本在保存前，要先剪取组织材料。

（4）野外采集要充分考虑人员的安全防护及对资源、环境的影响，避免出现安全问题和不必要的过度采集。

二、标本的制作

（一）标本麻醉

将标本放在加有少量水的白瓷盘中，待标本足部伸出后，向水中缓慢均匀地加入硫酸镁颗粒，大约静置 30 min 后，样本会逐渐进入麻醉状态，此时轻轻触动样本，若其腹足缩回壳内较为缓慢或基本不动，则麻醉效果较佳。

（二）齿舌、厣及组织样本的选取

选取 10 个麻醉状态较好的样本，用已彻底消毒的尖头镊子将足部肌肉连同厣一起夹下来，并在已消毒的培养皿中将足部肌肉与厣分离，依据厣的大小，分别放入 1.5 mL 或 2.5 mL 的冻存管中（图 1-2A），然后将剩下的螺壳及内脏团放到 5 mL 的冻存管中，并用无水乙醇保存（图 1-2B），最后在各冻存管贴上记有编号的标签（图 1-2C）。

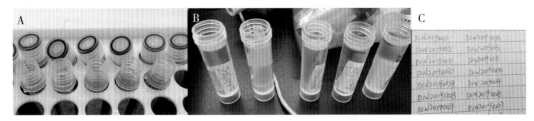

图 1-2　A. 2.5 mL 冻存管　B. 5 mL 冻存管　C. 试验中所需的标签

Fig. 1-2　A. 2.5 mL frozen pipe　B. 5 mL frozen pipe　C. labels for the experiment

（三）厣的制备

将所取的厣浸泡在 84 消毒液中 1 min，再移到清水中，在体视解剖镜下用硬毛刷轻轻地将上面附着的肌肉组织及杂质清理干净，然后在冻存管中加入水，并将厣放回冻存管中，用超声波清洗仪清洗 60 s，重复 3 次，取出厣，放入新的冻存管中，加入水或甘油，从厣核的中心向外，生长纹每旋转 1 圈，即为 1 个螺旋层，记录厣上螺旋生长纹的层数（图 1-3）。

（四）齿舌的制备

将齿舌组织块放入装有细胞裂解液（或水）的冻存管中，加入 20~40 μL 的蛋白酶 K，于 56 ℃恒温箱或水浴中消化 1~2 h，一般不超过 4 h，每隔 1 h 轻微晃动 1 次，观察被消化的情况。待消化完全后，用干净的镊子将齿舌取出，放在干净的冻存管中，并用水浸泡，剩下的消化液按照 DNA 提取步骤完成 DNA 的提取，如不需要提取 DNA，则可以丢弃。所得齿舌样品在超声波清洗仪中清洗 2~3 次，每次分别设置为 45 s、30 s、30 s。如需直接进行电镜扫描，可将齿舌样本粘贴在电镜样品台的导电双面胶上，用滤纸轻轻地将多余的液体吸干，先用尖头镊子确定齿舌的位置，然后用小号的水彩毛笔轻轻地将齿舌刷开，并粘贴在双面胶上，待齿舌粘贴完成后，可将电镜台放置在

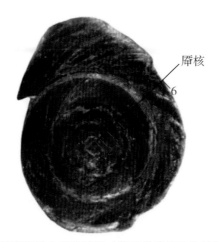

厣核

6

图 1-3　具有螺旋生长纹的厣（数字代表螺旋生长纹的层数）

Fig. 1-3　Operculum with spiral growth line（The number is whorls）

木炭干燥箱或空气中干燥，以便完成后续的电镜扫描。如制备完成的齿舌短时间内不进行电镜扫描，可保存在 75% 乙醇溶液中（图 1-4）。

中央齿　　　内缘齿

外缘齿

侧齿

图 1-4　齿舌的结构

Fig. 1-4　Structure of radula

（五）胚胎的制备

对于卵胎生种类，将胚胎从子宫内取出，放入 100 μL 细胞裂解液和 5 μL 蛋白酶 K，在 56 ℃ 消化约 30 min，将胚胎取出放入蒸馏水中，并用超声波清洗仪清洗胚胎表面的沉积颗粒，随后将胚胎取出粘贴到样本台上，待样本自然干燥后喷金，并用扫描电镜或超景深显微镜观察拍照。

三、标本的保存

（一）标本存放的场所与环境

为了尽可能充分利用标本保存空间，同时也便于标本的整理取放，一般标本馆都将螺类标本上架（柜）保存。

（二）标本的防腐和保存

使用磨砂口或螺口且密封较好的标本瓶。用 70%～80% 的乙醇溶液保存。因乙醇易挥发，在天气比较干燥的季节，要对标本进行检查，对缺少乙醇的标本瓶要及时补加。

第三节　腹足类常用术语

一、外部形态

（1）螺旋部（spire）：除去体螺层后其余的螺层，为盘存内脏团的地方。

（2）体螺层（BW，body whorl）：贝壳的最后一层，一般为容纳头部和足部的地方。

（3）壳口（aperture）：体螺层末端有一开口，即为壳口，是动物外伸的出口。

（4）厣（operculum）：足的后端附着的角质或石灰质的薄片，将壳口盖住，这个薄片即为厣。厣一般具 1 个核，围绕核有同心圆或螺旋形的生长纹。

（5）壳高（shell height）：由贝壳的壳顶到其基部的垂直距离。

（6）壳宽（shell width）：贝壳两侧垂直于壳高的最宽的距离。

（7）壳口长（aperture length）：壳口上部到壳口基部最大的距离。

（8）壳口宽（aperture width）：垂直于壳口长，壳口内外缘最大的距离。

（9）螺旋部高（spire height）：壳顶至壳口上部的距离。

（10）壳饰（shell sculpture）：短沟蜷壳面具有不同的花纹，如生长线（growth line）、螺棱（lirae）、纵肋（axial rib）、色带（color band）、瘤（nodule）等，详见图1-5。

（11）齿舌（radula）：齿舌带上纵横排列了许多齿，每一横列的齿舌都是对称排列的。位于中央的 1 枚为中央齿（central tooth），中央齿两侧形状相同的齿为侧齿（lateral tooth），侧齿外侧的为缘齿（marginal tooth），缘齿又可分为内缘齿（inner marginal tooth）和外缘齿（outer marginal tooth），不同齿上常有不同数量的小齿。齿式一般列出一侧，刘月英等（1993）在给出齿式的时候是将每一个齿上所有的小齿数都统计在一起，如 3/6/7/5 代表中央齿有 3 个小齿，侧齿有 6 个小齿，内缘齿有 7 个小齿，外缘齿有 5 个小齿。但是，在短沟蜷中，小齿常由中间较大的一个齿及两侧（或单侧）不同数量的小齿组成，而小齿的数量常有差异。因此，在本书中我们将齿式列为：3（1）3／2（1）2／3／6，代表中央齿中间有 1 枚大齿，两侧分别有 3 个小齿；侧齿中间具 1 枚大齿，两侧分别具 2 个小齿；内缘齿有 3 个小齿，外缘齿有 6 个小齿。

（12）贝壳分型：按照刘月英等（1993）定义，贝壳高>50 mm，为大型螺类；贝壳高在 10~30 mm，为中等大小的螺类；贝壳高< 10 mm，为小型螺类。

螺层数的计数方法，可使壳口向下，从壳顶开始数内侧缝合线，缝合线每旋转一圈，即为一个螺层，从壳顶至体螺层，缝合线旋转的圈数就是螺层的数目。

腹足类贝壳的前、后、左、右方位是按照动物行动时的姿态来决定的，吻所在的位置为前端，相反为后端；有壳口的一面为腹面，相反的一面为背面。以壳顶向前，腹面向下，后端向观察者，观察者的右侧即为腹足类的右端，观察者的左侧为腹足类的左端（刘月英等，1993）。

（13）外部形态的度量及描述：螺壳的形态测量及描述参照刘月英等（1993）和 Annandale and Sewell（1921）。度量螺壳的壳高（H）、壳宽（B）、体螺层高度（BW）、壳口长（LA）与壳口宽（WA）等性状，描述壳饰形态、数量、壳面有无色带及厣的形状、厣核所在位置等特征（图 1-5）。

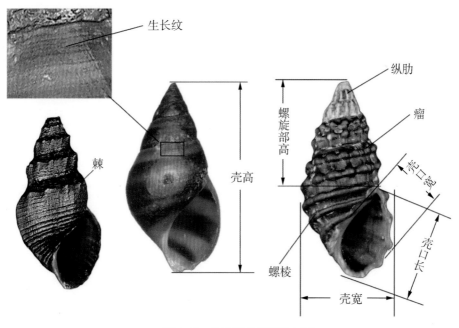

图 1-5 外壳测量及壳饰示意

Fig. 1-5 Shell measurements and sculpture

二、内部软体部分

将壳敲碎后小心取出软体部分，先粗略了解各器官之间的关系（图 1-6）。本研究主要侧重生殖系统，记录雌性怀卵量及胚胎大小；对样本的消化系统、循环系统、呼吸系统、排泄系统等进行描述，找出更多、更有效的分类性状。

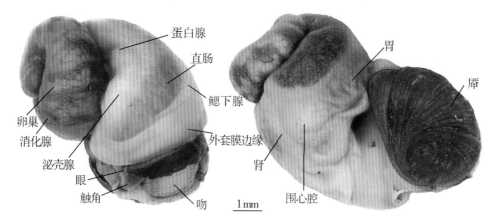

图 1-6　短沟蜷科种类的内脏团

Fig. 1-6　The visceral mass of Semisulcospirids

以厚唇螺科广西沟蜷为例，来介绍其消化系统、呼吸系统、循环系统、排泄系统和生殖系统的结构组成。

（一）消化系统

消化系统（图 1-7）由消化管和消化腺两部分组成。

消化管从前向后分别由口、咽、食道、胃、肠和肛门组成。口位于头部前端腹面，呈吻状，被乙醇浸泡过的标本，触角长约为吻长的一半。口后方膨大为口球，内腔称

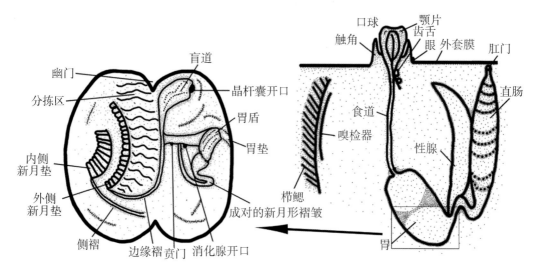

图 1-7　广西沟蜷的消化系统

Fig. 1-7　Digestive system of *Sulcospira guangxiensis*

为口腔，口腔内有颚片、齿舌及其相连的肌肉。颚片位于口腔前部，齿舌位于口腔的底部，厚唇螺科种类的齿舌较长，在口球后方形成1~2环，齿舌的数目、大小、形态和排列方式是重要的分类依据之一。咽后为比较狭长的食道，在柱状肌后端，食管与胃连接。胃椭圆形，分为贲门部、胃本部和幽门部。贲门部与食管相连，经胃本部到达幽门部与肠相连。肠沿着外套腔向前，开口于外套膜边缘。胃的形态在不同种间也有不同，是重要的种级分类特征之一。

消化腺包括唾液腺和肝脏。唾液腺位于咽头部，开口在口腔齿舌带两侧。从软体动物开始出现大型的消化腺——肝脏，它分泌淀粉酶和蛋白酶，肝脏和性腺占据内脏腔大部分，可依据颜色将肝脏与性腺进行区分，肝脏为墨绿色，性腺为黄绿色。

（二）呼吸系统

广西沟蜷具有栉鳃1个，位于外套腔的左侧。许多三角形的鳃小叶并排于一条轴上。呼吸时，水由入水管进入外套腔，经过鳃由出水管流出。在鳃的左面基部有一个嗅检器，在鳃的右侧基底部具有发达的鳃下腺。

（三）循环系统

腹足类为开管式循环，循环系统包括心脏、血管和血窦。

心脏位于胃与肾之间的围心腔内，围心腔内充满围心腔液。心脏具有一心耳和一心室，二者之间有瓣膜分隔，可防止血液从心室倒流回心耳。心室位于后方，肌肉壁较发达，心耳位于前方，壁薄，接受来自出鳃静脉的血液。

血管从心室发出一主动脉，离心后分为两支，一支向前，为前大动脉，将血液送达到头、食道、足等；另一支向后，为后大动脉，将血液输送到螺体后部的内脏区。软体动物的血液不是一直在血管中流淌，动脉血管分支后通入各血窦中。从外套窦中出来的血液直接由静脉送回心耳，其他血液由静脉收集后，经肾由入鳃动脉送入鳃中，完成气体交换后，由出鳃静脉将血液送回到心耳。

（四）排泄系统

广西沟蜷具肾1个，呈长舌状，淡黄色，位于围心腔之前。肾口开口于围心腔底部，后接围心腔管，肾后接一细长的输尿管，输尿管与肠平行向前，肾孔开口于外套腔中。

（五）生殖系统

广西沟蜷雌雄异体，生殖系统可以分为外套腔生殖器和内脏腔生殖器两部分。内脏腔生殖器主要是比较宽大的性腺（雌性为卵巢，雄性为睾丸），依附在肝脏的背面。

雌性颈部的背面有一个育仔腔，这个体腔几乎占据了整个头足腔。在育仔腔的后1/3处膨大鼓起，里面有直径约0.5 mm发育成熟的卵块。在繁殖季节，内脏腔性腺为淡橘色或淡黄色，雌性的性腺呈宽大的叶状。外套腔生殖器由平行的薄膜包裹形成。由中间层形成一个简单的输精沟，输精沟大概在外套腔生殖器的1/3处扩大，形成具有纤毛的精囊，输精沟继续向后延伸，形成受精囊。沟蜷属种类具有受精囊，而川蜷属种类则无受精囊。

第四节　黑螺类研究进展

蟹守螺总科（Cerithiacea）中大部分的淡水种类被放在黑螺科（Melaniidae）、黑螺属（*Melania* Lamarck，1799）。黑螺科是由 Thiele（1929）建立，他并根据齿舌形态的差异，将黑螺科分为三黑蜷亚科（Melanatriinae）、拟黑螺亚科（Melanopsinae）、肋蜷亚科（Pleurocerinae）、两栖黑螺亚科（Amphimelaniinae）、沼蜷亚科（Paludominae）和黑螺亚科（Melaniinae）等 6 个亚科，并且早期学者也认为黑螺科是一个单系类群，具有共同的祖先起源（Brot，1874；Fischer，1887；Martens，1897；Thiele，1928，1929）。但是，Morrison（1954）依据生殖系统的差异，将黑螺科分为肋蜷科（Pleuroceridae）、拟黑螺科（Melanopsidae）和跑螺科（Thiaridae）。随着系统发育学的发展，Glaubrecht（1995，1996，1999）利用形态性状分析蟹守螺超科 36 个物种的系统发育关系发现，跑螺科包含了 3 个不同的进化支系，并将其分为 3 个科：跑螺科、沼蜷科（Paludomidae）和黑螺科［不同于 Thiele（1929）黑螺科的概念］。此后，黑螺科的名字在分类上一直被混用，直到 1999 年，Glaubrecht 整理了从黑螺科到跑螺科在概念上的转化及它们之间的关系，认为 Thiele 于 1929 年所建立的黑螺科是无效的科名，应被跑螺科替代。Thiele 于 1929 年所建立的黑螺科（Melaniidae）的种类主要被归入拟黑螺科、沼蜷科、肋蜷科和跑螺科。

拟黑螺科种类仅分布于欧洲，但沼蜷科、肋蜷科和跑螺科的种类在非洲、亚洲和美洲均有分布。随着分子生物学研究的发展，利用线粒体基因和核基因所构建的系统发育树揭示，肋蜷科中分布于亚洲的种类与北美洲西部的结蜷属（*Juga* H. Adams & A. Adams）构成一个单系，它们是不同于北美洲东部肋蜷科种类。因此，亚洲肋蜷科种类与北美洲西部的结蜷属种类共同组成短沟蜷科（Strong and Köhler，2009）。记录于东南亚的川蜷属（*Brotia*）、瘤黑蜷属（*Tylomelania*）、拟海蜷属（*Pseudopotamis*）和非洲的溪顶蜷属（*Potadoma*）、三黑蜷属（*Melanatria*）和厚唇螺属（*Pachychilus*）种类形成一个与跑螺科不同的、独立的单系，因而被放入厚唇螺科（Glaubrecht，1999；Strong and Glaubrecht，1999；Köhler and Glaubrecht，2001；Lydeard，2002）。因此，被早期学者归于黑螺属的种类被重新划分到拟黑螺科、厚唇螺科、沼蜷科、肋蜷科、短沟蜷科和跑螺科。在中国，已记录的黑螺种类分别隶属于沼蜷科、厚唇螺科、短沟蜷科和跑螺科。

一、厚唇螺科的研究进展

在 19 世纪中期，依据齿舌及厣的形态结构，厚唇螺科的种类就已经被认为是与淡水黑螺类不同的类群（Troschel，1856—1863）。但由于分类学上名称的混用，以及贝壳形态结构变异较大，这使得这一分类结果被忽视了 100 余年，厚唇螺科种类一直被放在跑螺科（Köhler and Glaubrecht，2001，2002）。Glaubrecht（1996，1997）根据 15 个科、75 个形态性状所构建的系统发育树揭示：厚唇螺科是不同于拟黑螺科、肋蜷科和跑螺科而独立进化的类群，在形态上支持它是一个独立的科。依据 Troschel（1856—1863）提出的厚唇螺科的定义，厚唇螺科的典型特征是具有多螺旋的厣和特殊的齿舌结构。厚唇螺科的种类具有非常广泛的分布范围，从中美洲到南美洲，非洲和马达加斯加到大洋洲都有分布。在繁殖方式上，厚唇螺科种类具有卵生和卵胎生两种繁殖方式，卵生被认为是厚唇螺科的近祖性状。Köhler et al.（2004）通过 16S rRNA 所构建的系统发育树发现，分布于东南亚的厚唇螺科种类并没有聚成一个单系，但是不同分支类群的繁殖方式及胚胎营养来源不同，亚洲厚唇螺科种类被分为 3 个不同的类群（图 1-8）：Jagora Köhler & Glaubrecht 为卵生种类，在外套腔中有成熟的受精卵，受精卵的营养物质仅来源于母体的传递，该属为菲律宾特有属；瘤黑蜷属及拟海蜷属种类为卵胎生的种类，具有一个育仔囊，胚胎的营养来源于母体，主要分布在印度尼西亚的苏拉威西岛和大洋洲的托雷斯海峡群岛；第三个类群的种类，包括川蜷属、沟蜷属和等须蜷属（Paracrostoma），具有一个育仔囊，营养物质来源于卵囊，从印度到中国南方、马来半岛、苏门答腊岛、爪哇岛和婆罗洲都有分布（Köhler and Glaubrecht，2001；Köhler and Dames，2009）。

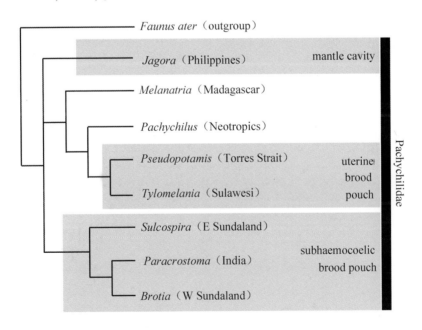

图 1-8　厚唇螺科的系统发育关系及繁殖方式（引自 Köhler et al.，2004）

Fig. 1-8　Phylogenetic relationships and modes of reproduction amongst pachychilid genera according to Köhler et al.，2004

　　在我国，厚唇螺科主要包含川蜷属和沟蜷属 2 个属。川蜷属是 Adams（1866）以 Melania pagodula Gould，1847 为模式种建立的，并以具有圆形的、多环生长纹的厣为川蜷属的主要鉴别特征。但是，Adams 的观点在随后的研究中并没有被完全接受。例如，Brot（1874）认为模式种 *B. pagodula* 有黑螺类典型的壳形特征，将川蜷属作为黑螺属（*Melania*）的同物异名。Sarasin and Sarasin（1898）将采自印度尼西亚苏拉威西岛的种类放入黑螺属，而不是川蜷属，从而将圆形的具有环形生长纹的厣作为黑螺类普遍具有的特征。与他们的观点相反，Martens（1897）认为川蜷属是不同于黑螺类而独立的属，并认为川蜷属的分布是从印度东北到苏门答腊岛和婆罗洲，向北到达喜马拉雅山脉附近，这一结论被后来的许多贝类学家所遵循（Thiele，1925；Morrison，1954；Glaubrecht，1999；Köhler and Glaubrecht，2006）。Brandt（1968）基于齿舌和厣的结构特征，将川蜷属分为三个属，即川蜷属、森根堡蜷属和等须蜷属。但是，Brandt的研究结果并没有被后面的学者接受，Köhler and Glaubrecht（2001）认为 Brandt 所提及的性状是厚唇螺科共有特征，不适合再将其分为不同的属。Brot（1870）以 *Melania huegeli* Philippi 为模式种建立了 *Acrostoma* 属，但是该属名已经被蠕虫类使用 *Acrostoma* Fischer，1826。随后，Rovereto（1899）将属名变更为 *Brotella*，但是，*Brotella* 又被鱼类 *Brotella* Kaup，1858 优先使用。因此，Cossmann（1900）将属名更正为 *Paracrostoma*。这一复杂的属名变更过程并没有被一些学者注意，并将川蜷属的种类归入 *Acrostoma* 这个无效属中（Prashad，1921；Annandale and Rao，1925）。Brandt（1968）认为 *Paracrostoma* 是川蜷属的亚属，并认为该属与沟蜷属的关系比较近。Fischer and Cross（1892）建立 *Antimelania* 属，主要依据齿舌上的特征，将一些亚洲种类归入该属，并认为该属与南美的 *Pachychilus* 属比较接近。随后，Pilsbry and Bequaert（1927）指定 *Brotia variabilis* 作为 *Antimelania* 属的模式种。但是 Brandt（1974）和 Köhler and Glaubrecht（2001）认为 *Antimelania* 是川蜷属的同物异名。Martens（1894）建立了 *Pseudopotamis* 属，Thiele（1928）认为该属是川蜷属的亚属。但是，Köhler and Glaubrecht（2001）的研究认为 *Pseudopotamis* 是不同于川蜷属而独立的属。Brandt（1974）认为森根堡蜷属是川蜷属的亚属，因为森根堡蜷属也是卵胎生的种类，但是，Du et al.（2019a）利用分子及形态相结合的方式证实森根堡蜷属隶属于短沟蜷科，并且森根堡蜷属是短沟蜷属的同物异名。Morrison（1954）和 Köhler and Glaubrecht（2001）认为 Chen 在 1943 年建立的网蜷属是川蜷属的同物异名，网蜷属的模式种塔锥网蜷是珍珠川蜷［*Brotia baccata*（Gould，1847）］的同物异名。

沟蜷属是由 Troschel 在 1858 年以 *Melania sulcospira* Mousson，1849 为模式种建立的。但是，这一研究结果在随后的研究中被忽略，沟蜷属的种类被放入川蜷属。Köhler and Glaubrecht（2005）在对所有的模式标本进行查看后，认为沟蜷属是不同于川蜷属而独立的属。沟蜷属与川蜷属的主要不同在于胚胎壳顶膨胀、光滑，雌性具有受精囊，而川蜷属种类的胚胎壳顶具有皱褶，雌性无受精囊。沟蜷属种类主要分布于从泰国的西部到中国的南部，婆罗洲和爪哇岛（Köhler and Dames，2009）。

在 19 世纪，根据壳形上的差异，有大约 90 个厚唇螺科的种类被记录（Deshayens and Edwards，1838；Reeve，1859—1860；Brot，1862，1868，1870，1872，1874；Martens，1897），但由于壳形的变化与生存环境、捕食压力等相关。因此，同物异名种类较多。Köhler 等（2009）基于线粒体基因 COI 和 16S rRNA 的研究结果暗示，越南原记录的 15 种沟蜷属种类实为 2 种，即越南沟蜷 Sulcospira tonkiniana（Morlet，1887）和 S. tourannensis（Souleyet，1852）。东南亚广泛分布的川蜷属种类 Brotia costula 也多达 13 个同物异名（Köhler and Glaubrecht，2001）。

在中国，对于厚唇螺科最初的研究是阎敦建在 1939 年记录了 3 种川蜷属种类：变异川蜷（Brotia variabilis）、大川蜷 [Brotia swinhoei（H. Adams）] 和 B. squamosa Yen；4 种沟蜷属种类：中华沟蜷 [Sulcospira sinensis（Reeve）]、双旋沟蜷 [Sulcospira biconica（Brot）]、Sulcospira ebenina（Brot）和海南沟蜷 [Sulcospira hainanensis（Brot）]（Yen，1939）。刘月英等（1993）在海南岛记录海南沟蜷和微刻川蜷（Brotia microsculpta）2 种。Morrison（1954）和 Köhler and Glaubrecht（2001）认为 Yen（1942）以塔锥黑蜷 Melania henriettae Gray，1834 为模式种建立的网蜷属 Wanga 是无效的，其有效属名应该是川蜷属；此外，塔锥黑蜷是珍珠川蜷 [Brotia baccata（Gould，1847）] 的同物异名。Köhler and Glaubrecht（2001）对厚唇螺科的分类进行整理，结果暗示变异川蜷是 Brotia costula 的同物异名。Köhler and Glaubrecht（2002）认为中华沟蜷、双旋沟蜷和 Sulcospira ebenina 是海南沟蜷的同物异名。虽然，同物异名的种类较多，但也有新种被发现，Köhler 等（2010）在云南临沧记述川蜷属一个新种——云南川蜷（Brotia yunnanensis Köhler，Du & Yang）。Du et al.（2017）和 Du and Yang（2019）利用分子与形态相结合的方法发现：在形态特征上，田螺短沟蜷（Semisulcospira paludiformis Yen，1939）和三线短沟蜷（Semisulcospira trivolvis Yen，1939）雌性具有受精囊，并在颈背部具有育仔囊，胚胎壳面光滑，壳顶膨胀，以及齿舌的缘齿仅具内侧小齿，外侧无小齿。这些性状都是厚唇螺科沟蜷属的典型特征，因此，田螺短沟蜷和三线短沟蜷隶属于厚唇螺科、沟蜷属。并且，系统发育研究结果也强烈支持田螺短沟蜷和三线短沟蜷隶属于厚唇螺科、沟蜷属，且三线沟蜷为田螺沟蜷的同物异名。此外，还有沟蜷属 3 个新种广西沟蜷（Sulcospira guangxiensis Du & Yang，2019）、湖南沟蜷（Sulcopsira hunanensis Wang et al.，2018）和码市沟蜷（Sulcospira mashi Du & Yang，2019），以及 1 个新记录越南沟蜷 [Sulcospira tonkiniana（Morlet，1887）] 被记述（Du and Yang，2019；Wang et al.，2018）。因此，到目前为止，中国厚唇螺科沟蜷属已记录种类 6 种，即广西沟蜷、海南沟蜷、湖南沟蜷、码市沟蜷、田螺沟蜷和越南沟蜷；川蜷属有 4 种，即 Brotia costula，珍珠川蜷，Brotia squamosa 和云南川蜷。

二、沼蜷科的研究进展

沼蜷科种类广泛分布于撒哈拉以南的非洲和马达加斯加大部分地区，以及南亚和东南亚（Neiber and Glaubrecht，2019）。Neiber and Glaubrecht（2019）从命名法上对沼蜷科 57 属、499 种的拉丁学名进行了研究，认为 46 个属名、463 个种类是有效的。Dane（1970）提出沼蜷科包含 24 个属、约 420 种，其中大部分种类是非洲坦噶尼喀湖的特有种。但是，Strong（2008）估计沼蜷科可能仅有 100 种是有效的，由于缺乏系统的形态和分子学研究，沼蜷科的物种多样性尚不清楚。

依据 Wenz（1938）和 Morrison（1954）系统分类方法，沼蜷科的种类经常被放到跑螺科或肋蜷科。Strong et al.（2011）基于线粒体基因 16S rRNA 和核基因 28S rRNA 联合数据构建的系统发育树发现，非洲的 *Cleopatra* Troschel，1857，*Tiphobia* Smith，1880，*Lavigeria* Bourguignat，1888 和 *Tanganyicia* Crosse，1881 与亚洲的沼蜷属构成一个单系，然后与跑螺科形成姐妹群。沼蜷科的典型特征是前精子囊具有一个由性腺沿着性腺沟背面延伸形成的中空的腺管和分室的膀胱（Strong et al.，2011）。Wilson et al.（2004）提及将沼蜷科分为两个亚科，即亚洲的沼蜷亚科（Paludominae）和非洲的 Hauttecoeriinae Bourguignat，1885。沼蜷科有 4 个属在亚洲有分布，分别是沼蜷属、美溪蜷属（*Philopotamis* Layard，1855）、口蜷属（*Stomatodon* Benson，1856）和长蜷属（*Tanalia* Gray，1847）。长蜷属和美溪蜷属种类主要记录分布在斯里兰卡和印度（仅 1 种），口蜷属是印度特有属（Subba Rao，1989），沼蜷属种类广泛分布在塞舌尔群岛、印度、斯里兰卡和东南亚大陆（Brown and Gerlach，1991；Brandt，1974；刘月英等，1994）。在形态上，沼蜷属和长蜷属具有角质的、同心圆生长纹的厣，但是沼蜷属的厣核偏左侧，而长蜷属的厣核偏右侧；美溪蜷属的典型特征是厣上具有或多或少的螺旋生长纹，厣核近基底外侧右缘；口蜷属的典型特征是在壳口内缘上具有明显的褶皱或齿（Neiber and Glaubrecht，2018）。

在中国，对于沼蜷属的研究主要是新种的描述，Gredler（1885，1886，1889）描述了 4 个沼蜷属新种，分别命名为福沼蜷（*Paludomus futaii* Gredler，1886）、希尔沼蜷（*Paludomus hilberi* Gredler，1886）、龙骨沼蜷（*Paludomus minutiusculus* Gredler，1885）和红带沼蜷（*Paludomus rusiostoma* Gredler，1885）。Chen（1937）描述了云南沼蜷（*Paludomus yunnanensis* Chen，1937）、贵州沼蜷（*Paludomus kweichowensis* Chen，1937）和岷沼蜷（*Paludomus minensis* Chen，1937）。Chen（1943）将贵州沼蜷放到华蜷属，Du et al.（2019b）认为贵州沼蜷和岷沼蜷都是华蜷属的种类。刘月英等（1994）描述了黔沼蜷（*Paludomus qianensis* Liu，Duan & Zhang，1994）和带沼蜷（*Paludomus cinctus* Liu，Zhang & Duan，1994）。蔡茂荣等（2017）在福建北部采集到沼蜷属标本，并命名为闽北沼蜷（*Paludomus minbeiensis* Cai et al.，2017）。Du et al.（2019b）提及分布于长江流域的沼蜷属种类可能分别隶属于华蜷属和韩蜷属。

三、短沟蜷科的研究进展

短沟蜷科（Semisulcospiridae）大部分种类起初也是被放在黑螺科、黑螺属（*Melania*）。后因生殖系统的不同而从黑螺科分出，被放入肋蜷科（Morrison，1954；Glaubrecht，1999）。肋蜷科种类在生态学上是比较重要的类群，主要分布在北美洲和东亚的湖泊、河流、池塘和溪流中（Strong 等，2008）。在北美洲，大约 1 000 种肋蜷科种类被记录，包含 7 个属：*Atbearnia* Morrison，1971；*Elimia* H. Adams and A. Adams，1854；*Io* Lea，1831；*Leptoxis* Rafinesque，1819；*Litbasia* Haldeman，1840；*Pleurocera* Rafinesque，1818 和 *Gyrotoma* Shuttleworth，1845。目前，大约 150 个种被认为是有效的（Turgeon 等，1998；Johnson 等，2005）。

在亚洲，肋蜷科种类的分布从西伯利亚东北部的古尔图河，经过韩国、日本、中国到越南北部（Prozorova and Rasshepkina，2006）。由于在亚洲大部分地区没有做细致的调查，因此，保守估计有 40 个有效种（Strong 等，2008）。Strong and Köhler（2009）根据形态和分子学的研究结果将分布于北美洲和亚洲的肋蜷科种类归为独立的类群，建立短沟蜷科（Semisulcospiridae）。综合以往的研究结果，短沟蜷科主要包含 8 个属，即分布于北美洲西部的结蜷属（*Juga*），分布于亚洲的华蜷属（*Hua*）、韩黑蜷属（*Koreanomelania*）、韩蜷属（*Koreoleptoxis*）、内姆蜷属（*Namrutua*）、近结蜷属（*Parajuga*）、短沟蜷属（*Semisulcospira*）和森根堡蜷属（*Senckenbergia*）（Yen，1939；Chen，1943；Abbott，1948；Burch and Jung，1988）。

结蜷属的种类主要分布在北美洲西部的太平洋及其邻近区域，包括从加利福尼亚中部到华盛顿中部，约 12 个种被记录（Burch，1989；Turgeon 等，1998；Johnson 等，2005）。早期结蜷属的种类被放入肋蜷科，但是，Strong and Frest（2007）在解剖学上的研究发现，分布于北美洲西部的肋蜷科种类（结蜷属）与北美洲东部的种类在生殖器、齿舌、肠及肾脏的结构上均有明显差异，相反与亚洲种类较接近，从而猜测在进化上，它们与亚洲肋蜷科种类的关系更加密切。此后，Strong and Köhler（2009）基于16S rRNA 所构建的系统发育树结果证实了 Strong and Frest（2007）的猜测，并将北美洲西部的结蜷属与亚洲的肋蜷科种类一并归于短沟蜷科，而北美洲其他分布区的种类仍被归为肋蜷科。在系统发育关系上，北美洲的结蜷属种类位于系统发育树的基部，是比较古老的类群。分布于东亚的短沟蜷科种类构成一个单系，东亚种类与北美洲西部种类的分化时间大约在 55 Mya 的古新世—始新世之间（Strong and Köhler，2009）。

东亚短沟蜷科种类中，卵胎生的种类被放入短沟蜷属，广泛分布于日本、韩国和中国；根据化石记录，日本的短沟蜷属种类至少在（23～15）Mya 的更新世中期出现（Köhler，2016）。Du et al.（2019a）的研究结果暗示，宁波内姆蜷 [*Namrutua ningpoensis*（I. Lea，1856）] 和腊皮森根堡蜷 [*Senckenbergia pleuroceroides*（Bavay & Dautzenberg，1910）] 为卵胎生的种类，并依据分子和形态特征将宁波内姆蜷和腊皮森根堡蜷归于短沟蜷属，内姆蜷属和森根堡蜷属被认为是短沟蜷属的同物异名。卵生种类分别隶属于近结蜷属、韩蜷属、韩黑蜷属和华蜷属。近结蜷属包括分布于中国东北的黑龙江近结蜷 [*Parajuga amurensis*（Gerstfeldt）] 和俄罗斯的种类（Starobogatov 等，2004）。但是，由于近结蜷属在确立的时候没有指定模式种，根据《国际动物命名法规》（ICZN，1999）的第 13.3 条和 16.1 条的规定，近结蜷属为无效属。Köhler（2017）的分子系统学研究结果暗示，近结蜷属、韩黑蜷属为韩蜷属的同物异名，有效属名为韩蜷属。

日本和韩国短沟蜷科种类的分类研究已有较多。在分类学方面，Eduard von Martens 记录在韩国有 18 种短沟蜷科的种类，并首次记录放逸短沟蜷 [*Semisulcospira libertine*（Gould，1859）] 在韩国分布，认为该种是从日本入侵到韩国的种类（Martens，1886，1894，1905）。Abbott（1948）认为韩国短沟蜷包含有 2 种、3 亚种，将 Martens 记录的大部分种类归为黑龙江华蜷（*Hua amurensis*）的同物异名，但在随后的研究中，Köhler（2017）利用线粒体基因 COI 和 16S rRNA 所构建的系统发育树暗示，黑龙江近结蜷不是华蜷属的种类，而应隶属于韩蜷属，记录于韩国的其他短沟蜷科种类分别隶属于韩蜷属和短沟蜷属，不支持 Abbott（1948）的结论。Burch and Jung（1988）依据形态和生殖系统的不同，将韩国的短沟蜷科种类分为 3 个属，即短沟蜷属种类为卵胎生，雌性无产道或产卵口；韩蜷属和韩黑蜷属为卵生，雌性具有产道，2 个属种类的差异在于壳形是卵形还是长形。早期同工酶电泳法揭示韩国 4 种短沟蜷科种类的遗传距离高于 19%（Nei，1978）或 25%（Rogers，1972），Lee（2001）认为这可能暗示在韩国有更多的隐藏种类。随着分子生物学研究的发展，线粒体基因和核基因所构建的系统发育树暗示，分布于韩国的短沟蜷科种类形成了一个单系，而那些与之没有聚在一起的序列，被认为是来自于日本的入侵种类（Miura 等，2013），Köhler（2017）利用 16S rRNA 和 COI 联合数据所构建的系统发育树，并结合形态特征，记录韩国短沟蜷科 7 个有效种，分别隶属于短沟蜷属和韩蜷属 2 个属，并且分散分子钟估算韩国短沟蜷属的种类与日本短沟蜷属的种类分化时间在（1.43~0.76）Mya，认为 Miura 等（2013）提出的韩国的短沟蜷从日本入侵的可能性非常低。

日本短沟蜷科种类最初记录有 27 种（Davis，1969），但随后被证实仅 10 种为有效种，其中 9 种为琵琶湖（Lake Biwa）的特有种类（Watanabe，1984；Watanabe and Nishino，1995）。在核型研究方面，Kim 等（1987）研究发现 *S. forticosta*（Martens，1866）和 *S. gottschei*（Martens）具有 $2N = 36$ 对染色体，与日本的放逸短沟蜷和 *S. kurodai* 相同，而与分布于日本的其他短沟蜷属种类的染色体数 $2N = 14~32$ 有一定差异（Burch，1968；Davis，1969；Watanabe，1984）。在分子学研究方面，Köhler（2017）利用 COI 和 16S rRNA 线粒体基因所构建的系统发育树暗示，分布于日本的短沟蜷属种类并不是一个单系，卵生种类与韩国的卵生种类聚在一起，而卵胎生种类则被分为 3 支（图 1-9）。一般认为卵生是近祖特征，卵胎生是进化的，而在这个研究中卵生的种类分布在卵胎生种类的中间，被认为这些卵生的种类是在经历了卵胎生之后被第二次选择的结果。另外，系统发育树结果与形态不一致的现象，在其他的淡水腹足类研究中也有发现，这一现象被认为可能与隐藏种的存在、物种鉴定错误、基因的快速进化、基因渗透和杂交等有关（Minton and Lydeard，2003；Kim et al.，2010；Glaubrecht and Köhler，2004；Köhler and Glaubrecht，2006；Glaubrecht and Rintelen，2003；Köhler et al.，2010；Miura et al.，2013）。

短沟蜷科种类在壳饰上有较大的变化，从壳面光滑到具有明显的螺棱、纵肋或瘤状结节。壳饰上的变化普遍认为与生境和捕食压力有关系，Urabe（1998，2003）的研究结果暗示，在水流较快的水体中，会有相对较膨胀的体螺层、大的壳口和矮的螺层。因为大的壳口和膨胀的体螺层可以容纳更大的足部，从而增加足部的吸附能力、降低水流冲击的影响。此外，大的吸附力也可以降低被捕食者吸食的概率。在底质粗糙、以大石头或者砾石为主的生境中，壳面上的纵肋较多，可以提高壳面抗水侵蚀的能力，而在底质较好的泥沙底上，壳面趋于光滑（Urabe，1998，2003）。Annandale（1919，1924）提及在一些古湖泊（如日本的琵琶湖、中国的滇池）中，螺类壳饰的多样性与水体的理化指标及生境相关。

在中国，短沟蜷科种类的分类研究经历了类似的发展过程。早期的外国学者曾对我国短沟蜷科种类进行了一些零散的分类学研究。Heude（1889）记录了采自我国华

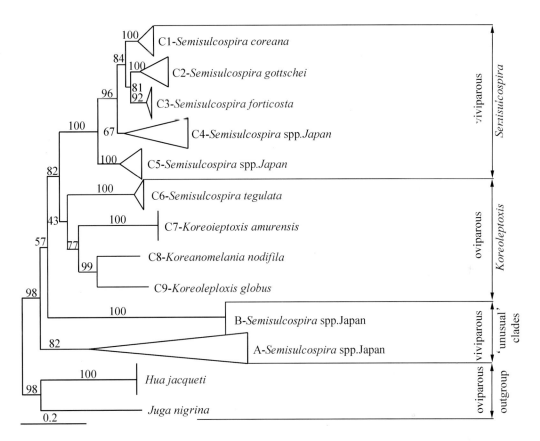

图 1-9　韩国和日本短沟蜷科种类系统发育关系（引自 Köhler，2017）（%）

Fig. 1-9　Relationship of Semisulcospiridae from
Korean and Japan（after Köhler，2017）（%）

中、华南地区，特别是长江流域的 24 种黑蜷，并将它们归入黑螺科。Yen（1939）对德国法兰克福森根堡自然博物馆馆藏的中国陆生及水生螺类进行整理，将中国这一类群的种类都归为跑螺科，共记录 2 属 12 种，并以腊皮黑蜷（*Melania pleuroceoides* Bavay & Dautzenberg）为模式种建立了森根堡蜷属（*Senckenbergia*）。Yen（1942）对英国自然历史博物馆里的中国腹足类标本进行整理，记录中国短沟蜷科 16 种、1 亚种。Yen（1948）对分布于浙江省的螺类进行了整理，记录浙江短沟蜷属种类 5 种、2 亚种，方格短沟蜷和格氏短沟蜷被放入拟黑螺属（*Melanoides*）。Chen（1943）以特氏黑蜷（*Melania telonaria* Heude）为模式种建立华蜷属（*Hua*），并将除模式种以外的 10 种、1 亚种归入华蜷属，包含微小华蜷［*H. diminuta*（Boettger）］，弗里尼华蜷［*H. friniana*（Heude）］，山华蜷［*H. oreadarum*（Heude）］，香港华蜷［*H. hongkongiensis*（Chen）］，鳞斑华蜷［*H. leprosa*（Heude）］，湖南华蜷［*H. praenotata*（Gredler）］及其亚种 *H. praenotata intermedia*（Gredler），*H. proteanura*（Bavay & Dautzenberg），斯氏华蜷［*H. schmackeri*（Boettger）］，图氏华蜷［*H. toucheana*（Heude）］和光滑华蜷［*H. vultuosa*（Fulton）］。Chen（1943）以塔锥黑螺（*Melania henriettae* Gray）为模式种

建立了网蜷属（*Wanga*），同时将美丽网蜷 ［*W. dulcis*（Fulton）］、优雅网蜷 ［*W. lauta*（Fulton）］、粗壳网蜷 ［*W. scrupea*（Fulton）］ 及其亚种衰弱粗壳网蜷 ［*S. scrupea debilis*（Fulton）］、*W. turrita*（Hsii）、*W. napoensis*（Hsii）和 *W. reticulate*（Lea）等 6 种和 1 亚种归入网蜷属。Abbott（1948）以宁波短沟蜷（*Melania ningpoensis* Lea）为模式种建立内姆蜷属 *Namrutua*。随后，Morrison（1954）认为华蜷属是 *Oxytrema* 属的同物异名，除被 Chen（1943）提及的华蜷属的种类外，还有 6 种也被放入 *Oxytrema* 属，但 *Oxytrema* 属的分类地位并未提及，其所隶属的科也不明确。因此，该研究结果并未被后来的贝类学家接受，*Oxytrema* 属被认为是无效的属名。另外，Morrison（1954）也提及网蜷属是川蜷属的同物异名，其模式种塔锥黑螺与珍珠川蜷 ［*Brotia baccata*（Gould，1847）］ 是同物异名，因塔锥黑螺发表时间优先于珍珠川蜷，因此有效种名为塔锥川蜷。但对于网蜷属中其他种类的分类地位，Morrison 并未提及。

Tchang and Tsi（1949）记录分布于云南的短沟蜷属种类 6 种、1 亚种，包含 1 个采自云南昆明滇池的新种——粗短沟蜷（*Semisulcospira inflata* Tchang & Tsi）。刘月英等（1993）记录了 7 个种类，并将它们放置在肋蜷科、短沟蜷属。刘月英等（1994）描述了女神短沟蜷（*Semisulcospiria marica* Liu, Wang & Zhang）和粗肋短沟蜷（*Semisulcospira crassicosta* Liu, Wang & Zhang）。徐霞锋（2007）的博士论文中，对长江流域肋蜷科种类进行了归纳，包括短沟蜷属 49 种、华蜷属 2 种、沼蜷属 1 种和 *Potadoma* 属 1 种。Du et al.（2019a）利用线粒体基因 16S rRNA 和 COI 形成的联合数据所构建的系统发育树暗示，森根堡蜷属和内姆蜷属是短沟蜷属的同物异名，并描述了华蜷属 4 个新种，分别为富宁华蜷（*Hua funingensis* Du, Köhler, Yu, Chen & Yang, 2019）、刘氏华蜷（*Hua liuii* Du, Köhler, Yu, Chen & Yang, 2019）、昆明华蜷（*Hua kunmingensis* Du, Köhler, Yu, Chen & Yang, 2019）和张氏华蜷（*Hua tchangsii* Du, Köhler, Yu, Chen & Yang, 2019）。同年，Du et al.（2019b）对中国短沟蜷科 41 种的分类及系统发育进行了较详细的研究，基于线粒体基因（COI 和 16S rRNA）所构建的系统发育树结果暗示，短沟蜷科种类分别隶属于华蜷属、韩蜷属和短沟蜷属 3 个属（图 1-10）。短沟蜷属为卵胎生种类，在雌性右侧触角下方无产卵口或产道。华蜷属和韩蜷属种类为卵生种类，华蜷属在雌性右侧触角下方具产卵口或少数种类具产道；韩蜷属种类在雌性右侧触角下方同时具有产卵口和产道。华蜷属有 19 个种被记录，包含 4 个待定种。华蜷属种类主要分布于云南、四川、贵州和广西北部的长江及珠江上游。韩蜷属种类主要分布于长江以南的区域和中国东北。短沟蜷属已记录种 7 种，包含已记录的格氏短沟蜷、宁波短沟蜷和腊皮短沟蜷，还包含了肉桂短沟蜷 ［*Semisulcospira cinnamomea*（Gredler，1887）］、细石短沟蜷 ［*Semisulcospira calculus*（Reeve，1860）］、红带短沟蜷 ［*Semisulcospira erythrozona*（Heude，1888）］ 和长短沟蜷（*Semisulcospira longa* Du, Yang & chen n. sp.）。短沟蜷属种类主要分布于长江、珠江流域，由于水利工程的建设，宁波短沟蜷沿京杭运河有分布。

还有部分黑螺类从被描述后就再未被提及，如 *Melania soriniana* Heude、水富黑螺（*M. suifuensis* Chen）、云南沼蜷（*Paludomus yunnanensis* Chen）等。

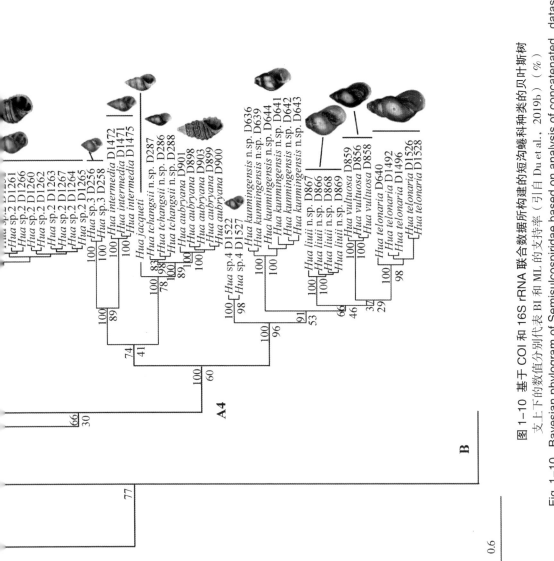

图 1-10 基于 COI 和 16S rRNA 联合数据构建的短沟蜷科种类的贝叶斯树

支上下的数值分别代表 BI 和 ML 的支持率（引自 Du et al., 2019b）（%）

Fig. 1-10 Bayesian phylogram of Semisulcospiridae based on analysis of concatenated dataset of mitochondrial cytochrome oxidase subunit I（COI）and 16S rRNA sequences

Numbers above and below branches are Bayesian posterior

probabilities（BPP）and ML bootstrap values, respectively（after Du et al., 2019b）（%）

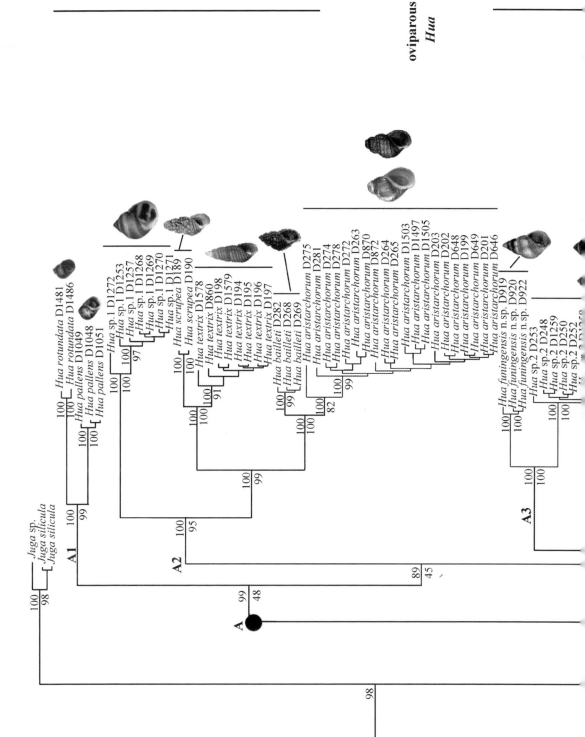

**oviparous
*Hua***

Juga sp.
Juga silicula
Juga silicula

100
98

100

Hua rotundata D1481
Hua rotundata D1486
Hua pallens D1049
Hua pallens D1048
Hua pallens D1051

100
100
99
100
100

A1

Hua sp.1 D1272
Hua sp.1 D1253
Hua sp.1 D1257
Hua sp.1 D1268
Hua sp.1 D1269
Hua sp.1 D1270
Hua sp.1 D1271
Hua scrupea D189
Hua scrupea D190

100
100
97
100
100

Hua textrix D1578
Hua textrix D860
Hua textrix D198
Hua textrix D1579
Hua textrix D194
Hua textrix D195
Hua textrix D196
Hua textrix D197

100
91
100
100

100
99

100
95

A2

Hua bailleti D282
Hua bailleti D268
Hua bailleti D269

100
99

Hua aristarchorum D275
Hua aristarchorum D281
Hua aristarchorum D274
Hua aristarchorum D278
Hua aristarchorum D272
Hua aristarchorum D263
Hua aristarchorum D870
Hua aristarchorum D872
Hua aristarchorum D264
Hua aristarchorum D265

100
99
82

100
100

Hua aristarchorum D1503
Hua aristarchorum D1497
Hua aristarchorum D1505
Hua aristarchorum D203
Hua aristarchorum D202
Hua aristarchorum D648
Hua aristarchorum D199
Hua aristarchorum D649
Hua aristarchorum D201
Hua aristarchorum D646

89
45

99
48

A

Hua funingensis n.sp. D919
Hua funingensis n.sp. D920
Hua funingensis n.sp. D922

100
100

A3

Hua sp.2 D253
Hua sp.2 D248
Hua sp.2 D1259
Hua sp.2 D250
Hua sp.2 D252

100
100
100

100
100

98

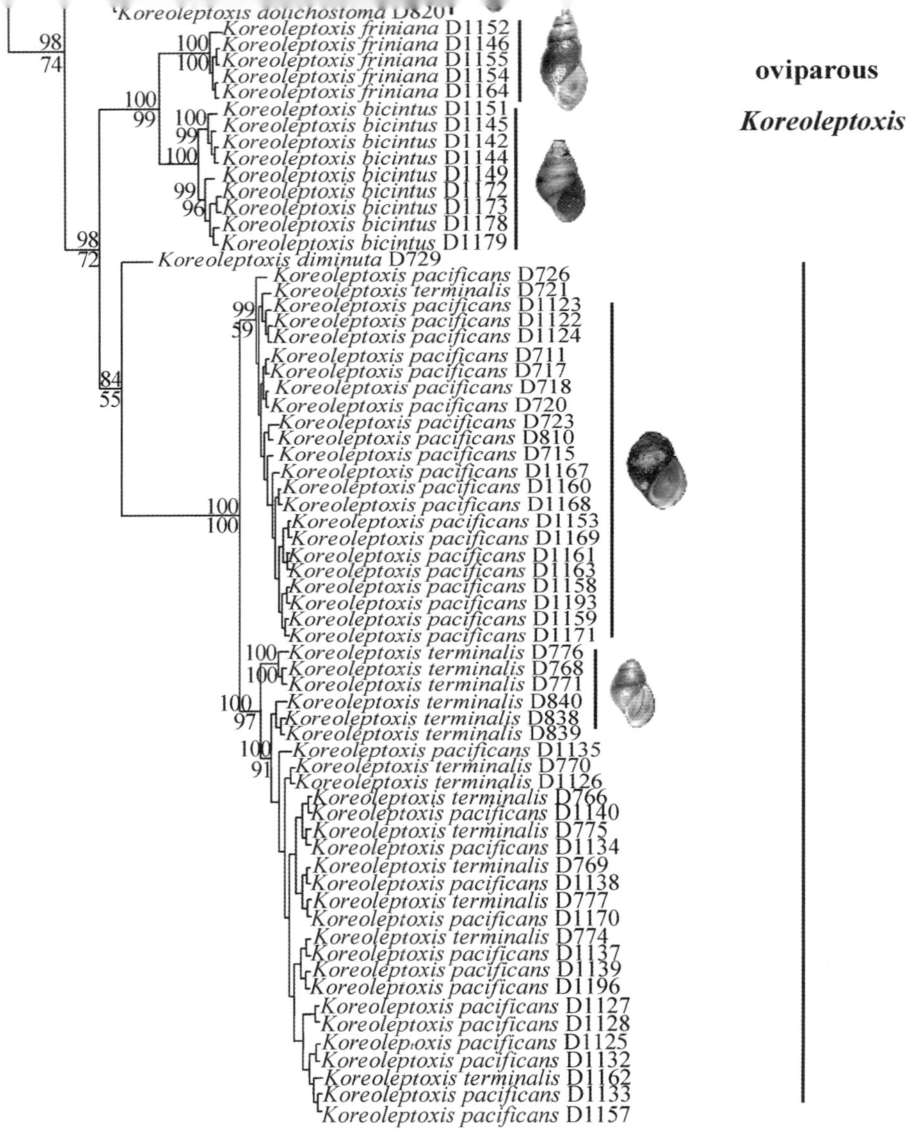
Koreoleptoxis dolichostoma D820
Koreoleptoxis friniana D1152
Koreoleptoxis friniana D1146
Koreoleptoxis friniana D1155
Koreoleptoxis friniana D1154
Koreoleptoxis friniana D1164
Koreoleptoxis bicintus D1151
Koreoleptoxis bicintus D1145
Koreoleptoxis bicintus D1142
Koreoleptoxis bicintus D1144
Koreoleptoxis bicintus D1149
Koreoleptoxis bicintus D1172
Koreoleptoxis bicintus D1173
Koreoleptoxis bicintus D1178
Koreoleptoxis bicintus D1179
Koreoleptoxis diminuta D729
Koreoleptoxis pacificans D726
Koreoleptoxis terminalis D721
Koreoleptoxis pacificans D1123
Koreoleptoxis pacificans D1122
Koreoleptoxis pacificans D1124
Koreoleptoxis pacificans D711
Koreoleptoxis pacificans D717
Koreoleptoxis pacificans D718
Koreoleptoxis pacificans D720
Koreoleptoxis pacificans D723
Koreoleptoxis pacificans D810
Koreoleptoxis pacificans D715
Koreoleptoxis pacificans D1167
Koreoleptoxis pacificans D1160
Koreoleptoxis pacificans D1168
Koreoleptoxis pacificans D1153
Koreoleptoxis pacificans D1169
Koreoleptoxis pacificans D1161
Koreoleptoxis pacificans D1163
Koreoleptoxis pacificans D1158
Koreoleptoxis pacificans D1193
Koreoleptoxis pacificans D1159
Koreoleptoxis pacificans D1171
Koreoleptoxis terminalis D776
Koreoleptoxis terminalis D768
Koreoleptoxis terminalis D771
Koreoleptoxis terminalis D840
Koreoleptoxis terminalis D838
Koreoleptoxis terminalis D839
Koreoleptoxis pacificans D1135
Koreoleptoxis terminalis D770
Koreoleptoxis terminalis D1126
Koreoleptoxis terminalis D766
Koreoleptoxis pacificans D1140
Koreoleptoxis terminalis D775
Koreoleptoxis pacificans D1134
Koreoleptoxis terminalis D769
Koreoleptoxis pacificans D1138
Koreoleptoxis terminalis D777
Koreoleptoxis pacificans D1170
Koreoleptoxis terminalis D774
Koreoleptoxis pacificans D1137
Koreoleptoxis pacificans D1139
Koreoleptoxis pacificans D1196
Koreoleptoxis pacificans D1127
Koreoleptoxis pacificans D1128
Koreoleptoxis pacificans D1125
Koreoleptoxis pacificans D1132
Koreoleptoxis terminalis D1162
Koreoleptoxis pacificans D1133
Koreoleptoxis pacificans D1157
oviparous
Koreoleptoxis

图 1–10 续

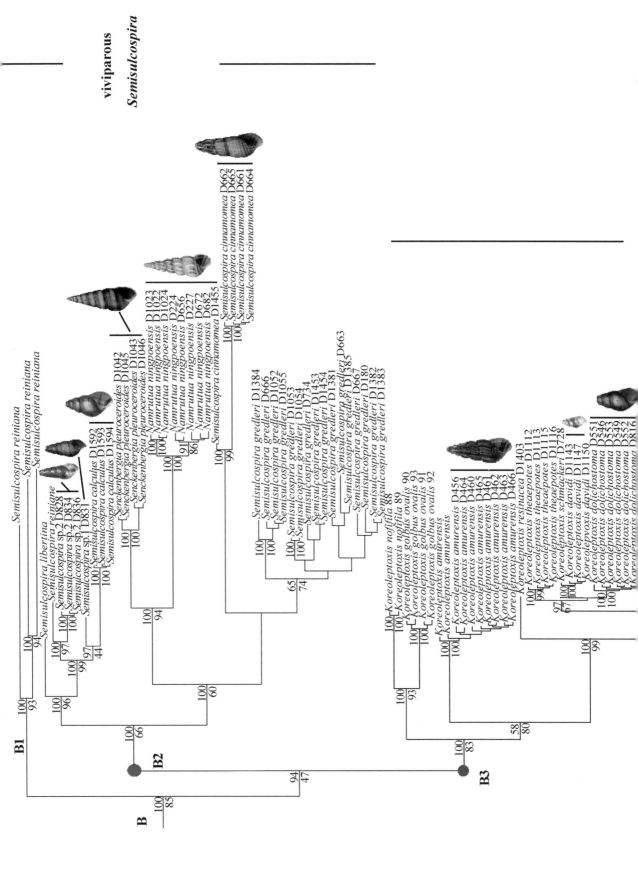

viviparous
Semisulcospira

Semisulcospira reiniana
Semisulcospira reiniana
Semisulcospira reiniana
Semisulcospira libertina
Semisulcospira reiniana
Semisulcospira sp.2 D828
Semisulcospira sp.2 D834
Semisulcospira sp.2 D836
Semisulcospira sp.1 D831
Semisulcospira calculus D1592
Semisulcospira calculus D1593
Semisulcospira calculus D1594
Senckenbergia pleuroceroides D1042
Senckenbergia pleuroceroides D1045
Namrutua ningpoensis D1043
Senckenbergia pleuroceroides D1046
Namrutua ningpoensis D1023
Namrutua ningpoensis D1022
Namrutua ningpoensis D1024
Namrutua ningpoensis D224
Namrutua ningpoensis D656
Namrutua ningpoensis D227
Namrutua ningpoensis D672
Namrutua ningpoensis D682
Semisulcospira cinnamomea D1455
Semisulcospira cinnamomea D662
Semisulcospira cinnamomea D665
Semisulcospira cinnamomea D661
Semisulcospira cinnamomea D664
Semisulcospira gredleri D1384
Semisulcospira gredleri D666
Semisulcospira gredleri D1052
Semisulcospira gredleri D1055
Semisulcospira gredleri D1053
Semisulcospira gredleri D1054
Semisulcospira gredleri D734
Semisulcospira gredleri D1453
Semisulcospira gredleri D1454
Semisulcospira gredleri D1381
Semisulcospira gredleri D663
Semisulcospira gredleri D1385
Semisulcospira gredleri D667
Semisulcospira gredleri D180
Semisulcospira gredleri D1382
Semisulcospira gredleri D1383
Koreoleptoxis notifila 88
Koreoleptoxis notifila 89
Koreoleptoxis golbus ovalis 90
Koreoleptoxis golbus ovalis 93
Koreoleptoxis golbus ovalis 91
Koreoleptoxis golbus ovalis 92
Koreoleptoxis amurensis
Koreoleptoxis resinacea D1403
Koreoleptoxis amurensis D456
Koreoleptoxis amurensis D464
Koreoleptoxis amurensis D460
Koreoleptoxis amurensis D465
Koreoleptoxis amurensis D461
Koreoleptoxis amurensis D462
Koreoleptoxis amurensis D463
Koreoleptoxis amurensis D466
Koreoleptoxis theaepotes D1112
Koreoleptoxis theaepotes D1113
Koreoleptoxis theaepotes D1115
Koreoleptoxis theaepotes D1116
Koreoleptoxis schmackeri D728
Koreoleptoxis davidi D1143
Koreoleptoxis davidi D1147
Koreoleptoxis davidi D1150
Koreolepvoxis dolichostoma D551
Koreoleptoxis dolichostoma D546
Koreoleptoxis dolichostoma D543
Koreoleptoxis dolichostoma D549
Koreoleptoxis dolichostoma D552
Koreoleptoxis dolichostoma D816

B1

B2

B3

B

四、跑螺科的研究进展

最初，跑螺科不加选择地接收了黑螺科的种类，随着拟黑螺科、厚唇螺科、肋蜷科、短沟蜷科和沼蜷科相继独立，跑螺科的特点逐渐呈现。跑螺科的主要特征是外套膜边缘具瘤状或乳突状突起，具有管状非腺性的输卵管，具有一个受精囊，中肠内具大而有纹理的附属垫。孤雌生殖，具有卵生和卵胎生两种不同的繁殖方式，厣为椭圆形，厣核位于厣的底部，不易观察（Abbott，1948）。跑螺科种类分布在东南亚、南亚、澳大利亚、太平洋一些岛屿以及撒哈拉以南非洲等地，既可以生活在淡水环境中，也可以生活在河口的淡盐水环境中。

Glaubrecht et al.（2009）调查澳大利亚跑螺科多样性，认为澳大利亚跑螺科的种类分别隶属于 8 个属，即锥蜷属（*Thiara* Röding，1798）、拟黑螺属（*Melanoides* Olivier，1804）、齿蜷属（*Sermyla* Adams & Adams，1854）、黑蜷属（*Melasma* Adams & Angas，1864）、后帆蜷属（*Plotiopsis* Brot，1874）、狭蜷属（*Stenomelania* Fischer，1885）、岸蜷属（*Ripalania* Iredale，1943）和米氏蜷属（*Mieniplotia* Low & Tan，2014）。除此之外，跑螺科还包括粒蜷属（*Tarebia* Adams & Adams，1854）和新细蜷属（*Neora-dina* Brandt，1974）、叉壳蜷属（*Balanocochlis* Fischer，1885）和斐济蜷属（*Fijidoma* Morrison，1952）（Brandt，1974；Nevill，1884；Preston，1915；Starmühlner，1976）。跑螺科分布广泛，壳形变异较大，估计包含有 60～200 个种（Glaubrecht，2010，2011；Glaubrecht et al.，2009；MaaB and Glaubrecht，2012）。部分属种限制性地分布在某一区域，如斐济蜷属为斐济岛特有属，新细蜷属分布于泰国；锥蜷属的 *Thiara australis*（Lea & Lea，1851）、后帆蜷属的 *Plotiopsis balonnensis*（Conrad，1850）、狭蜷属的 *Stenomelania denisoniensis*（Müller，1774）、黑蜷属的 *Melasma onca*（Adams & Angas，1864）和齿蜷属的 *Sermyla venustula*（Brot，1877）是澳大利亚特有种。由于栖息环境的变化，部分种类的数量减少，在 IUCN 濒危物种红色名录中收录了 12 种跑螺科种类，其中极危物种（CR）1 种、濒危物种（EN）3 种、易危物种（VN）4 种、近危物种（NT）4 种（IUCN，2017）。与之相反，一些种类广泛分布，如斜粒粒蜷原产于东南亚和大洋洲地区，从印度大陆和东南亚的一些岛屿，向北到达中国南部和台湾，向东到达菲律宾群岛，向南和向东到达印度尼西亚群岛和巴布亚新几内亚。目前已入侵到南非，美国（佛罗里达州、得克萨斯州等），墨西哥，古巴以及以色列（Fernández et al.，1992；Gutierrez et al.，1997；Appleton，2002；Appleton et al.，2009）。瘤拟黑螺 1774 年被描述，模式产地在印度，广泛分布于印度洋—太平洋区域，南亚、阿拉伯半岛、澳大利亚北部和非洲的大部分区域，目前已入侵到加勒比地区、巴西等地（Brown，1994；Oliveira and Oliveira，2019）。

中国跑螺科的研究较为匮乏，Yen（1939）对德国法兰克福森根堡自然博物馆馆藏的陆生及水生螺类进行整理，共记录 3 属 7 种。其中，拟黑螺属 4 种，即瘤拟黑螺、斯氏拟黑螺（*Melanoides schmackeri* Hartmann，1889）、细纹拟黑螺［*Melanoides costellaris*（Lea，1850）］和台湾拟黑螺［*Melanoides formosensis*（E. Smith，1878）］；

齿蜷属 2 种，即 *Sermyla tornatella*（Lea，1850）和粗齿蜷［*Sermyla sculpta*（Souleyet，1852）］；帆蜷属 1 种，即粗糙帆蜷（有效种名粗糙米氏蜷）。刘月英等（1979，1993）在《中国经济动物志》和《医学贝类学》上分别记录跑螺科种类 3 种，即瘤拟黑螺、斜粒粒蜷和斜肋齿蜷（*Sermyla riqueti*）。此外，刘月英等（1993）在海南记录粗糙帆蜷（*Plotia scabra*）。王维贤（2011）在《台湾淡水贝类》中记录台湾跑螺科（原书中为锥蜷科）种类 9 种，包括高蜷螺［原书中为黑螺 *Faunus ater*（Linnaeus，1758）］、斑拟黑螺［原书中为斑蜷 *Melanoides maculate*（Bruguière，1789）］、瘤拟黑螺（原书中为网蜷）、斜肋齿蜷［原书中为流纹蜷 *Sermyla riquetii*（Grateloup，1840）］、细纹狭蜷［原书中为细纹蜷 *Stenomelania costellaris*（Lea，1850）］、折叠狭蜷［原书中为锥蜷 *Stenomelania plicaria*（Born，1778）］、结节狭蜷［原书中为结节蜷 *Stenomelania torulosa*（Bruguière，1789）］、斜粒粒蜷［原书中为瘤蜷和塔蜷（*Thiara scabra* Müller，1774）］，并且王维贤（2011）提出台湾拟黑螺为瘤拟黑螺的同物异名。综合以往文献，中国跑螺科的种类隶属于拟黑螺属、粒蜷属、齿蜷属、米氏蜷属和狭蜷属（Gredler，1885，1886，1889；Abbott，1948；Yen，1939；刘月英等，1993；王维贤，2011）。

第二章 各论

第一节 厚唇螺科 Pachychilidae Fischer & Crosse，1892

鉴别特征：贝壳长圆锥或椭圆形，厣近圆形，具有多螺旋的生长纹；齿舌较长，常在咽后形成1~2个环，缘齿钩状，中央有1个比较宽大的中间齿，内侧由数个小齿组成，外侧无齿。雌雄异体，卵生或卵胎生。

分布：分布于菲律宾、印度尼西亚的苏拉威西岛、澳大利亚、印度、中国南部，以及马来半岛、苏门答腊岛、爪哇岛和婆罗洲等。在我国主要分布在云南南部、广西、湖南、广东、海南、香港和台湾。

本科种类栖息于水质清澈的溪流中，在我国主要包括沟蜷属和川蜷属2个属。

一、分子学研究结果

（一）沟蜷属的系统发育关系

以川蜷属的微刻川蜷和 *B. dautzenbergiana* 为外群，利用 COI 与 16S rRNA 联合数据所构建的沟蜷属的系统发育树暗示中国沟蜷属应分为二支，一支是由田螺沟蜷（*Sulcospira paludiformis*）与越南的 *S. collyra* Köhler，Holford，Tu & Hai 构成的单系；另外一支是由广西沟蜷（*Sulcospira guangxiensis*）、码市沟蜷（*Sulcospira mashi*）、湖南沟蜷（*Sulcospira hunanensis*）和越南沟蜷（*Sulcospira tonkiniana*）所构成的单系。其中，广西沟蜷与越南沟蜷关系最近，再与海南沟蜷形成一个单系，该支系与码市沟蜷和湖南沟蜷支系形成姐妹群（图2-1）。

在形态上，田螺短沟蜷和三线短沟蜷的雌性具有受精囊，并在颈背部有育仔囊，胚胎壳面光滑，壳顶膨胀，齿舌的缘齿仅内侧具小齿，外侧无小齿。这些性状均是厚唇螺科沟蜷属的典型特征。因此，形态特征与系统发育结果均强烈支持田螺短沟蜷和三线短沟蜷为厚唇螺科沟蜷属的种类，且三线沟蜷为田螺沟蜷的同物异名；此外，系统发育树支持 *Sulcospira krempfi* 为越南沟蜷的同物异名。

Melania delavayna 和 *Melania soriniana* 的厣的形状暗示2种为厚唇螺科的种类。通过对模式标本照片仔细比对，2种的壳形差异不明显，且与海南沟蜷的壳形无论在大小、形状上都非常相似。因此，在本研究中，*Melania delavayna* 和 *Melania soriniana* 被

认为是海南沟蜷的同物异名。

利用 COI 序列所计算的沟蜷属不同种间的 p 遗传距离为 3.1%~17.5%（平均值 13.1%）。湖南沟蜷与沟蜷属其他种的 p 遗传距离为 8.6%~15.3%（平均值 13.5%），广西沟蜷与沟蜷属其他种的 p 遗传距离为 7.5%~17.0%（平均值 13.0%），码市沟蜷与沟蜷属其他种的 p 遗传距离为 6.3%~15.3%（平均值 12.5%）（表 2-1）。

（二）川蜷属的系统发育关系

利用 COI 序列对沟蜷属和川蜷属构建贝叶斯树。系统发育树结果暗示，大川蜷（Brotia swinhoei）先与坚川蜷（Brotia herculea）中的 AY330841 和 AY330842 聚在一起，后与 AY330843 和 AY330844 聚成一个单系，再与 Brotia dautzenbergia 互为姐妹群（图 2-2）。利用 COI 序列所计算的川蜷属不同种间的 p 遗传距离为 0.9%~6.3%。

通过对原始文献中塔锥川蜷（Brotia henriettae）和 Brotia squamosa 描述的比较，塔锥川蜷与 Brotia squamosa 在壳形结构、壳饰上非常相似，且均分布于广东。因此，认为这两个物种为同物异名，并且塔锥川蜷的发表时间优先于 Brotia squamosa，根据《国际动物命名法规》（ICZN，1999）的第 68.4 条规定，塔锥川蜷为有效种。

Yen（1939）记录变异川蜷和 Brotia swinhoei 分布在海南，但是德国法兰克福森根堡自然博物馆馆长提及，Yen（1939）将变异川蜷的实际采集地印度错误地记录为中国广东。因此，在本研究中认为变异川蜷尚无在中国分布的记录。通过对中国科学院动物研究所馆藏的采自海南的微刻川蜷的查看，刘月英等（1993）在海南记录的微刻川蜷实为田螺沟蜷。

（三）讨论

记录于中国的厚唇螺科种类分别隶属于 2 个属，即川蜷属和沟蜷属（Köhler and Glaubrecht，2001，2005；Köhler and Glaubrecht，2006；Köhler and Dames，2009）。共有 9 种被记录，包含川蜷属 3 种和沟蜷属 6 种。

在系统发育树上，中国的沟蜷属种类并不是一个单系。田螺沟蜷与越南中北部的 S. collyra 形成姐妹群。分布于广西和湖南的沟蜷种类与越南北部的越南沟蜷聚在一起，形成单系。但是，由于大支上的支持率较低，在系统发育树上，这些种类间的系统发育关系并没有被很好地解释。以往也有研究表明，在淡水腹足类中，由于隐藏种的存在、鉴定错误、基因渗透，以及杂交等原因，仅利用线粒体基因不能很好地解决物种间的系统发育关系（Lee 等，2007；Glaubrecht and Köhler，2004；von Rintelen 等，2004；Köhler，2016）。

厚唇螺科的种类有卵生和卵胎生两种繁殖方式。卵生种类主要包括广西沟蜷、湖南沟蜷和码市沟蜷，卵胎生种类包括田螺沟蜷、越南沟蜷和海南沟蜷。在系统发育树上，卵生的种类并没有形成一个单系，而是与卵胎生的海南沟蜷和越南沟蜷聚为一支。Köhler 等（2004）分析被捕食的压力、寄生虫或竞争压力等因素可能间接引起祖先种类选择卵胎生的繁殖方式，而这些间接因素在亚洲以外的其他分布区是不存在的。

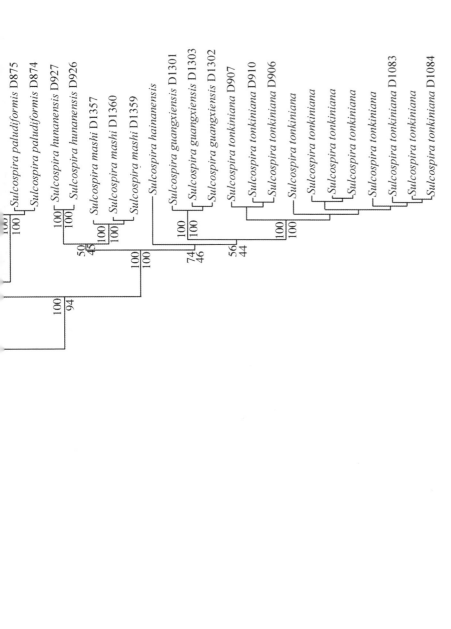

图 2-1　基于 COI 和 16S rRNA 所构建的沟蜷属贝叶斯树

支上下的数值分别代表 BI 和 ML 的支持率（引自 Du & Yang，2019）（%）

Fig. 2-1　Bayesian phylogeny of *Sulcospira* based on analysis of concatenated
dataset of mitochondrial cytochrome oxidase subunit I (COI) and 16 SrRNA sequences

Numbers above and below branches are Bayesian posterior probabilities (BPP) and

ML bootstrap values, respectively (after Du & Yang, 2019) (%)

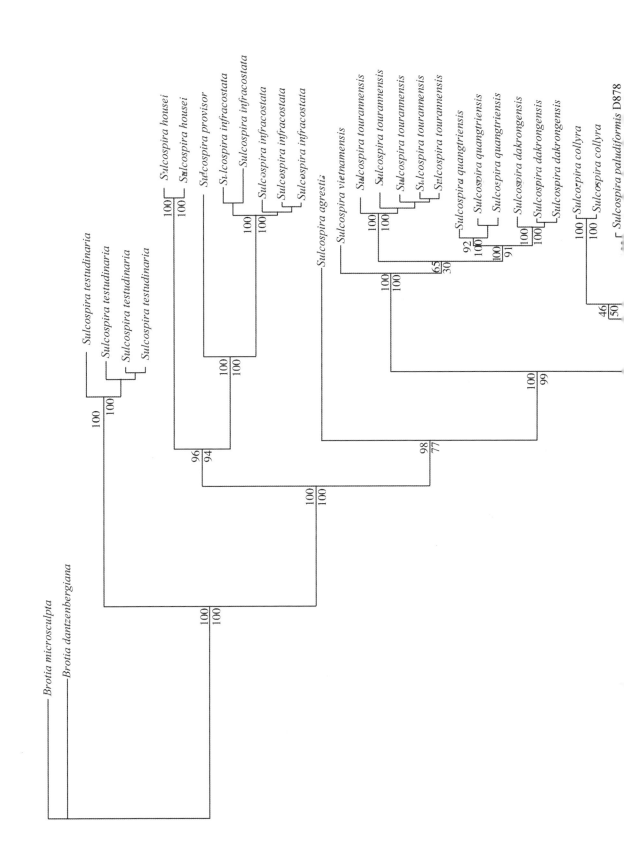

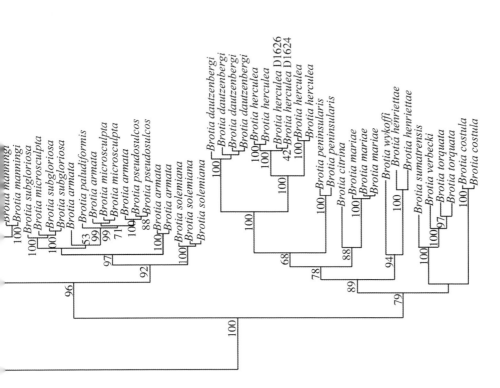

图 2-2 基于 COI 所构建的厚唇螺科贝叶斯树

支上的数值代表 BI 的支持率（%）

Fig. 2-2 Molecular phylogeny of Pachychilidae based on Bayesian inference

Numbers above branches are Bayesian posterior probabilities （BPP） （%）

0.1

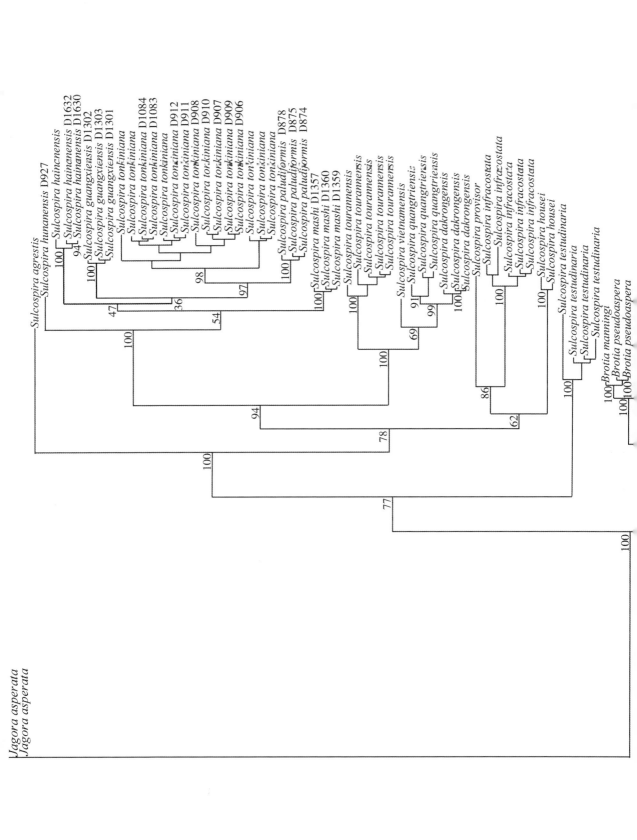

表 2-1 中国沟蜷属种类的 COI 序列遗传距离（未经校正的 p 遗传距离）（%）

Table 2-1 Genetic distance（uncorrected p-distances）for COI between Chinese *Sulcospira*（%）

	1	2	3	4	5	6	7	8	9	10	11	12	13	14	15	16
1 *Brotia*	—															
2 *S. testudinaria*	0.066															
3 *S. housei*	0.095	0.134														
4 *S. provisor*	0.115	0.140	0.150													
5 *S. infracostata*	0.088	0.128	0.133	0.151												
6 *S. agrestis*	0.101	0.138	0.166	0.167	0.140											
7 *S. vietnamensis*	0.087	0.125	0.147	0.158	0.128	0.141										
8 *S. tourannensis*	0.088	0.112	0.136	0.154	0.128	0.146	0.081									
9 *S. quangtriensis*	0.092	0.132	0.132	0.151	0.116	0.137	0.069	0.076								
10 *S. dakrongensis*	0.112	0.143	0.156	0.161	0.142	0.157	0.068	0.086	0.031							
11 田螺沟蜷 *S. paludiformis*	0.108	0.141	0.145	0.145	0.130	0.160	0.143	0.146	0.140	0.162						
12 湖南沟蜷 *S. hunanensis*	0.097	0.143	0.141	0.144	0.139	0.152	0.137	0.133	0.128	0.153	0.086					
13 码市沟蜷 *S. mashi*	0.094	0.136	0.124	0.142	0.127	0.153	0.141	0.133	0.132	0.153	0.069	0.063				
14 海南沟蜷 *S. hainanensis*	0.125	0.153	0.151	0.172	0.161	0.175	0.161	0.148	0.151	0.169	0.103	0.108	0.094			
15 广西沟蜷 *S. guangxiensis*	0.112	0.137	0.143	0.155	0.143	0.168	0.151	0.135	0.142	0.170	0.080	0.093	0.075	0.099		
16 越南沟蜷 *S. tonkiniana*	0.106	0.144	0.131	0.154	0.127	0.169	0.137	0.137	0.131	0.159	0.050	0.080	0.056	0.103	0.071	—

厚唇螺科的种类多栖息在水质较清洁的河流或溪流中，对水质和溶氧的要求较高。但由于人类活动增加了水体中营养物质含量，使得厚唇螺种类的种群数量减少。另外，厚唇螺科种类的个体较大，具有一定的经济价值，过度的捕获也使得一些地区的沟蜷属种类种群数量明显减少。

二、物种分述

厚唇螺科分属检索表

1. 雌性具有受精囊 ······························· 沟蜷属 *Sulcospira*
   雌性无受精囊 ······························· 川蜷属 *Brotia*

（一）沟蜷属 *Sulcospira* Troschel，1858

Sulcospira Troschel，1858：117－118（type species *Melania sulcospira* Mousson，1849）；Köhler & Glaubrecht，2005：16－26；Köhler，2008：331－339；Köhler et al.，2009：127－141；Köhler & Dames，2009：679－699；Marwoto & Isnaningsih，2012.

Adamietta Brandt 1974：171（type species *Melania housei* I. Lea，1856）.

鉴别特征：贝壳呈圆锥形，壳面光滑或有纵肋。厣具有 4~6 个螺旋生长纹。卵生或卵胎生，雌性具有受精囊。卵胎生种类中，胚胎壳面光滑，壳顶膨胀。

分布：中国的广西、湖南、广东、海南、香港、澳门等省（区）。国外见于越南、泰国和马来西亚。

中国沟蜷属分种检索表

1. 卵生 ··· 2
   卵胎生 ··· 4
2. 壳面具有纵肋 ··· 3
   壳面光滑 ································· 码市沟蜷 *S. mashi*
3. 精囊位于外套腔生殖器的前 1/6~5/6 ··· 广西沟蜷 *S. guangxiensis*
   精囊位于外套腔生殖器的后 2/3 ······· 湖南沟蜷 *S. hunanensis*
4. 胃部外侧新月垫与内侧新月垫相连 ····· 越南沟蜷 *S. tonkiniana*
   胃部外侧新月垫与内侧新月垫不相连 ·························· 5
5. 贝壳圆锥形，具有 6~8 个螺层 ····· 海南沟蜷 *S. hainanensis*
   贝壳卵圆形，具有 3~4 个螺层 ··· 田螺沟蜷 *S. paludiformis*

1. 广西沟蜷 *Sulcospira guangxiensis* Du & Yang，2019

Sulcospira guangxiensis Du & Yang，2019：214－252（广西壮族自治区玉林市北流市山围镇桂江支流）.

（1）检视材料：

1）正模：KIZ016865，贝壳高 36.1 mm，2017 年 4 月 20 日采自广西壮族自治区玉林市北流市山围镇桂江支流（22.8045° N，110.4313° E），采集人：杜丽娜、杜春升。

2）副模：16 个，KIZ016862-016864，016868-016869，016878-016881；IZCAS-FG609785-609791，贝壳高 33.0～39.2 mm。采集地点与采集时间同正模。模式标本保存于中国科学院昆明动物研究所昆明动物博物馆和中国科学院动物研究所国家动物博物馆（表2-2）。

表2-2　广西沟蜷测量表
Table 2-2　Shell measurements of Sulcospira guangxiensis

	贝壳高/mm	贝壳宽/mm	体螺层高/mm	壳口长/mm	壳口宽/mm	螺层数/个
最小值	32.9	14.5	20.7	13.6	7.2	4
最大值	39.2	17.8	24.0	16.2	9.2	6
标准差	2.0	1.0	1.1	0.8	0.6	0.6
KIZ016865	36.1	14.6	21.6	14.1	7.1	6
KIZ016862	33.9	14.8	21.1	14.3	7.6	5
KIZ016863	32.9	15.1	21.6	14.3	7.3	4
KIZ016864	39.2	17.6	23.6	16.2	9.2	6
KIZ016868	35.2	15.7	21.9	15.1	8.1	6
KIZ016869	38.0	16.2	22.8	15.3	8.0	6
KIZ016878	36.1	17.0	23.6	15.8	8.5	5
KIZ016879	33.6	16.0	22.2	14.8	8.0	5
KIZ016880	35.4	15.6	22.4	14.4	7.8	6
KIZ016881	33.0	15.1	21.8	14.7	7.6	5
IZCAS-FG609785	34.9	16.0	22.2	14.8	7.9	5
IZCAS-FG609786	37.0	17.4	24.0	16.2	8.6	6
IZCAS-FG609787	38.3	15.2	21.9	14.1	7.3	6
IZCAS-FG609788	36.4	17.8	23.8	15.9	8.9	5
IZCAS-FG609789	34.5	15.1	21.9	14.6	7.7	6
IZCAS-FG609790	33.5	14.5	20.7	13.6	7.5	5
IZCAS-FG609791	33.0	15.1	20.9	14.1	7.2	5

3）解剖标本：3 个，KIZ016882，016886，016879，采集地点与采集时间同正模。

（2）特征描述：贝壳中等大小，较厚，圆锥形，壳面深褐色。在每个螺层的上半部具有明显的细螺棱，螺旋层上具有弱的纵肋。壳顶常被腐蚀，留有 5 或 6 个螺层。各螺层略膨胀。缝合线较深。壳口呈梨形。厣近圆形，具 5 或 6 层螺旋生长纹，厣核略靠近厣底部（图2-3）。

头足背部淡黑色。吻圆柱状。被乙醇浸泡过的标本，触角长约为吻长的 1/2。柱状肌宽短。口在吻部前端腹面的正中，由口进入即为口球，口球前方的背面有 1 对角质颚板。口球内有齿舌，齿舌较长，在口球后面常绕 2 圈，齿舌长 19.5～20.1 mm，具有 160～168 行齿（$N=2$）。中央齿由 1 个突出的三角形中间齿和每侧 3～5 个小齿组成；侧齿中央是 1 个大的中间齿，在中间齿内侧有 2 个小齿，外侧有 3 个小齿；缘齿钩状，中

图 2-3　广西沟蜷的贝壳和厣

贝壳：A. 副模 IZCAS-FG 609787　B. 正模 KIZ016865　厣：C. KIZ016882

Fig. 2-3　Shell and operculum of *Sulcospira guangxiensis*

Shell：A. Paratype，IZCAS-FG60978　B. Holotype，KIZ016865　Operculum：C. KIZ016882

央有 1 个比较宽大的中间齿，内侧由 1~2 个小齿组成，内缘齿和外缘齿在形状和大小上比较相似，齿式 3-5（1）3-5／2（1）3／1-2（1）／1-2（1）（图 2-4）。

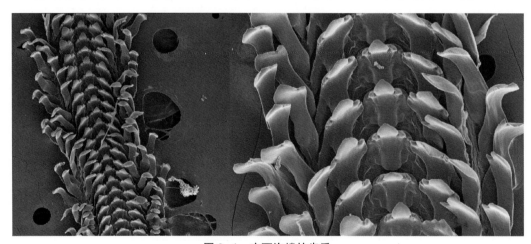

图 2-4　广西沟蜷的齿舌

Fig. 2-4　Radulae of *Sulcospira guangxiensis*

　　口球向后延伸变细与食管相连，食管沿外套腔向后延伸进入内脏腔，与胃连接。胃椭圆形，分为贲门部、胃本部和幽门部。贲门部与食管相连，经胃本部到达幽门部与肠相连。胃本部中央常具一个缢痕，将胃分为前后两部分，胃前部主要有储存食物的作用，胃后部具有研磨食物的作用。肠沿着外套腔向前，开口于外套膜边缘。胃部外侧新月垫与内侧新月垫发达，但不相连（图 2-5A）。

　　栉状鳃位于身体的左侧，从外套腔的前端向后延伸至外套腔的后端。在栉状鳃的左侧有 1 个较细的、线形的嗅检器，嗅检器的长度约为 1/2 栉状鳃长。鳃下腺不发达，位于鳃的右侧。

　　生殖系统（图 2-5B）：生殖系统可以分为外套腔生殖器和内脏腔生殖器两部分。

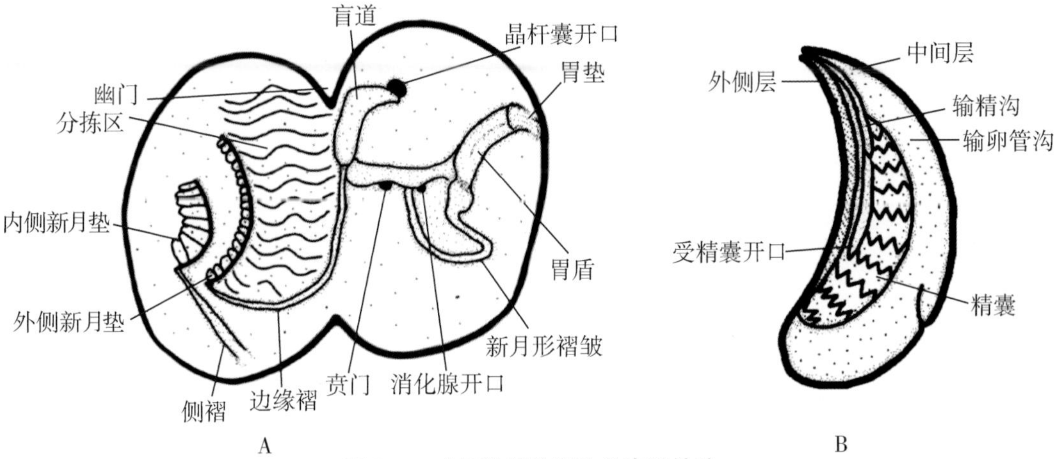

图 2-5　广西沟蜷的胃和外套腔性腺

A. 胃　B. 外套腔性腺

Fig. 2-5　Anatomical characters of *Sulcospira guangxiensis*

A. stomach　B. pallial oviduct

内脏腔生殖器主要是比较宽大的性腺（雌性为卵巢，雄性为睾丸），依附在肝脏的背面。在繁殖季节，内脏腔性腺为淡橘色或淡黄色，雌性的性腺呈宽大的叶状，而雄性的睾丸由许多分支的小管组成。

雌性生殖系统包括卵巢、输卵管、育仔腔、输精沟、精囊和受精囊。在颈部的背面有一个育仔腔，这个体腔几乎占据了整个头足腔。在育仔腔的后 1/3 处膨大鼓起，里面有发育成熟直径约 0.5 mm 的卵块。外套腔生殖器由平行的薄膜包裹形成。中间薄膜形成一个简单的输精沟，输精沟在外套腔生殖器前 1/6 处扩大，形成有纤毛的精囊，精囊位于中间薄膜所围成的腔内，占据着外套腔生殖器的前 1/6~5/6 处。输精沟继续向后延伸形成受精囊。精囊继续向后，在大约后 1/3 的位置插入输卵管。

雄性生殖系统包括睾丸、输精管、前列腺，前列腺占据着外套膜生殖器，睾丸围绕着消化腺。雌雄性别比为 3∶2。卵生。

（3）分布与生境：广西壮族自治区玉林市北流市山围镇（图 2-6）。水质清澈，底质为泥沙、大石头。水深 0.2~0.5 m（图 2-7）。河流周边有高速公路和村庄，水体中有少量的生活垃圾。在同水域有石田螺（*Sinotaia* sp.）和小管福寿螺 [*Pomacea canaliculata* (Lamarck 1819)]分布。

（4）讨论：可以通过以下特征将广西沟蜷与沟蜷属的其他种类区分，具有 5~6 个螺层 [*S. tourannensis*, *S. dakrongensis* Köhler, Holford, Tu & Hai, *S. vietnamensis* Köhler, Holford, Tu & Hai, *S. pisum* (Brot, 1868) 和田螺沟蜷具有 2~5 个螺层]，螺层上具有明显的纵肋 [*S. tourannensis*, *S. dakrongensis*, *S. quangtriensis* Köhler, Holford, Tu & Hai, 2009, *S. vietnamensis*, *S. collyra* Köhler, Holford, Tu & Hai, *S. pisum*, *S. testudinaria* (von dem Bush), *S. martini* (Schepman), 海南沟蜷、田螺沟蜷和码市沟蜷壳面光滑]，胃的外侧新月垫与内侧新月垫发达，两者不相连（*S. collyra* 和越南沟蜷的胃的外侧新月垫与内侧新月垫相连）。

图 2-6 广西沟蜷的分布点

Fig. 2-6 Known distribution of *Sulcospira guangxiensis*

图 2-7 广西沟蜷的生境

Fig. 2-7 Habitat of *Sulcospira guangxiensis*

2. 海南沟蜷 *Sulcospira hainanensis*（Brot，1872）

Melania（*Sulcospira*）*hainanensis* Brot，1872：32，pl. 3，fig. 11（Hainan）.

Melania hainanensis，Brot，1874：60，pl. 6，fig. 15（Hainan）.

Sulcospira hainanensis，Yen，1939：59-60，taf. 5，fig. 18.

Brotia hainanensis，Dudgeon，1982：141-154；Köhler & Glaubrecht，2002：121-156.

Melania biconica Brot，1886：100；Yen，1939：59-60，taf. 5，fig. 16；Köhler & Glaubrecht，2002：121-156.

Melania ebenina Brot，1883：83；Yen，1939：59-60，taf. 5，fig. 17；Köhler & Glaubrecht，2002：121-156.

Melania sinensis Reeve，1860：taf. 12，fig. 70；Yen，1939：59-60，taf. 5，fig. 19.

Melania delavayna Heude，1888：162，pl. 41，fig. 5，5a（Guangdong Province）.

Melania soriniana Heude，1888：162，pl. 41，fig. 6，6a（Guangdong Province）.

（1）检视材料：

1）模式标本：*Sulcospira biconica*，SMF39078；*Sulcospira ebenina*，SMF39077；海南沟蜷，SMF38897，由德国法兰克福森根堡自然博物馆 R. Janssen 提供。

2）其他标本：KIZ021349-376，贝壳高 34.6~51.2 mm，2017 年 6 月 25 日采自海南省儋州市（19.5502° N，109.5001° E），采集人：刘春（表 2-3）。

表 2-3　海南沟蜷测量表

Table 2-3　Shell measurements of *Sulcospira hainanensis*

	贝壳高/mm	贝壳宽/mm	体螺层高/mm	壳口长/mm	壳口宽/mm	螺层数/个
最小值	34.6	10.0	20.4	13.8	7.4	5
最大值	51.2	23.1	30.3	21.0	11.1	8
标准差	4.6	2.9	2.8	2.0	1.0	0.7
KIZ021349	37.2	17.2	22.3	15.4	8.6	7
KIZ021351	42.8	19.5	25.8	18.8	9.3	7
KIZ021352	46.6	23.1	29.8	20.2	11.0	6
KIZ021354	38.4	17.7	23.3	16.3	8.6	6
KIZ021356	42.6	19.8	24.7	18.4	9.3	8
KIZ021358	44.6	19.1	26.2	18.3	9.5	7
KIZ021360	38.1	18.4	23.2	16.4	8.9	6
KIZ021361	50.1	20.5	28.3	19.4	10.1	7
KIZ021363	41.5	17.9	24.6	17.7	8.5	7
KIZ021364	43.9	17.8	26.0	17.7	8.5	7
KIZ021366	51.2	20.9	29.7	20.3	10.4	6
KIZ021367	44.9	20.5	26.7	19.5	9.7	7
KIZ021368	42.3	17.7	24.8	17.4	8.6	7

续表

	贝壳高/mm	贝壳宽/mm	体螺层高/mm	壳口长/mm	壳口宽/mm	螺层数/个
KIZ021369	43.8	10.0	26.0	18.2	9.4	7
KIZ021370	45.3	19.3	25.9	18.5	9.3	8
KIZ021371	44.0	23.0	30.3	21.0	11.1	5
KIZ021374	34.6	14.8	20.4	13.8	7.4	7
KIZ021376	36.2	17.4	22.1	15.8	8.1	6

（2）特征描述：贝壳中等大小，壳质厚，坚固，外形呈圆锥形。壳顶常被腐蚀，留有 6~8 个螺层。壳面深褐色，光滑。壳口呈梨形。厣具有 6 层螺旋生长纹（图 2-8）。齿舌较长，为 18.3~19.6 mm，有 164~172 行齿（$N=2$）。中央齿较大，由 1 个大的中间齿

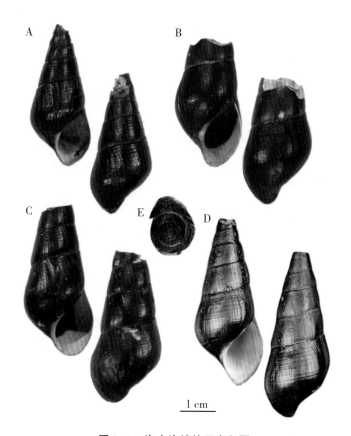

图 2-8　海南沟蜷的贝壳和厣

贝壳：A. *Sulcospira biconica*，SMF39078　B. *Sulcospira ebenina*，SMF39077

C. 海南沟蜷，SMF38897　D. 海南沟蜷，KIZ021362　厣：E. KIZ021366

Fig. 2-8　Shell and operculum of *Sulcospira hainanensis*

Shell：A. *Sulcospira biconica*，SMF39078　B. *Sulcospira ebenina*，SMF39077　C. *Sulcospira hainanensis*，SMF38897　D. *Sulcospira hainanensis* KIZ021362　Operculum：E. KIZ021366

和两侧各有 2~3 个小齿组成；侧齿由 1 个大的中间齿和两侧各有 2~3 个小齿组成；缘齿钩状，由 1 个宽大的中间齿和 1~2 个内侧小齿组成，内缘齿和外缘齿在形状上相似，齿式 2-3（1）2-3 / 2-3（1）2-3/ 1-2（1）/ 1-2（1）（图 2-9A、B）。

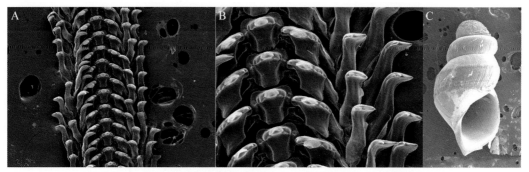

图 2-9 海南沟蜷的齿舌和胚胎 A、B. 齿舌 C. 胚胎

Fig. 2-9 Radulae and embryo of *Sulcospira hainanensis* A、B. radulae C. embryo

胃部结构与广西沟蜷相似，外侧新月垫与内侧新月垫发达，但不相连。

栉状鳃的左侧有 1 个较细的、线形的嗅检器，嗅检器的长度约为 1/2 栉状鳃长。

雌性在食道的背面有一个膨大的育仔腔，这个体腔几乎占据了整个头足腔。外套腔生殖器由平行的薄膜包裹形成。雌性生殖系统中的精囊位于中间薄膜所围成的腔内，占据着外套腔生殖器的后 1/3。雌雄性别比为 2：3。卵胎生。雌性的育仔囊内有 28~69 个胚胎。胚胎长椭圆形，具有 4 个螺层，壳面光滑（图 2-9C）。

（3）分布：中国的海南岛、广东、香港、澳门，国外分布于越南（图 2-10）。

图 2-10 海南沟蜷的分布点

Fig. 2-10 Known distribution of *Sulcospira hainanensis*

（4）讨论：Heude（1888）记录了 2 种分布于广东的黑蜷，*Melania delavayna* 和 *M. soriniana*。根据他所提供的厣的照片，2 种黑蜷应为厚唇螺科的种类。另外，通过比对照片，两种黑蜷间的壳形差异不明显，并且与海南沟蜷（图 2-8C）的壳形结构，无论在大小、形状上都非常相似。因此，2 种黑蜷为海南沟蜷的同物异名。Köhler and Glaubrecht（2001）描述海南沟蜷的螺层数为 3 或 5 个，但在本研究中，采自海南的标本具有 6 或 8 个螺层。

3. 湖南沟蜷 *Sulcospira hunanensis* Wang et al.，2018

Sulcospira hunanensis Wang et al.，2018：476-482（湖南永州江华县）.

（1）检视材料：

1）正模：KIZ007533（D926），贝壳高 45.1 mm，2015 年 3 月采自湖南省永州市江华县（25°14′35″N，111°36′26″E），采集人：王崇瑞。

2）副模：KIZ007534，HFS20150001-20150015，贝壳高 33.5～60.5 mm，采集地点及时间同正模。模式标本保存在中国科学院昆明动物研究所昆明动物博物馆和湖南省水产科学研究所（表 2-4）。

表 2-4　湖南沟蜷测量表

Table 2-4　Shell measurements of *Sulcospira hunanensis*

	贝壳高/mm	贝壳宽/mm	体螺层高/mm	壳口长/mm	壳口宽/mm	螺层数/个
最小值	33.2	13.5	17.2	13.0	7.3	5
最大值	60.5	22.6	27.2	21.4	12.5	9
标准差	7.3	2.3	2.8	2.3	1.4	1.0
KIZ007533	47.2	16.5	23.4	14.9	8.2	9
HFS2015001	60.5	22.6	27.2	21.4	12.5	6
HFS2015002	38.2	14.3	18.0	14.3	7.6	6
HFS2015003	40.4	15.8	20.0	15.8	8.4	5
HFS2015004	37.6	15.0	19.3	15.3	8.0	5
HFS2015005	33.5	13.5	17.2	13.0	7.3	5
HFS2015006	33.6	14.3	18.0	14.8	7.6	5
HFS2015007	34.7	14.8	18.2	14.5	7.4	5
HFS2015008	42.1	16.5	21.2	17.2	8.4	5
HFS2015009	44.2	18.3	23.3	17.5	9.5	5
HFS2015010	45.0	17.3	21.5	17.6	9.3	6
HFS2015011	36.4	15.4	20.1	15.3	8.1	5
HFS2015012	33.2	14.2	18.1	14.2	7.8	5
HFS2015013	36.1	14.1	18.4	14.1	7.6	5
HFS2015014	47.2	18.2	23.8	19.7	10.3	6
HFS2015015	47.5	17.2	23.2	17.9	9.6	6

（2）特征描述：贝壳中等大小，壳质较厚，圆锥形。壳面黄褐色或深褐色。体螺层膨大，螺旋层光滑或具有纵肋。壳顶腐蚀，留有8~9个螺层。厣卵圆形，有4~5个螺旋生长纹（图2-11）。齿舌长19.5~20.1 mm，有160~168行齿（$N = 2$）。中央齿由1个突出的三角形中间齿和每侧3个小齿组成；侧齿由1个大的中间齿，1个内侧小齿和3个外侧小齿组成；缘齿由1个大的中间齿和1~2个内侧小齿组成，内缘齿与外缘齿形状相似，齿式3（1）3／1（1）3／1 2（1）／1 2（1）（图2-12）。

图2-11 湖南沟蜷的贝壳和厣
贝壳：A. 正模 KIZ007533　B. 副模 KIZ007534　厣：C. KIZ007534
Fig. 2-11 Shell and operculum of *Sulcospira hunanensis*
Shell：A. Holotype，KIZ007533　B. Paratype，KIZ007534　Operculum：C. KIZ007534

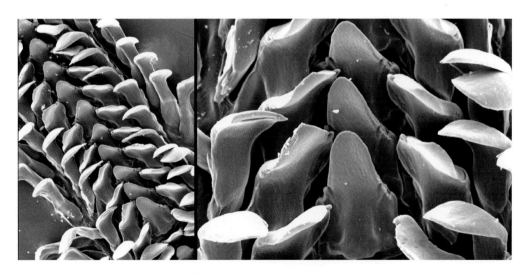

图2-12 湖南沟蜷的齿舌
Fig. 2-12 Radulae of *Sulcospira hunanensis*

胃部结构与广西沟蜷相似，外侧新月垫与内侧新月垫不相连。胃盾比广西沟蜷略肥厚。生殖系统与广西沟蜷相似，雌性输精沟在体前 1/3 处膨大形成精囊，精囊占据外套腔生殖器的后 2/3，受精囊位于外套腔生殖器的中段（图 2-13）。卵生，育仔囊后1/4 膨大，里面有金黄色的卵块。

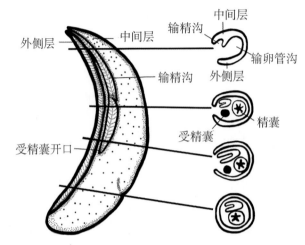

图 2-13　湖南沟蜷雌性生殖器

Fig. 2-13　Pallial oviduct characters of *Sulcospira hunanensis*

（3）分布与生境：分布于湖南省永州市江华县（图 2-14）。水质清澈，流速较快，底质多为大石头。湖南沟蜷一般分布在水深 0.5 m 以上的缓流区域，底质有细沙，常吸附于石头的下面。

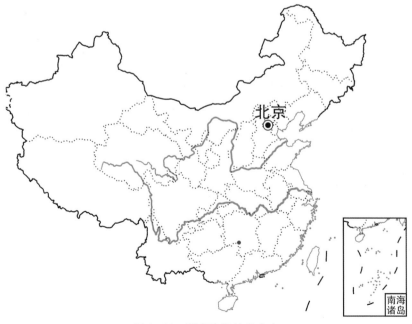

图 2-14　湖南沟蜷的分布点

Fig. 2-14　Known distribution of *Sulcospira hunanensis*

（4）讨论：湖南沟蜷与海南沟蜷的区别在于体螺层的高度为壳高的44.9%~55.2%（海南沟蜷为56.4%~68.7%）。湖南沟蜷贝壳呈圆锥形，壳面具有壳饰的特征，可以与贝壳为卵圆形、壳面光滑的田螺沟蜷相区别。湖南沟蜷可以通过具有8~9个螺层、壳面具有壳饰的特征，与 S. dakrongensis，S. kawaluensis，S. pisum 和 S. tourannensis（有2~6个螺层，壳面光滑）相区别，通过胃部内侧新月垫与外侧新月垫不相连的特征与 S. quangtriensis 和 S. collyra 相区别。

4. 码市沟蜷 *Sulcospira mashi* Du & Yang，2019

Sulcospira mashi Du & Yang，2019：214-252.（湖南省永州市江华县大锡乡小锡村）.

（1）检视材料：

1）正模：KIZ008402，贝壳高36.1 mm，2017年4月22日采自湖南省永州市江华县大锡乡小锡村（24.8275°N，111.9524°E），采集人：杜丽娜、杜春升。

2）副模：KIZ008394－008395，008412－008414，008519－008521，008530，008532，IZCAS-FG606792-606799，贝壳高29.9~38.1 mm。采集地点和采集时间同正模。模式标本保存于中国科学院昆明动物研究所昆明动物博物馆和中国科学院动物研究所国家动物博物馆（表2-5）。

表2-5　码市沟蜷测量表

Table 2-5　Shell measurements of *Sulcospira mashi*

	贝壳高/mm	贝壳宽/mm	体螺层高/mm	壳口长/mm	壳口宽/mm	螺层数/个
最小值	29.9	15.4	20.5	14.5	7.5	5
最大值	38.8	18.5	25.0	17.3	9.3	6
标准差	2.5	0.8	1.2	0.8	0.4	0.5
KIZ008402	36.1	17.5	23.0	15.9	8.7	6
KIZ008394	34.7	17.2	22.8	16.0	8.4	6
KIZ008395	37.0	16.7	23.2	16.4	8.4	6
KIZ008413	34.5	16.5	22.8	16.0	8.3	5
KIZ008414	38.8	17.3	24.5	16.7	8.5	6
KIZ008519	33.2	15.9	21.5	14.9	7.8	5
KIZ008520	33.5	15.9	21.9	15.4	7.9	6
KIZ008521	32.5	15.5	21.3	15.3	7.5	6
KIZ008530	32.8	15.7	22.0	15.0	8.1	5
KIZ008532	32.7	17.0	22.4	15.9	8.2	5
IZCAS-FG606792	38.1	16.6	23.8	16.3	8.5	6
IZCAS-FG606793	37.4	18.5	25.0	17.3	9.3	5
IZCAS-FG606794	33.7	17.1	22.9	16.5	8.8	5
IZCAS-FG606795	37.8	16.0	23.6	16.6	7.8	6
IZCAS-FG606796	37.5	17.2	23.5	16.3	8.4	6
IZCAS-FG606797	29.9	15.4	20.5	14.5	7.6	5
IZCAS-FG606798	36.0	17.1	23.6	16.6	8.3	6
IZCAS-FG606799	37.3	17.2	23.7	16.5	8.3	6

3）其他标本：KIZ008522，贝壳高 58.1 mm，KIZ008418，解剖用于内容结构及靥的观察，采集地点和采集时间同模式标本。

（2）特征描述：贝壳中等大小。壳质厚，坚固，外形呈塔锥形。壳面深褐色，表面光滑，除生长纹外无其他壳饰。壳顶腐蚀，留 6~8 个螺层。壳口梨形。靥角质，形状小于壳口，具有 6 个螺旋生长纹（图 2-15）。齿舌长 16.2~18.6 mm，在口腔后形成 2 个回路，有 137~152 行齿（$N=2$）。中央齿非常大，由 1 个大的突出的三角形中间齿和两侧各有 2~3 个小齿组成；侧齿延长，由 1 个突出的中间齿和每侧 2~3 个小齿组成；缘齿钩状，由 1 个宽大的卵圆形齿和内侧 1~2 个小齿组成，内缘齿和外缘齿在形态上相似，齿式 2-3（1）2-3 / 2-3（1）2-3 / 1-2（1）／1-2（1）（图 2-16）。

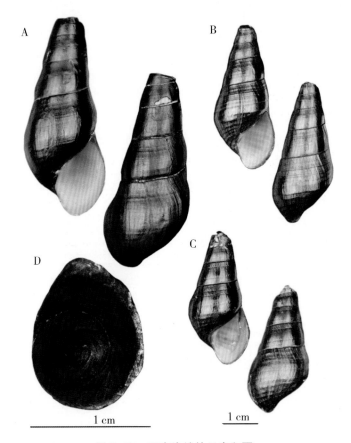

图 2-15　码市沟蜷的贝壳和靥
贝壳：A. KIZ008522　B. 副模 KIZ008414　C. 正模 KIZ008402　靥：D. KIZ008418
Fig. 2-15　Shell and operculum of *Sulcospira mashi*
Shell：A. KIZ008522　B. Paratype，KIZ008414　C. Holotype，KIZ008402　Operculum：D. KIZ008418

胃部结构与广西沟蜷相似。外侧新月垫与内侧新月垫都很发达，但不相连（图 2-17A）。栉状鳃的左侧有 1 个较细的、线形的嗅检器，嗅检器的长度约为 1/2 栉状鳃长。雌雄异体，卵生，雌性育仔囊后 1/3 膨大，内具有金黄色的卵块（图 2-17B），输精沟在体前 1/2 处膨大，形成精囊，膨大的精囊占据了外套腔生殖器的后 1/3，输精沟向后

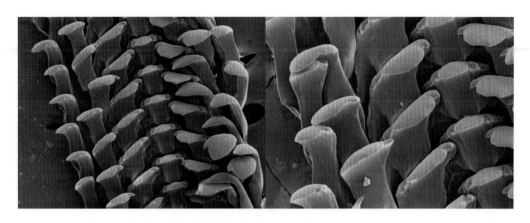

图 2-16 码市沟蜷的齿舌

Fig. 2-16 Radulae of *Sulcospira mashi*

延伸形成受精囊。雌雄性别比为 2 ：3。

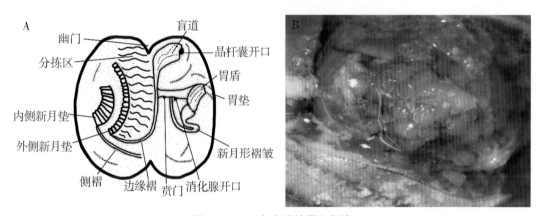

图 2-17 码市沟蜷的胃和卵块

A. 胃 B. 卵块

Fig. 2-17 Anatomical characters of *Sulcospira mashi*

A. stomach B. spawn

（3）分布与生境：目前仅知道分布在湖南省永州市江华县大锡乡小锡村（图 2-18）。栖息在水流较快的河流中，底质为砾石。水深 0.2~0.5 m。码市沟蜷的寿命可超过 4 年，大约 2 龄可以达到性成熟，每年 4~9 月产卵，在水温 20℃ 情况下，卵需 2~3 周可以完成孵化。

（4）讨论：码市沟蜷的主要鉴别特征是壳面光滑，具有 6~8 个螺层，可将其与 *S. sulcospira*、越南沟蜷和广西沟蜷（具有明显的壳饰），*S. tourannensis*，*S. dakrongensis*，*S. quangtriensis*，*S. vietnamensis*，*S. pisum* 和田螺沟蜷（具有 3~6 个螺层），*S. testudinaria* 和 *S. martini*（具有 8~10 个螺层）相区别。

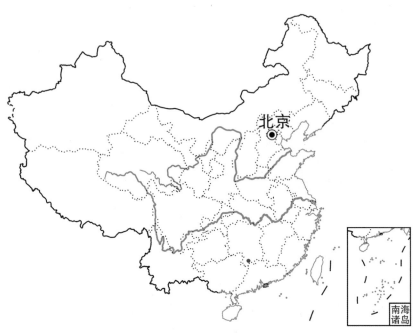

图 2-18　码市沟蜷的分布点

Fig. 2-18　Known distribution of *Sulcospira mashi*

5. 田螺沟蜷 *Sulcospira paludiformis*（Yen，1939）

Semisulcospira paludiformis Yen，1939：55，pl. 4，fig. 73（Lu - ho - wan，Hainan Island）.

Semisulcospira trivolvis Yen，Du et al.，2017：66-77.

Sulcospira paludiformis，Du et al.，2017：66-71（海南省五指山市毛阳镇）.

（1）检视材料：

1）新模的选定：正模和副模标本保存在德国法兰克福森根堡自然博物馆（SMF40266 和 SMF40267），但是，所有的模式标本在第二次世界大战中丢失（Brandt，1974；R. Janssen 个人陈述）。根据《国际动物命名法规》（ICZN，1999）的第 75.3 条的规定，指定了一个新模 KIZ004537。原始描述中记录了该种是采自海南的 "Lu-ho-wan"，该地名是中国名字的德语音译。利用 FuzzyG 软件，模糊查找这个位置得到 "Luokan"（19.0386° N，109.7072° E），这个地点与新模标本的采集地点相接近。此外，比对了 Yen（1939）文中该种的图片，认为在海南省五指山市采集到的标本与 Yen（1939）描述的田螺短沟蜷为同一种（Du et al.，2017）。

2）其他材料：KIZ004517，004519-004520，004525-004536，004539-004541，004544-004546，004695-004697，004701-004702，004704，004706，004708-004714，贝壳高 23.3～31.1 mm，2015 年 7 月采自海南省五指山市毛阳镇（18.9167° N，109.5058° E）；IZCAS - FG240458，240617，贝壳高 33.1～35.3 mm，采自海南；KIZ004516，解剖用于内容结构和靥的观察，2015 年 7 月采自海南省五指山市毛阳镇（表 2-6）。

表 2-6 田螺沟蜷测量表

Table 2-6 Shell measurements of *Sulcospira paludiformis*

	贝壳高/mm	贝壳宽/mm	体螺层高/mm	壳口长/mm	壳口宽/mm	螺层数/个
最小值	23.3	15.3	19.5	14.8	7.7	3
最大值	31.1	20.3	26.1	19.0	10.8	4
标准差	2.2	1.3	1.8	1.3	0.8	0.5
KIZ004517	28.6	18.8	23.5	17.8	9.5	4
KIZ004519	29.6	19.2	24.7	19.0	10.1	4
KIZ004520	30.0	18.5	24.5	18.3	9.9	4
KIZ004525	29.6	18.0	23.0	16.9	9.3	4
KIZ004526	30.2	18.6	23.8	17.8	9.2	4
KIZ004527	27.5	18.2	22.3	17.5	9.0	4
KIZ004528	29.6	18.7	24.0	17.6	9.7	3
KIZ004529	24.6	16.3	20.8	15.8	8.0	3
KIZ004530	29.3	18.7	23.7	18.2	9.1	4
KIZ004531	31.1	19.6	25.4	18.9	9.8	4
KIZ004532	27.2	18.6	22.9	18.0	9.4	3
KIZ004533	30.8	20.3	25.2	15.1	10.0	4
KIZ004534	28.7	18.1	23.0	17.1	9.4	4
KIZ004535	30.3	19.4	24.4	17.9	10.8	3
KIZ004536	29.8	18.8	23.9	18.4	9.5	4
KIZ004537	31.1	19.8	26.1	18.8	10.0	4
KIZ004539	25.6	17.5	21.2	16.2	8.7	3
KIZ004540	30.3	19.3	24.9	18.6	10.3	4
KIZ004541	28.7	18.6	23.4	17.8	9.5	3
KIZ004544	28.6	18.2	23.7	17.0	9.3	4
KIZ004545	24.9	15.9	20.2	15.2	8.0	4
KIZ004546	27.6	17.9	22.2	17.3	9.0	4
KIZ004695	25.4	16.1	19.8	14.8	8.0	4
KIZ004696	25.7	16.7	20.5	15.8	7.7	4
KIZ004697	26.2	16.5	21.5	16.3	8.9	4
KIZ004701	24.8	17.0	20.7	16.2	9.0	3
KIZ004702	25.1	16.4	21.5	16.4	8.4	3
KIZ004704	26.1	17.0	21.0	15.5	8.3	3

	贝壳高/mm	贝壳宽/mm	体螺层高/mm	壳口长/mm	壳口宽/mm	螺层数/个
KIZ004706	28.1	17.9	22.4	16.7	9.1	4
KIZ004708	25.8	16.1	20.3	15.1	8.0	4
KIZ004709	28.0	18.0	22.7	16.4	9.1	4
KIZ004710	27.6	17.0	22.0	16.3	9.0	4
KIZ004711	24.6	16.2	20.6	15.5	8.1	4
KIZ004712	23.3	15.3	19.5	14.8	7.7	3
KIZ004713	27.0	17.5	21.0	16.1	8.8	4

（2）特征描述：贝壳中等大小，壳质厚，卵圆形。壳面深褐色，表面光滑。体螺层明显膨胀，并且有三条褐色条纹，该条纹在幼体上更加明显。壳顶钝，有3~4个螺层。厣角质，具有4层螺旋生长纹（图2-19）。齿舌较长，为20.1~20.3 mm，有164~168列齿（$N=2$）。中央齿由1个突出的三角形中间齿和每侧3个小齿组成；侧齿由1个大的中间齿和每侧3个小齿组成；缘齿钩状，由1个宽的中间齿和内侧1~2个小齿组成，外缘齿和内缘齿在形态上相似，齿式3（1）3／3（1）3／1-2（1）／1-2（1）（图2-20）。

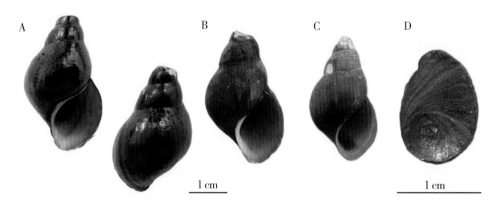

图2-19　田螺沟蜷的贝壳和厣

贝壳：A. 新模 KIZ004537　B. IZCAS-FG240458　三线沟蜷　C. IZCAS-FG240617

厣：D. KIZ004516

Fig. 2-19　Shell and operculum of *Sulcospira paludiformis*

Shell：A. Neotype，KIZ004537　B. IZCAS-FG240458；*Sulcospira trivolvis*

C. IZCAS-FG240617　Operculum：D. KIZ004516

胃部结构与沟蜷属其他种明显不同，具有1个内侧新月垫和2个外侧新月垫，胃盾略肥厚（图2-21）。

雌性在食道上方具一个明显的育仔腔，里面装满了胚胎，在解剖的5个雌性个体中，有2个个体的育仔腔中分别有369和38个幼螺（图2-20）。最大胚胎的壳高约为

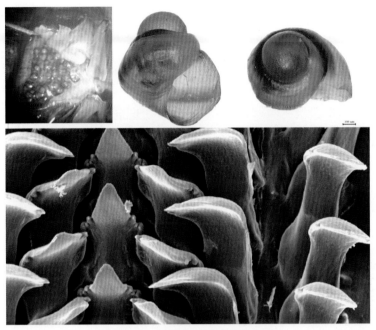

图 2-20　田螺沟蜷的胚胎和齿舌

Fig. 2-20　The embryos and radulae of *Sulcospira paludiformis*

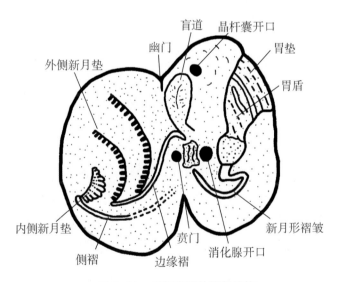

图 2-21　田螺沟蜷的胃部结构

Fig. 2-21　Stomach structure of *sulcospira paludiformis*

0.4 mm，具有 3 个螺层，壳面有明显的褐色条纹。卵胎生。雌性精囊占据外套腔生殖器的后 1/3。雌雄比例为 5∶2。

（3）分布：目前已知分布在海南（图 2-22）。

（4）讨论：Yen（1939）是将其作为短沟蜷属的新种描述。但是，该种的齿舌、厣和胃部结构，颈部背面有育仔腔，以及胚胎壳顶光滑膨胀是厚唇螺科沟蜷属的典型

图 2-22　田螺沟蜷的分布点

Fig. 2-22　Known distribution of *Sulcospira paludiformis*

特征；此外，分子系统发育学也支持该种属于沟蜷属。Yen（1939）在描述田螺沟蜷的同时，也描述了分布于海南的另外一个种类——三线短沟蜷（*Semisulcospira trivolvis*），Yen（1939）提及三线短沟蜷与放逸短沟蜷相似，仅在贝壳大小和厣核位置上不同。遗憾的是，三线短沟蜷的模式标本同样在第二次世界大战中丢失。通过比较原始描述发现，三线短沟蜷与田螺沟蜷在贝壳形状上非常相似，仅有的区别是三线短沟蜷贝壳上有明显的褐色条纹。但是，该性状并不是一个稳定的分类性状，在海南所采集到的部分田螺沟蜷的成体也有褐色条纹存在，并且分子系统学研究结果也不支持三线短沟蜷为独立的物种。因此，本研究认为三线短沟蜷也应隶属于沟蜷属，并与田螺沟蜷为同物异名。此外，刘月英（1993）在海南记录有微刻川蜷，通过检视保存于中国科学院动物研究所的微刻川蜷标本，认为该标本为田螺沟蜷。田螺沟蜷贝壳为卵圆形，可以与中国的其他沟蜷属种类相区别；田螺沟蜷厣的形态及生长纹与同属的其他种类也不相同，更接近于短沟蜷科种类的卵圆形厣，上面具有角状螺旋形生长纹。到目前为止，在厚唇螺科仅田螺沟蜷具有此类型的厣。

6. 越南沟蜷 *Sulcospira tonkiniana*（Morlet，1887）

Melania verbecki var. *tonkiniana* Morlet，1887［1886］：264–265.

Melania beaumetzi Brot，1887：34，219.

Melania hamonvillei Brot，1887：32–34；Morlet 1893：154；Fischer & Dautzenberg，1906：164.

Brotia hamonvillei，Köhler & Glaubrecht，2002：137，fig. 2C；Dang & Ho，2007：5，fig. 6.

Melania siamensis，Morlet，1891：234；Bavay & Dautzenberg，1910：7–10.

Melania siamensis var. *nodosa* Bavay & Dautzenberg, 1910：10, pl. 1b, fig. 15.

Melania siamensis var. *laevigata* Bavay & Dautzenberg, 1910：10, pl. 1b, fig. 15.

Brotia siamensis, Dang & Ho, 2007：5, fig. 8（not *M. siamensis* Brot, 1887）.

Melania aubryana, Dautzenberg & Fischer, 1908：196；Bavay & Dautzenberg, 1910：4-7, fig. 8（not *Melania aubryana* Heude, 1889）.

Melania aubryana var. *elongata* Bavay & Dautzenberg, 1910：5, pl. 1b, fig. 9.

Melania aubryana var. *robusta* Bavay & Dautzenberg, 1910：6, pl. 1b, fig. 10.

Melania aubryana var. *attenuata* Bavay & Dautzenberg, 1910：6, pl. 1b, fig. 11.

Melania aubryana var. *pauper* Bavay & Dautzenberg, 1910：6, pl. 1b, fig. 12.

Melania aubryana var. *polygonalis* Bavay & Dautzenberg, 1910：6-7, pl. 1b, fig. 13.

Semisulcospira aubryana, Dang & Ho, 2007：6, fig. 11（not *Melania aubryana* Heude, 1889）.

Brotia jullieni, Dang & Ho, 2007：5, fig. 5（not *Melania jullieni* Deshayes, 1874）.

Sulcospira tonkiniana, Köhler et al., 2009：29：121-146, fig. 7；Du & Yang, 2019：214-252.

（1）检视材料：KIZ007307, 007334, 007340, 007356, 007361, 007367, 007369, 007371, 007375, 贝壳高 19.5~32.8 mm, 2016 年 3 月采自广西壮族自治区河池市拉浪乡九格村（24.5668°N, 108.2669°E）；KIZ007422-007423, 007425-007426, 007430-007436, 011742, 011756, 贝壳高 24.6~32.3 mm, 2017 年 4 月采自广西壮族自治区崇左市龙州县洞桂村（22.5493°N, 106.6051°E）；KIZ007443, 007451, 007453, 007456, 007478, 007481-007485, 010172, 010183, 贝壳高 26.5~39.8 mm, 2017 年 4 月采自广西壮族自治区凌云县伶站乡（24.0943°N, 106.6458°E）；KIZ011240, 011245-248, 011250-251, 011254-255, 011260, 011262, 011267, 贝壳高 15.4~19.8 mm, 2017 年 4 月采自广西壮族自治区南宁市上林县（23.5008°N, 108.5328°E）；KIZ013275-013309, 贝壳高 25.6~32.1 mm, 2017 年 4 月采自广东省连州市西岸镇石兰村；采集人：杜丽娜、杜春升（表 2-7）。

表 2-7　越南沟蜷测量表

Table 2-7　Shell measurements of *Sulcospira tonkiniana*

	贝壳高/mm	贝壳宽/mm	体螺层高/mm	壳口长/mm	壳口宽/mm	螺层数/个
最小值	15.4	8.5	10.8	7.4	3.9	4
最大值	39.8	19.2	27.4	20.3	10.0	8
标准差	7.3	3.6	5.3	4.4	2.0	1.2
KIZ007307	19.5	9.5	12.4	8.9	4.7	8
KIZ007340	23.7	11.3	15.0	10.7	5.8	8
KIZ007356	23.4	10.3	14.2	10.1	5.0	7
KIZ007361	23.1	11.5	14.2	10.1	5.4	7
KIZ007367	25.0	11.8	15.2	10.4	5.8	7

续表

	贝壳高/mm	贝壳宽/mm	体螺层高/mm	壳口长/mm	壳口宽/mm	螺层数/个
KIZ007371	25.8	11.8	15.4	10.8	6.2	8
KIZ007375	32.8	15.3	19.7	13.8	7.3	8
KIZ007422	26.7	14.9	20.2	14.9	7.6	6
KIZ007423	28.6	15.6	21.3	16.4	8.1	6
KIZ007425	25.0	14.6	19.5	15.1	7.6	5
KIZ007426	32.2	17.0	15.1	18.0	9.5	5
KIZ007430	32.3	18.1	26.0	20.3	9.7	6
KIZ007431	27.0	15.6	21.2	16.3	8.0	5
KIZ007432	24.6	13.6	18.5	14.0	6.9	6
KIZ007433	29.6	16.4	22.7	16.8	8.3	6
KIZ007434	26.7	15.6	20.9	16.0	7.8	5
KIZ007435	29.1	15.8	23.0	16.9	8.4	6
KIZ007436	26.5	14.9	19.8	15.1	7.4	6
KIZ007443	38.0	19.2	27.2	20.0	10.0	7
KIZ007451	38.8	18.6	26.5	18.8	9.5	6
KIZ007453	31.2	16.5	22.9	17.0	8.4	6
KIZ007456	26.5	14.8	20.0	14.9	7.5	6
KIZ007478	35.4	16.8	23.4	16.5	8.7	7
KIZ007481	37.5	17.4	26.0	19.1	9.3	6
KIZ007482	35.3	17.8	25.0	18.3	9.3	6
KIZ007483	39.8	19.2	27.4	19.8	9.8	7
KIZ007484	37.3	18.1	26.8	19.5	9.6	6
KIZ007485	31.0	15.1	21.7	15.8	7.9	6
KIZ011240	17.3	8.7	12.3	7.4	4.3	5
KIZ011245	17.4	9.8	13.0	8.5	4.9	4
KIZ011246	17.1	9.2	13.2	8.6	4.7	4
KIZ011247	16.5	8.5	12.0	8.1	4.2	4
KIZ011248	19.2	9.8	13.3	8.7	4.4	4
KIZ011250	18.5	9.2	12.7	8.9	4.6	5
KIZ011251	16.5	8.8	11.6	7.4	4.2	4
KIZ011254	17.2	9.4	12.6	8.9	4.3	4
KIZ011255	16.9	8.7	11.9	8.2	4.3	5
KIZ011260	15.4	8.6	10.8	7.6	3.9	4
KIZ011262	19.8	9.6	13.9	8.7	4.8	5
KIZ011267	18.2	9.7	13.0	8.9	4.8	5

（2）特征描述：贝壳中等大小，壳质较厚。壳面变异较大，采自龙州的标本，壳面光滑，除生长线外无其他壳饰；采自河池和南宁上林的标本，壳面具有明显的纵肋（图2-23）；壳口梨形。厣角质，卵圆形，具有4个螺旋生长纹。齿舌长度10.1~11.4 mm，具有124~136列齿（N=2）。中央齿由1个突出的三角形中间齿和每侧2个小的小齿组成；侧齿由1个大的中间齿和2个内侧小齿、3个外侧小齿组成；缘齿由1个宽大的中间齿和1个内侧小齿组成，外缘齿和内缘齿在形状上相似，齿式2（1）2／2（1）3／1（1）／1（1）（图2-24）。

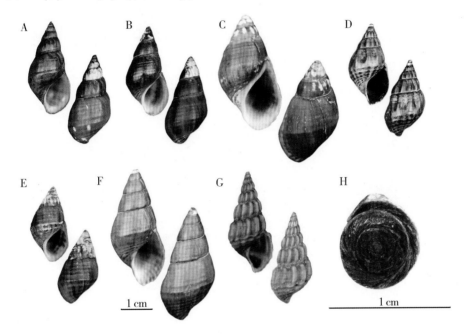

图2-23　越南沟蜷的贝壳和厣
贝壳：A. KIZ011742　B. KIZ011756　C. KIZ007430　D. KIZ010183
E. KIZ010172　F. KIZ007483　G. KIZ007375
厣：H. KIZ013309
Fig. 2-23　Shell and operculum of *Sulcospira tonkiniana*
Shell：A. KIZ011742　B. KIZ011756　C. KIZ007430　D. KIZ010183　E. KIZ010172
F. KIZ007483　G. KIZ007375　Operculum：H. KIZ013309

胃的结构与沟蜷属其他种的不同在于外侧新月垫与内侧新月垫发达，两者相连（图2-25）。雌性生殖系统与沟蜷属其他种的不同在于具有两个精囊和两个受精囊。精囊占据外套腔生殖器的后2/3。雌雄性别比为3：2。卵胎生。

（3）分布与生境：越南沟蜷首次在中国记录，其广泛分布在中国广西、广东和越南北部（图2-26）。该种在缓流、泥底的河流和急流、底质为大石头的溪流中均有分布。与其同域分布的还有石田螺、尖膀胱螺（*Physa acuta*）、宁波短沟蜷（*Semisulcospira ningpoensis*）和小管福寿螺等（图2-27）。

（4）讨论：越南沟蜷在越南北部具有非常广泛的分布区，壳形变化也较大（图2-

图2-24　越南沟蜷的齿舌

Fig. 2-24　Radulae of *Sulcospira tonkiniana*

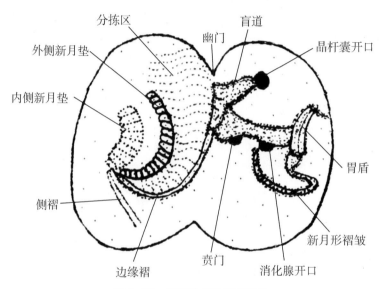

图2-25　越南沟蜷的胃部结构

Fig. 2-25　Stomach structure of *Sulcospira tonkiniana*

23）。Köhler 等（2009）根据 COI 和 16S rRNA 联合数据所构建的系统发育树，将原记录于越南的 7 种沟蜷属种类归为越南沟蜷的同物异名，不同壳形的越南沟蜷在分布生境上无明显的差异。越南沟蜷在广西也有较广泛的分布，壳形上的差异及壳饰上的变异较大。在广西西部的个体壳面光滑，但在广西中东部及广东的个体，壳面具有明显的纵肋。如果单纯从壳饰上来看，两种差异显著的壳饰可能代表不同的种类。但是，经过连续采集发现，从壳面光滑到具有明显纵肋中间存在过渡的形态，并且线粒体基因所构建的系统发育树支持不同的壳饰为同一物种。从生境上来看，壳面光滑类型常生存在水流较快，底质为砾石、大石头的生境中；相反，壳面具有明显纵肋的类型常分布在缓流，底质为泥沙底的生境。Urabe（1998，2003）的研究结果暗示，在底质粗糙，以大石头或者砾石为主的生境中，壳面上的纵肋较多，可以提高壳面抗水侵蚀的能力，而在底质较好的泥沙底上，壳面趋于光滑。显然，越南沟蜷在广西的分布趋势

图 2-26　越南沟蜷在中国的分布点

Fig. 2-26　Known distribution of *Sulcospira tonkiniana*

图 2-27　越南沟蜷的生境

Fig. 2-27　Habitat of *Sulcospira tonkiniana*

与 Urabe 的研究结果并不完全相符。影响壳面形态的除与生境相关外，与捕食、基因等因素也有一定关系。因此，对于越南沟蜷壳形变异需要进一步的研究。

在广西，越南沟蜷常与宁波短沟蜷、格氏短沟蜷同域分布，并且三者在壳形上都具有明显的纵肋，给分类带来一定的难度。越南沟蜷不同于其他两种的特征在于厣近圆形，且厣上的生长纹间距大，近似同心圆形，而短沟蜷属的厣为卵圆形，厣上的生长纹为螺旋角形。越南沟蜷壳较厚，体螺层明显膨大，而宁波短沟蜷壳相对薄，体螺层不膨胀，壳形更细长。格氏短沟蜷纵肋不如越南沟蜷和宁波短沟蜷规则。此外，三者的幼体可以通过壳的薄厚，以及壳面是否有色带进行快速区别，越南沟蜷壳质较厚，体螺层上常有棕褐色的色带；宁波短沟蜷和格氏短沟蜷壳质薄，无色带。宁波短沟蜷幼体贝壳呈黄绿色，格氏短沟蜷多为褐色。

（二）川蜷属 *Brotia* H. Adams，1866

Brotia H. Adams，1866：150，type species：*Melania pagodula* Gould，1847（Myanmar）.

Antimelania Fischer & Cross，1892：313. type species（by subsequent designation of Pilsbry and Bequaert 1927：300）：*Melania variabilis* Benson，1836（India）.

Wang Chen，1943：20－21. type species：*Melania heriettae* Gray，1834（Guangdong Provicne，China）.

鉴别特征：贝壳呈圆锥形，壳面光滑或有纵肋。厣具有 4～6 个螺旋层。胃盾后方的皱褶下仅有一个消化腺的开口，贲门部位于胃前部。卵生或卵胎生，雌性无受精囊。胚胎壳顶具有皱褶。

分布：中国云南、海南和广东等地，国外见于缅甸和泰国。

中国川蜷属分种检索表
1. 壳面具有由瘤状结节组成的纵肋 ······················ 塔锥川蜷 *Brotia henriettae*
   壳面无瘤状结节组成的纵肋 ··· 2
2. 贝壳有 3~5 个螺层 ····································· 云南川蜷 *Brotia yunnanensis*
   贝壳有 7~8 个螺层 ······································· 坚川蜷 *Brotia herculea*

1. 塔锥川蜷 *Brotia henriettae*（Griffith & Pidgeon，1834）
Melania henriettae Griffith & Pidgeon，1834：598，pl. 13，fig. 2.（China）.

Semisulcospira henriettae，Yen，1939：52，pl. 4，fig. 58（China）.

Wang henriettae，Chen，1943：57－58（China）.

Brotia henriettae，Morrison，1954：383；Köhler & Glaubrecht，2006：163.

Melania baccata Gould，1847：219（Thoungyin River，branch of the Salween，Myanmar）.

Melania（Melanoides）baccata，Nevill，1885：262.

Melania（Brotia）baccata，Preston，1915：26.

Melania baccata elongata Annandale，1918：115－116. pl. 7，figs. 3，3a，4－7（Inle Lake，Myanmar）.

Acrostoma elongatum，Annandale & Rao，1925：117.

Melania persculpta Ehrmann，1922：18－23，fig. 8（Southern Shan States，Myanmar）.

Acrostoma baccata，Rao，1928：442－445. figs. 17－18.

Brotia baccata，Bequaert，1943：431；Morrison，1954：384.

Brotia（*Brotia*）*baccata*，Brandt，1974：178，pl. 13，fig. 32.

Melania reticulata I. and H. C. Lea，1851：193（China）；H. Adams and A. Adams，1854：297.

Melania baccata var. *pyramidalis* Martens，1899：36；Theobald，1865：274，fig. 7.

Melania variabilis var. *glabra* Theobald，1865：273.

Melania variabilis var. *vittata* Theobald，1865：273，fig. 4；Nevill，1885：263.

Melania variabilis var. *turrita* Theobald，1865：273-274，fig. 5.

Melania variabilis var. *baccifera* Theobald，1865：274，fig. 6.

Melania（*Melanoides*）*baccata* var. *recta* Nevill，1885：262（upper Salween）.

Melania（*Melanoides*）*subasperata* Nevill，1885：262（Shan States）.

Melania（*Melanoides*）*subasperata* var. *sublaevigata* Nevill，1885：263（Shan States）.

（1）检视材料：模式标本 USNM609159 照片由美国自然历史博物馆（USNM，National Museum of Natural of History in Washington DC，USA）提供。GXNU00000001-10，2020 年 5 月采自云南省耿马县孟定村大湾江南汀河，贝壳高 27.8~38.7 mm；采集人：赵亚鹏（表 2-8）。

表 2-8　塔锥川蜷测量表

Table 2-8　Shell measurements of *Brotia henriettae*

	贝壳高/mm	贝壳宽/mm	体螺层高/mm	壳口长/mm	壳口宽/mm	螺层数/个
最小值	27.8	14.3	17.8	12.2	6.0	8
最大值	38.7	17.4	23.1	16.0	8.5	9
标准差	3.4	1.1	1.6	1.2	0.6	0.5
GXNU00000001	36.6	16.1	22.0	15.4	8.2	9
GXNU00000002	38.7	17.3	23.1	15.7	8.3	9
GXNU00000003	32.5	15.3	21.0	15.3	7.4	9
GXNU00000004	27.8	14.3	17.8	12.2	7.3	8
GXNU00000005	31.5	15.0	20.7	14.5	6.9	8
GXNU00000006	31.6	15.2	20.3	14.3	7.4	9
GXNU00000007	36.2	17.4	22.9	15.7	8.5	8
GXNU00000008	35.5	16.3	22.2	16.0	8.0	8
GXNU00000009	30.3	14.7	19.8	14.0	7.3	8
GXNU00000010	31.2	14.9	19.8	14.1	6.9	8

（2）特征描述：贝壳呈塔形，壳质较厚，体螺层膨胀，缝合线浅。壳顶尖或被腐蚀，留有 8~9 个螺层。壳面呈深褐色或黄棕色。螺旋层具有 2~3 行瘤状结节，4 行螺棱，螺旋层上具有 1~2 行瘤状结节，靠近壳顶的 3 个螺层壳面光滑，或壳面具有由瘤状结节相结形成的纵肋（图 2-28）。厣圆形，具有 6 层螺旋生长纹（图 2-28）。嗅检器长，约为 3/4 鳃基长。齿舌长，向后延伸可达食道的中部，然后卷曲形成 3 个环，长度约 18.9 mm，具有 180 列齿（*N*=1）。中央齿由 1 个突出的三角形中间齿和每侧 3 个

小的小齿组成；侧齿由1个大的中间齿和每侧1~2个小齿组成；缘齿由1个宽大的中间齿和1个内侧小齿组成，外缘齿和内缘齿在形状上相似，齿式3（1）3／1-2（1）1-2／1（1）／1（1）（图2-29）。

图2-28 塔锥川蜷的贝壳和厣
贝壳：A. 全模 USNM609159　B. GXNU00000001　厣：C. GXNU00000001
Fig. 2-28　Shell and Operculum of *Brotia henriettae*
Shell：A. Syntype，USNM609159　B. Brotia GXNU00000001
Operculum：C. GXNU00000001

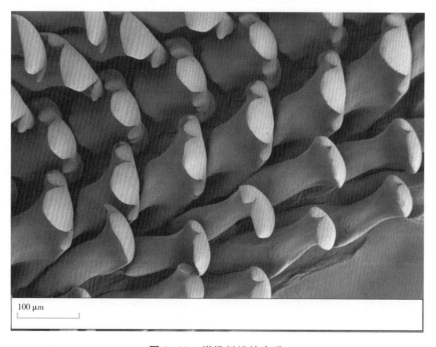

图2-29 塔锥川蜷的齿舌
Fig. 2-29　Radulae of *Brotia henriettae*

具有典型的厚唇螺科的胃部特征，胃部的盲道一端与晶杆囊开口融合，并覆盖部分晶杆囊开口，新月垫发达，内侧新月垫与外侧新月垫不相连，分拣区细长，有许多的皱褶，胃盾的后端游离，部分覆盖在新月形皱褶上。

雌雄异体，雌性外套腔生殖器无受精囊，卵胎生，胚胎光滑，壳面具有微弱的纵行褶皱。解剖10个样本，均为雄性。

（3）分布：中国云南；国外分布在缅甸、泰国，属于伊洛瓦底江和萨尔温江水系（图2-30）。

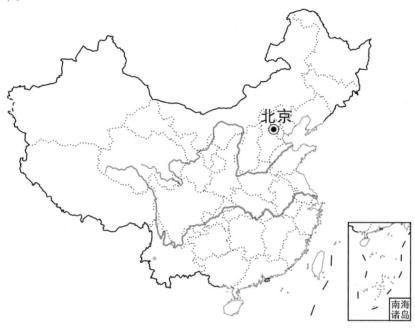

图2-30 塔锥川蜷的分布点

Fig. 2-30 Known distribution of *Brotia henriettae*

（4）讨论：Morrison（1954）提出网蜷属是川蜷属的同物异名，其模式种塔锥黑螺与珍珠川蜷［*Brotia baccata*（Gould，1847）］是同物异名，因塔锥黑螺发表时间优先于珍珠川蜷，因此有效种名为塔锥川蜷。塔锥川蜷（*Brotia henriettae*）与 *Brotia squamosa* 在壳形结构、壳饰上非常相似，且都分布于广东，因此认为这两种为同物异名，塔锥川蜷的发表时间优先于 *Brotia squamosa*，根据《国际动物命名法规》（ICZN，1999）的第68.4条规定，塔锥川蜷为有效种。Köhler and Glaubrecht（2001）的解剖学结果暗示塔锥川蜷为卵胎生种类，胚胎壳面具有纵肋，壳顶钝，具有皱褶。Köhler 等（2004）基于16S rRNA所构建的系统发育树暗示，塔锥川蜷与 *B. wykoffi*（Brandt，1974）的亲缘关系较近，而后与坚川蜷和 *B. dautzenbergiana*（Morlet，1884）形成的单系互为姐妹群（图2-31）。

2. 坚川蜷 *Brotia herculea*（Gould，1846）

Melania herculea Gould，1846：100（Tavoy River）；Gould，1862：199（Myanmar）．

Melanoides swinhoei Adams，1870：8，pl.1，fig.12（Hainan）．

Brotia swinhoei Yen，1939：59，pl.5，fig.12（Hainan）；Yen，1942：204，

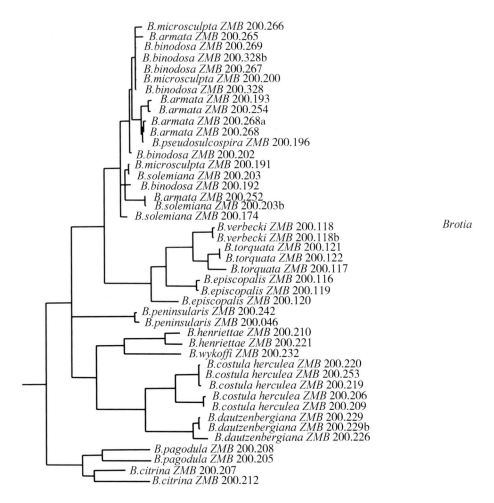

图2-31 基于16S rRNA 所构建的川蜷属系统发育树（引自 Köhler 等，2004）

Fig. 2-31 Phylogenetic relationships among the *Brotia* revealed by the analysis of the 16S rRNA sequence（after Köhler et al.，2004）

pl. 15，fig. 54.

（1）检视材料：模式标本 SMF39151，SMF39154 照片由德国法兰克福森根堡自然博物馆 R. Janssen 提供（图2-32A~C）。GXNU00022767-00022778，贝壳高44.6~58.6 mm，采自广东省河源市紫金县（表2-9）。

表2-9 坚川蜷测量表

Table 2-9 Shell measurements of *Brotia herculea*

	贝壳高/mm	贝壳宽/mm	体螺层高/mm	壳口长/mm	壳口宽/mm	螺层数/个
最小值	44.6	19.5	24.0	16.2	8.6	7
最大值	58.6	23.7	29.5	19.8	12.5	8
标准差	4.4	1.3	1.7	1.1	1.2	0.5

	贝壳高/mm	贝壳宽/mm	体螺层高/mm	壳口长/mm	壳口宽/mm	螺层数/个
GXNU00022767	51.9	19.9	26.5	17.4	10.6	8
GXNU00022768	55.9	23.7	29.0	19.2	12.2	7
GXNU00022769	54.3	20.8	27.0	18.4	9.9	8
GXNU00022770	58.6	23.2	29.5	19.8	12.5	8
GXNU00022771	44.6	20.3	24.0	16.2	9.3	7
GXNU00022772	51.7	22.1	28.3	18.6	11.0	7
GXNU00022773	49.3	20.1	27.0	17.9	8.6	8
GXNU00022774	45.0	19.5	24.7	16.2	10.0	7
GXNU00022775	57.1	21.8	29.2	19.1	10.8	8
GXNU00022776	50.7	21.1	27.0	18.1	9.7	8
GXNU00022777	54.4	21.4	27.7	18.7	9.0	8
GXNU00022778	51.1	20.0	26.3	17.3	9.7	8

（2）特征描述：贝壳呈长圆锥形，壳顶尖或被腐蚀，留有 7~8 个螺层。体螺层膨胀。壳面光滑，或具有螺棱或纵肋组成的壳饰。部分个体在壳口上方具有 1 条明显的褐色色带。厣圆形，具有 3~5 层螺旋生长纹（图 2-32）。齿舌长度 15.6 mm，具有 126 列齿（$N=1$）。中央齿由 1 个突出的三角形中间齿和每侧 3 个小齿组成；侧齿由 1 个大的中间齿和每侧 2~3 个小齿组成；缘齿由 1 个宽大的中间齿和 1 个内侧小齿组成，外缘齿和内缘齿在形状上相似，齿式 3（1）3／2-3（1）2-3／1（1）／1（1）（图 2-33）。

典型的厚唇螺科的胃部形态，外侧新月垫与内侧新月垫发达，两者相连。

雌雄异体，卵胎生，在一雌性育仔囊内发现 403 个处于同一发育阶段的胚胎，胚胎具有 4 个螺层。

（3）分布：坚川蜷分布于中国海南和广东（图 2-34）。国外分布于泰国。

（4）中文名来源："hercul"为希腊语，有大力士之意，因此，将其译成"坚"，取坚固之意，也是表示该种贝壳较厚硬，抗压能力强之意。

（5）讨论：Brandt（1974）认为坚川蜷是 *Broita costula* 的同物异名。而 Köhler and Dames（2009）利用 COI 和 16S rRNA 联合数据所构建的系统发育树暗示，坚川蜷与 *Broita costula* 并未形成一个单系。在本研究中，利用 COI 所构建的厚唇螺科系统发育树暗示，来源于中国广东的样本与坚川蜷中来源于泰国 Tak 省的样本 AY330841 和 AY330842 两个样本先聚为一个单系，它们之间的 p 遗传距离为 0.9%，而后与坚川蜷中来源于泰国 Chiang Mai 省的两个样本 AY330843 和 AY330844 两个样本形成姐妹群，它们之间的 p 遗传距离为 6.3%。Kim 等（2010）认为厚唇螺科 COI 序列的种间遗传距离应大于 4.27%。因此，系统发育树与遗传距离结果暗示，4 号来源于泰国的坚川蜷样本可能是 2 个不同的种类。但由于缺少泰国的标本，在本研究中仍将它们归为坚川蜷，并认为原记录于中国广东的大川蜷为坚川蜷的同物异名。

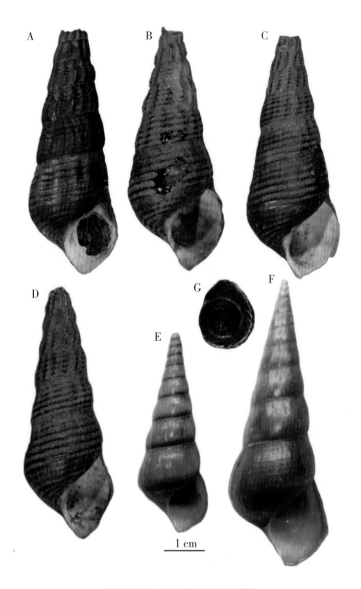

图 2-32　坚川蜷的贝壳和厣

贝壳：A. SMF39154-1011　B. SMF39151-1006　C. SMF39151-1007　D. SMF39151-1008

E. GXNU00022795　F. GXNU00022796　厣：G. GXNU00022796

Fig. 2-32　Shell and operculum of *Brotia herculea*

Shell：A. SMF39154-1011　B. SMF39151-1006　C. SMF39151-1007　D. SMF39151-1008

E. GXNU00022795　F. GXNU00022796　Operculum：G. GXNU00022796

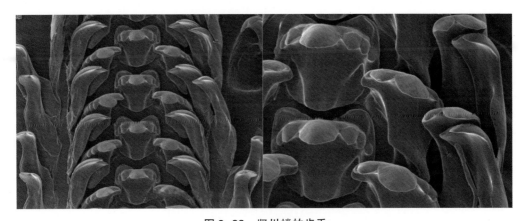

图 2-33　坚川蜷的齿舌

Fig. 2-33　Radulae of *Brotia herculea*

图 2-34　坚川蜷的分布点

Fig. 2-34　Known distribution of *Brotia herculea*

3. 云南川蜷 *Brotia yunnanensis* **Köhler，Du & Yang，2010**

Brotia yunnanensis Köhler，Du & Yang，2010：295-300（云南省临沧市）.

（1）检视材料：正模 KIZ20040051，副模 KIZ20040052-57，采自云南省临沧市沧源县班老勐弄河（表 2-10）。

表 2-10　云南川蜷测量表

Table 2-10　Shell measurements of *Brotia yunnanensis*

	贝壳高/mm	贝壳宽/mm	体螺层高/mm	壳口长/mm	壳口宽/mm	螺层数/个
最小值	28.6	14.9	12.7	7.0	18.3	5
最大值	35.5	17.4	15.6	9.2	23.2	7
标准差	2.5	0.9	0.9	0.7	1.6	1
KIZ20040051	32.3	16.2	14.1	8.4	21.8	6
KIZ20040052	31.3	16.9	14.2	8.8	20.9	5
KIZ20040053	35.5	17.4	15.6	9.2	23.2	7
KIZ20040054	28.6	14.9	12.7	7.0	18.3	7
KIZ20040055	29.4	15.4	13.6	7.7	19.5	7
KIZ20040056	29.4	15.7	14.3	8.4	20.3	5
KIZ20040057	28.7	15.8	14.3	8.3	20.8	5

（2）特征描述：贝壳中等大小，最大贝壳高 30 mm，外形呈圆锥形，壳顶被腐蚀，留有 3~5 个螺层。体螺层膨胀明显。壳饰不明显，由螺棱和纵肋组成。厣圆形，具有 7~8 层螺旋生长纹（图 2-35）。齿舌长度 22 mm，具有 146 列齿（*N*=1）。中央齿由 1 个突出的三角形中间齿和每侧 2 个小的小齿组成；侧齿由 1 个大的中间齿和每侧 1~2 个小齿组成；缘齿由 1 个宽大的中间齿和 1 个内侧小齿组成，外缘齿和内缘齿在形状上相似，齿式 2（1）2 / 1-2（1）1-2 / 1（1）/ 1（1）（图 2-36）。

1 cm

图 2-35　云南川蜷的贝壳正模 KIZ20040051

Fig. 2-35　Shell of *Brotia yunnanensis*（Holotype，KIZ20040051）

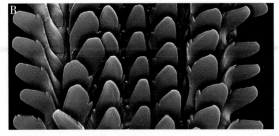

图 2-36　云南川蜷的齿舌（引自 Köhler 等，2010）

Fig. 2-36　Radulae of *Brotia yunnanensis*（after Köhler et al.，2010）

典型的厚唇螺科的胃部形态，具有发达的、宽厚的盲道、胃垫、胃盾和新月垫，外侧新月垫与内侧新月垫发达，两者相连，仅具一个消化腺开口。

（3）分布：云南省临沧市沧源县班老村勐弄河（图 2-37）。

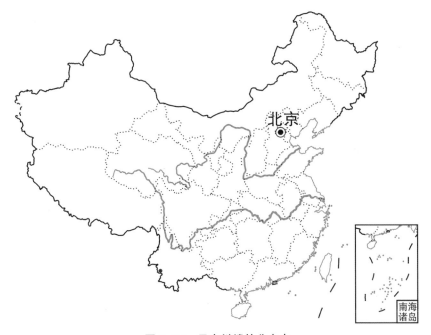

图 2-37　云南川蜷的分布点

Fig. 2-37　Known distribution of *Brotia yunnanensis*

第二节　短沟蜷科 Semisulcospiridae Morrison，1952

鉴别特征：贝壳中小型，长椭圆形或卵圆形。卵生或卵胎生；雌性的子宫位于直肠的右腹侧，有受精囊；雄性的前列腺后端呈翼状，并具有一个 U 形的内腔。厣角质，具有 3~4 层螺旋生长纹。

分布：分布于中国、越南、日本、韩国、俄罗斯和北美洲。

本科种类栖息于水质清澈的溪流、河流、湖泊、龙潭中，在我国主要包括华蜷属、韩蜷属和短沟蜷属3个属。

一、分子学研究结果

（一）华蜷属的系统发育关系

以黑龙江韩蜷和宁波短沟蜷为外群，利用16S rRNA 和 COI 联合数据所构建的贝叶斯树暗示，华蜷属主要被分为4支：A支位于系统发育树的基部，包括富宁华蜷（*H. funingensis* Du，Köhler，Chen & Yang，2019）和卵华蜷（*H. ovata* n. sp.）2种；B支包含渝华蜷［*H. pallens*（Bavay & Dautzenberg，1910）］和圆华蜷［*H. rotundata*（Heude，1888)]2种；C支包含11种，分别为尖华蜷（*H. acris* n. sp.）、欧氏华蜷［*H. aubryana*（Heude，1888）］、中间华蜷［*H. intermedia*（Gredler，1885）］、昆明华蜷（*H. kunmingensis* Du，Köhler，Chen & Yang，2019）、刘氏华蜷（*H. liuii* Du，Köhler，Chen & Yang，2019）、似网纹华蜷（*H. pseudotextrix* n. sp.）、曲靖华蜷（*H. qujingensis* n. sp.）、光滑华蜷［*H. vultuosa*（Fulton，1904）］、张氏华蜷（*H. tchangsii* Du，Köhler，Chen & Yang，2019）、特氏华蜷［*H. telonaria*（Heude，1888）］和乌江华蜷（*H. wujiangensis* n. sp.）；D支包含7种，即芒华蜷［*H. aristarchorum*（Heude，1888）］、桂平华蜷（*H. guipingensis* n. sp.）、开远华蜷（*H. kaiyuanensis* n. sp.）、师宗华蜷（*H. shizongensis* n. sp.）、粗壳华蜷［*H. scrupea*（Fulton，1914）］、网纹华蜷［*H. textrix*（Heude，1888）］、杨氏华蜷（*H. yangi* n. sp.）。由于大支上的支持率较低，A、B、C、D间的系统发育关系尚不明确。系统发育树暗示华蜷属9新种，分别为尖华蜷、桂平华蜷、开远华蜷、卵华蜷、似网纹华蜷、师宗华蜷、曲靖华蜷、杨氏华蜷和乌江华蜷（图2-38）。

利用COI基因计算华蜷属各种间的 p 遗传距离为 0.8%~17.7%（平均值12.3%）。张氏华蜷与欧氏华蜷间的 p 遗传距离最小，仅为0.8%（表2-11）。Du et al.（2019a）解释虽然二者间遗传距离小，但地理隔离较远，且形态差异较大，认为张氏华蜷和欧氏华蜷为有效种。此外，似网纹华蜷与张氏华蜷间的 p 遗传距离为1.9%，与欧氏华蜷间的 p 遗传距离为2.2%，在地理上3个种可以明显区别，Avise（1987）提及系统发育上具有连续性的种群，其地理分布却不同，形成该格局的原因主要是这些遗传距离很近的种群由于发生替代而占据不同的地区。但是，由于发生替代的时间并不很长，而且种群内部新产生的突变只是固定在局部范围，还未在种群间散布，因此占有不同地区的种群其遗传距离相差并不远。

表 2-11 中国华蠊属种类的 COI 序列遗传距离（未经校正的 p 遗传距离）（%）

Table 2-11 Genetic distance (uncorrected *p*-distances) for COI between Chinese *Hua* (%)

	1	2	3	4	5	6	7	8	9	10	11	12	13	14	15	16	17	18	19	20	21
1 富宁华蠊	—																				
2 卵华蠊	7.1																				
3 固华蠊	13.7	14.3																			
4 渝华蠊	11.7	11.8	10.0																		
5 昆明华蠊	11.3	12.0	12.4	11.6																	
6 光滑华蠊	11.7	11.6	12.9	12.6	6.1																
7 刘氏华蠊	11.3	11.6	12.8	12.3	6.0	4.9															
8 特氏华蠊	11.4	12.9	13.5	12.2	6.6	5.7	4.8														
9 曲靖华蠊	10.0	11.3	12.3	12.0	9.3	8.0	7.8	8.1													
10 尖华蠊	9.9	11.0	12.1	11.1	9.2	8.8	8.1	9.8	7.8												
11 中间华蠊	11.7	12.8	11.7	11.0	8.9	8.0	9.6	10.0	8.8	9.9											
12 乌江华蠊	11.4	11.7	13.8	13.2	9.9	9.3	9.3	10.0	8.9	9.4	8.4										
13 似网纹华蠊	12.8	13.1	13.7	14.1	10.1	10.6	10.4	11.5	10.7	11.1	11.1	10.1									
14 张氏华蠊	12.1	12.7	13.3	13.5	10.5	10.9	9.9	11.0	10.2	10.3	10.8	10.5	1.9								
15 欧氏华蠊	12.1	12.4	13.7	13.6	10.3	10.7	10.5	11.4	10.8	10.6	10.8	10.3	2.2	0.8							
16 桂平华蠊	13.5	13.6	13.0	12.7	13.2	12.9	13.4	14.2	12.5	12.1	12.4	13.7	13.6	13.7	13.9						
17 开远华蠊	13.3	13.6	13.1	13.8	12.9	12.9	13.5	14.8	12.4	11.9	11.2	13.9	13.6	13.0	13.7	8.4					
18 师宗华蠊	13.6	13.7	14.3	13.2	13.7	12.8	13.9	13.8	12.6	11.7	12.1	12.9	15.0	14.4	14.8	7.8	7.7				
19 杨氏华蠊	14.1	14.3	14.7	14.6	13.3	13.7	13.0	14.6	12.1	12.5	11.9	13.0	14.9	14.5	15.0	7.7	8.0	6.3			
20 粗壳华蠊	12.4	11.7	14.4	14.6	12.2	12.3	12.4	12.8	12.2	12.5	13.3	13.5	13.8	14.1	13.9	13.9	13.2	13.5	14.0		
21 网纹华蠊	12.6	13.4	14.4	14.2	13.0	13.3	12.6	13.5	11.3	12.2	13.2	13.4	13.7	13.5	13.4	13.4	12.6	12.7	13.1	5.7	
22 芒华蠊	12.3	13.0	13.4	13.2	12.5	12.5	12.3	12.6	10.8	11.4	11.9	13.5	12.2	12.2	12.1	13.3	13.3	12.3	13.0	10.0	9.7

（二）韩蜷属的系统发育关系

以网纹华蜷为外群，利用 COI 和 16S rRNA 联合数据所构建的贝叶斯树暗示，黑龙江韩蜷［*K. amurensis*（Gerstfeldt，1859）］位于韩蜷属系统发育树的基部，与韩蜷属其他种类构成姐妹群；双带韩蜷［*K. bicintus*（Gan，2007）］与弗里尼韩蜷［*K. friniana*（Heude，1888）］形成姐妹群；湖南韩蜷［*K. praenotata*（Gredler，1884）］、长口韩蜷［*K. dolichostoma*（Annandale，1925）］和大卫韩蜷［*K. davidi*（Brot，1874）］构成一个单系，然后与由太平韩蜷［*K. pacificans*（Heude，1888）］、细韩蜷［*K. joretiana*（Heude，1890）］、梯状韩蜷［*K. terminalis*（Heude，1889）］、图氏韩蜷［*K. toucheana*（Heude，1888）］，以及一个待定种 D1669 所构成的单系互为姐妹群（图 2-39）。

太平韩蜷（玫红色）和梯状韩蜷（蓝色）并没有各种形成单系，而是交互在一起，Du et al.（2019b）依据形态上的差异，认为太平韩蜷和梯状韩蜷为有效种；另外，细韩蜷和图氏韩蜷虽各自已形成一个单系，但位于太平韩蜷和梯状韩蜷的内部。

利用 COI 基因计算韩蜷属各种间的 p 遗传距离为 0.4% ~ 14.2%（平均值 8.2%）。图氏韩蜷与梯状韩蜷间的 p 遗传距离最小，为 0.4%；太平韩蜷与梯状韩蜷间的 p 遗传距离为 1.2%；细韩蜷与太平韩蜷和梯状韩蜷间的 p 遗传距离分别为 1.6% 和 1.8%（表2-12）。

表 2-12　中国韩蜷属种类的 COI 序列遗传距离（未经校正的 p 遗传距离）（%）
Table 2-12　Genetic distance（uncorrected p-distances）
for COI between Chinese *Koreoleptoxis*（%）

	1	2	3	4	5	6	7	8	9	10	11
1 球韩蜷	—										
2 斑节韩蜷	8.6										
3 湖南韩蜷	12.1	11.6									
4 太平韩蜷	14.0	13.0	6.8								
5 梯状韩蜷	14.2	13.0	7.0	1.2							
6 双带韩蜷	11.1	11.1	6.5	7.7	8.0						
7 大卫韩蜷	12.4	11.3	2.4	6.8	6.9	6.4					
8 弗里尼韩蜷	11.5	11.4	5.8	6.8	6.9	4.1	5.8				
9 细韩蜷	13.2	12.8	6.6	1.6	1.8	8.0	6.7	6.9			
10 图氏韩蜷	14.1	12.9	6.7	1.1	0.4	8.0	6.7	7.0	1.8		
11 长口韩蜷	11.9	11.1	1.8	6.4	6.6	6.3	1.5	5.2	6.3	6.4	
12 黑龙江韩蜷	10.5	11.6	9.7	11.3	11.2	11.3	9.6	9.8	10.8	11.2	9.7

（三）短沟蜷属的系统发育关系

以网纹华蜷为外群，利用 COI 和 16S rRNA 联合数据所构建的贝叶斯树暗示，短沟蜷属没有形成一个单系，肉桂短沟蜷［*S. cinnamomea*（Gredler，1887）］位于系统树的基部，与其他短沟蜷属和韩蜷属形成姐妹群。除肉桂短沟蜷外，短沟蜷属其余种类分为 2 支，一支由新种长短沟蜷（*S. longa* n. sp.）、细石短沟蜷［*S. calculus*（Reeve，1860）］和日本的放逸短沟蜷组成；另一支由宁波短沟蜷［*S. ningpoensis*（l. Lea，1856）］、红带短沟蜷［*S. erythrozona*（Heude，1888）］、腊皮短沟蜷［*S. pleuroceroides*（Bavay & Dautzenberg，1910）］和格氏短沟蜷［*S. gredleri*（Boettger，1886）］组成（图2-39）。

利用 COI 基因计算短沟蜷属各种间的 *p* 遗传距离为 7.9% ~ 15.5%（平均值12.8%）。宁波短沟蜷与红带短沟蜷间的 *p* 遗传距离最小，为 4.4%（表2-13）。

表2-13　中国短沟蜷属种类的 COI 序列遗传距离（未经校正的 *p* 遗传距离）（%）

Table 2-13　Genetic distance（uncorrected *p*–distances）for COI between Chinese *Semisulcospira*（%）

	1	2	3	4	5	6	7	8
1 肉桂短沟蜷	—							
2 长短沟蜷	14.4							
3 细石短沟蜷	14.6	8.7	6.8					
4 格氏短沟蜷	13.2	11.0	12.3	13.0				
5 宁波短沟蜷	15.3	12.3	14.6	15.5	12.7	12.6		
6 红带短沟蜷	13.5	12.9	14.0	13.6	11.6	12.0	7.9	
7 腊皮短沟蜷	14.8	12.6	13.2	14.2	12.3	11.9	12.5	11.9

二、物种分述

短沟蜷科分属检索表

1. 卵生 ·· 2

    卵胎生 ························· 短沟蜷属 *Semisulcospira*

2. 雌性在右侧触角的右下方具有产卵口或产道·············· 华蜷属 *Hua*

    雌性在右侧触角的右下方同时具有产卵口和产道 ·········· 韩蜷属 *Koreoleptoxis*

（一）华蜷属 *Hua* Chen，1943

Hua Chen，1943，57：19-21（模式种：*Melania telonaria* Heude，1888，Yunnan-fu = Lake Dianchi）.

Strong & Köhler，2009：483-502.

Du et al.，2019a：825-848.

鉴别特征：贝壳壳面光滑或具有壳饰。壳口卵圆形。厣卵圆形，具有螺旋生长纹。卵生，雌性在右侧触角的右下方具有产卵口或产道。中央齿的下缘具 2 个下缘齿。

分布：分布于中国的四川、云南、贵州和广西，国外见于越南。

中国华蜷属分种检索表

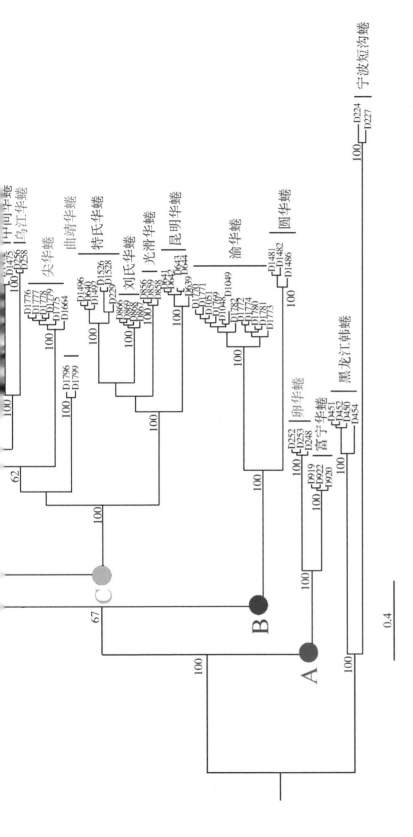

图2-38 基于 COI 和 16S rRNA 联合数据构建所构建的华蜒属的贝叶斯树
支上的数值代表 BI 的支持率（%）

Fig. 2-38 Bayesian phylogram for the concatenated mitochondrial
16S rRNA and cytochrome oxidase subunit I data of *Hua*.
Numbers above branches are Bayesian posterior probabilities (BPP)（%）

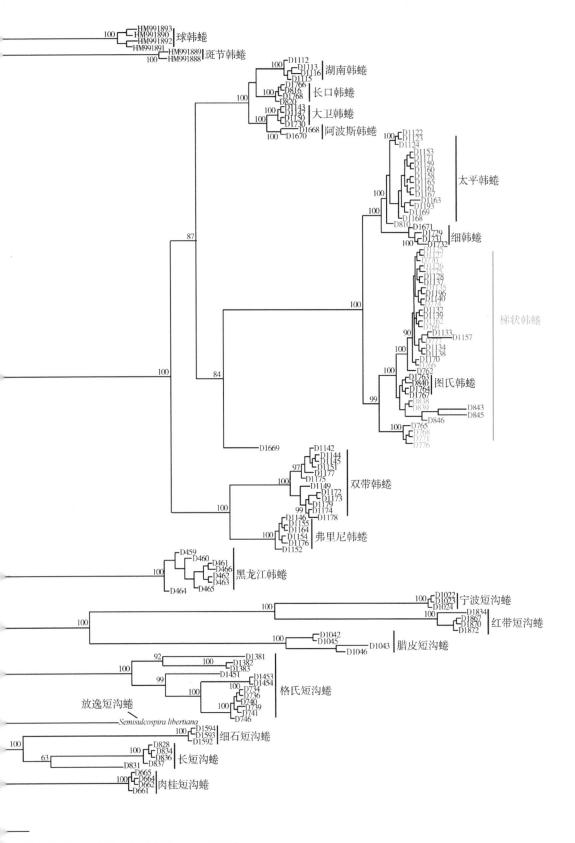

图A 联合数据所构建的韩蜷属和短沟蜷属的贝叶斯树

数值代表 BI 的支持率（%）

m for the concatenated mitochondrial 16S rRNA and

nit I data of *Koreoleptoxis* and *Semisulcospira*.

are Bayesian posterior probabilities (BPP)（%）

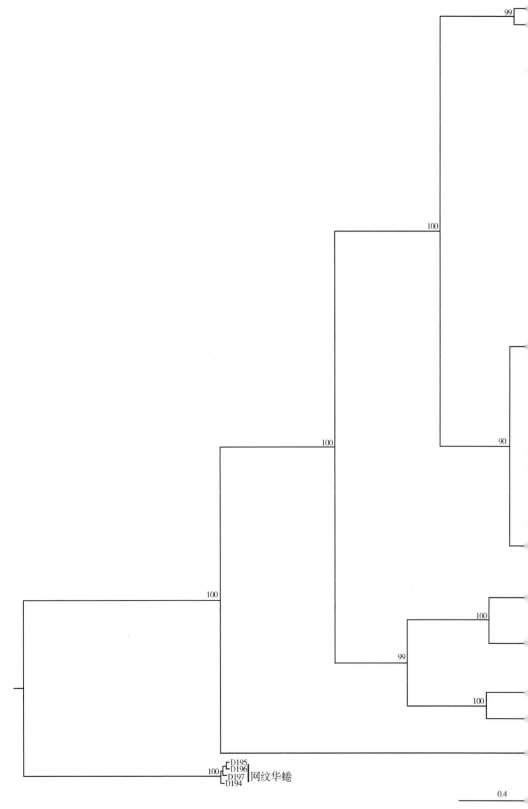

99

100

100

90

100

100

99

100

100

D195
D196
D197 网纹华蜷
D194

0.4

图 2-39 基于 COI 和 16S rRN

支上的

Fig. 2-39 Bayesian phylogra

cytochrome oxidase subu

Numbers above branches

1. 尖华蜷 *Hua acris* Yang & Du n. sp.

（1）检视材料：

1）正模：GXNU000300，贝壳高 17.2 mm，于 2020 年 4 月 3 日采自重庆长江边，采集人：曹倩。

2）副模：GXNU000301-000303，GXNU-DLN20200098-20200102，贝壳高 13.0~17.2 mm，采集地及采集时间同正模（表 2-14）。

表 2-14　尖华蜷测量表

Table 2-14　Shell measurements of *Hua acris*

	贝壳高/mm	贝壳宽/mm	体螺层高/mm	壳口长/mm	壳口宽/mm	螺层数/个
最小值	13.0	9.0	10.5	8.7	4.4	5
最大值	17.2	12.6	14.5	11.3	6.0	6
标准差	1.5	1.2	1.3	0.8	0.6	0.5
GXNU000300	17.2	12.4	14.5	11.3	6.0	6
GXNU000301	13.0	9.0	10.5	8.7	4.4	6
GXNU000302	14.4	11.1	12.5	10.1	5.6	5

	贝壳高/mm	贝壳宽/mm	体螺层高/mm	壳口长/mm	壳口宽/mm	螺层数/个
GXNU000303	13.6	9.5	11.1	8.9	4.5	6
GXNU-DLN20200098	16.7	11.0	13.8	10.0	5.7	6
GXNU-DLN20200099	15.0	10.9	12.4	10.1	5.5	5
GXNU-DLN20200100	15.6	10.9	12.5	10.1	5.4	6
GXNU-DLN20200101	17.2	12.6	14.0	10.5	5.8	6
GXNU-DLN20200102	15.42	11.1	12.9	10.0	5.3	5

（2）鉴别特征：贝壳坚硬，壳面光滑；体螺层具有 3 条褐色色带；雌性具有产道；侧齿由中间 1 个方形齿和内侧 2 个小齿组成，内缘齿由 3 个小齿组成，外缘齿由 4 个小齿组成；体螺层高为贝壳高的 80%~87%。

（3）特征描述：贝壳中等大小，最大贝壳高 17.2 mm，壳顶尖，有 5~6 个螺层。体螺层明显膨胀，其他螺层均匀增长。壳面光滑，体螺层具 3 条褐色色带，其他螺层具 1 条褐色色带。成熟雌性在右侧触角下方具产道。鳃下腺发达，呈三角形；嗅检器长约为鳃基长的 3/4。厣核偏向内下缘，位于厣的下 1/4 处（图 2-40）。齿舌长度为 9.2 mm（N=1），中央齿由 1 个大的三角形的中间齿和两侧各 3 个小齿组成；侧齿由 1 个大的方形的中间齿和内侧 2 个小齿组成，中间齿外侧无小齿；内缘齿由中间 1 个方形齿及两侧各 1 个小齿组成，两侧小齿在宽度和高度上约为中间齿的 1/3；外缘齿由 4 个小齿组成，中间 2 个小齿较宽大，两侧的小齿不及中间小齿高度的一半；齿式 3（1）3/2（1）0/1（1）1/4（图 2-41）。

1 cm

图 2-40　尖华蜷的贝壳和厣
贝壳：A、B. 正模 GXNU000300　厣：C. GXNU000303
Fig. 2-40　Shell and operculum of *Hua acris*
Shell：A、B. Holotype，GXNU000300　Operculum：C. GXNU000303

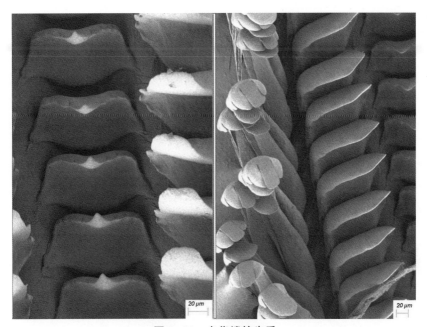

图 2-41 尖华蜷的齿舌

Fig. 2-41 Radulae of *Hua acris*

消化系统：口球向后变细与食管相连，食管沿外套腔向后延伸穿入内脏腔与胃相连。胃的边缘褶沿食道开口向前延伸至盲肠的背面，然后向后翻转，与分拣区域的右侧缘相接。分拣区域三角形，后缘向左倾斜。在分拣区左侧具有很多皱褶。胃盾舌形，肥大，后缘圆钝，在胃盾后形成浅的口袋状（图 2-42）。贲门部与食管相连，经胃本

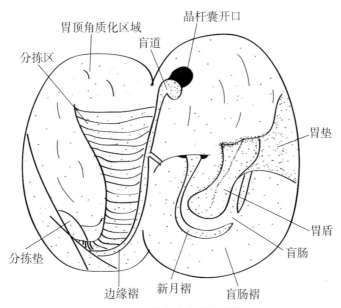

图 2-42 尖华蜷的胃部结构

Fig. 2-42 Stomach of *Hua acris*

部到达幽门部后，与肠相连。肠沿着外套腔向前，开口于外套膜边缘。

　　生殖系统：雄性，生殖腺背侧包裹着消化腺，占据从内脏腔的顶端到胃的后端的位置。前列腺位于外套腔的底部，位于睾丸腹面的狭窄的输精管从前列腺后端进入前列腺。前列腺腺体的腹面具一狭窄的孔隙，通过该孔隙，前列腺与外套腔相通。前列腺由双层膜包裹，内缘膜相当薄，沿前列腺后半部形成功能封闭的管，边缘膜包裹的腺状组织沿腹缘形成高的、延长的突起（图2-43B）。雌性，输卵管的背部被前端的泌壳腺和后端的蛋白腺包裹，泌壳腺与蛋白腺长度约相等。输卵管通过一狭长的开口与外套腔相通。在开口上缘，沿着输卵管的前半部分，深层输精管存在于内侧膜内，开口于狭长的精囊。输精管继续向后延伸，到达输卵管后端的受精囊的腹侧（图2-43A）。解剖标本雌雄性别比为1∶4。

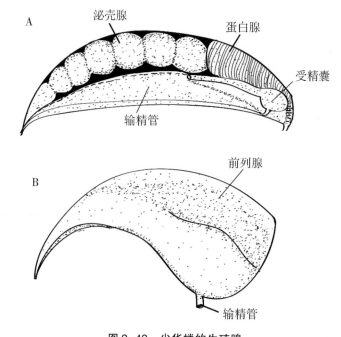

图2-43　尖华蜷的生殖腺

A. 雌性生殖腺左侧观　B. 雄性生殖腺左侧观

Fig. 2-43　Reproductive anatomy of *Hua acris*

A. left lateral view of pallial oviduct　B. left lateral view of prostate

　　（4）分布与生境：仅在重庆大渡口区长江边采集到，同域分布的有渝华蜷（图2-44）。

　　（5）命名：种名"acris"来源于希腊语，意为小山顶、小峰，中文名译为"尖"，依据是它的贝壳小型，壳顶尖；阴性。

　　（6）讨论：尖华蜷与渝华蜷为同域分布，并且，尖华蜷与渝华蜷幼体在形态上较相似，均具有膨大的体螺层，贝壳上有明显的深褐色条带。但是，尖华蜷的壳顶尖，体螺层高为贝壳高的80%～87%，厣核明显，位于厣的下1/5处，可以将尖华蜷与渝华蜷相区别。

图 2-44 尖华蜷的分布点

Fig. 2-44 Known distribution of *Hua acris*

2. 芒华蜷 *Hua aristarchorum*（Heude，1888）

Melania aristarchorum Heude，1888：305-309（Tai-Kwan-ho = Lake Dianchi）；Heude，1889：465，pl. 41，fig. 26（Tai-Kwan-ho = Lake Dianchi）.

Hua aristarchorum，Chen，1943：21.

（1）检视材料：模式标本 USNM471913 照片从美国自然历史博物馆网站下载。KIZ002918-002943，于 2006 年 3 月采自云南省昆明市嵩明县白邑黑龙潭；KIZ004172-004272，于 2014 年 11 月采自云南省昆明市嵩明县白邑上村龙潭；KIZ004273-004281，于 2014 年 11 月采自云南省昆明市嵩明县白邑青龙潭，贝壳高 14.9～19.9 mm。另有大量标本，KIZ002944-003624，010236-010453，018319 于 2006—2014 年采自昆明市嵩明县白邑青龙潭、上村龙潭、黄龙潭、黑龙潭和牧羊河（25.2835° N，102.8502° E），以及昆明省寻甸县小河与牛栏江的汇口，属金沙江水系，采集人：杜丽娜、王晓爱等。KIZ001715，GXNU-DLN20190003-20190004，于 2019 年 6 月 3 日采自重庆长江干流，采集人：陈重光；GXNU-DLN20200108-20200117，于 2020 年 4 月 28 日采自云南省曲靖市牛栏江，属金沙江水系，采集人：刘宝刚（表 2-15）。

表 2-15　芒华蜷测量表

Table 2-15　Shell measurements of *Hua aristarchorum*

	贝壳高/mm	贝壳宽/mm	体螺层高/mm	壳口长/mm	壳口宽/mm	螺层数/个
最小值	14.9	8.9	11.6	8.2	4.4	4
最大值	19.9	11.5	15.9	10.8	5.8	5
标准差	1.3	0.8	1.2	0.8	0.4	0.5
KIZ004279	17.9	10.8	13.5	9.5	5.5	4
KIZ004277	16.5	9.3	12.9	9.1	5.4	5
KIZ004278	17.2	9.8	13.2	9.1	4.9	5
KIZ004275	17.8	11.3	14.0	10.0	5.7	5
KIZ004281	14.9	9.1	11.6	8.2	4.4	5
KIZ004276	16.4	9.3	12.4	9.0	4.9	5
KIZ002939	18.8	10.6	15.4	10.8	5.8	4
KIZ002940	17.5	10.9	14.5	9.8	5.4	4
KIZ002983	17.3	10.3	14.5	10.6	5.5	5
KIZ002942	18.6	11.5	15.9	10.8	5.7	4
KIZ002943	17.4	10.8	14.5	10.0	5.6	4
KIZ004269	17.2	10.9	13.7	9.4	5.5	4
KIZ004230	15.1	9.1	12.1	8.5	4.8	4
KIZ004262	16.5	9.4	13.4	9.3	5.0	4
KIZ004273	17.3	10.2	13.9	9.2	5.4	4
KIZ004271	19.9	11.3	15.1	10.1	5.4	5
KIZ004263	17.5	10.3	13.6	9.4	5.0	4
KIZ004265	17.9	10.1	14.0	9.3	5.6	4
KIZ004261	15.0	8.9	11.7	8.3	4.4	4

（2）特征描述：贝壳中等大小，最大贝壳高 20 mm，壳顶钝，有 4~5 个螺层。体螺层明显膨胀，其他螺层均匀增长。壳面壳饰的变异较大，有些个体壳面光滑，有些在体螺层的下 1/3 处有 4 条螺棱，螺旋层具有纵肋，或者螺棱与纵肋交叉形成网格状壳饰。成熟雌性在右侧触角下方具产卵口。厣核偏向内下缘，位于厣的下 1/3 处（图 2-45）。中央齿由 1 个大的三角形的中间齿和两侧各 3 个小齿组成，中央齿的下缘具 2 个下缘齿；侧齿由 1 个大的方形的中间齿和两侧各 2~4 个小齿组成；内缘齿由 4 个小齿组成，中间 2 个小齿较宽大，两侧的小齿不及中间小齿高度的一半；外缘齿由 6 个大小相似的小齿组成，齿式 3（1）3 / 2-4（1）2-4 / 4 / 6（图 2-46）。

具有典型的华蜷属的胃部结构和生殖系统结构，解剖标本雌雄性别比为 3：2。

图 2-45 芒华蜷的贝壳和厣

贝壳：A. 模式 USNM471913　B. KIZ018319　C. KIZ010302

D. KIZ002939　E. KIZ004279　F. KIZ001775　厣：G. KIZ002938

Fig. 2-45　Shell and operculum of *Hua aristarchorum*

Shell：A. Syntype，USNM471913　B. KIZ018319　C. KIZ010302

D. KIZ002939　E. KIZ004279　　F. KIZ001775　Operculum：G. KIZ002938

图 2-46　芒华蜷的齿舌

Fig. 2-46　Radulae of *Hua aristarchorum*

　　（3）分布与生境：从长江干流的重庆段、成都段，经牛栏江至云南滇池流域广泛分布。栖息于昆明嵩明白邑的龙潭和河流中，包括青龙潭、黑龙潭、黄龙潭、上村龙潭、迤者龙潭、牧羊河和冷水河中，以及昆明寻甸小河和曲靖沾益的牛栏江中（图 2-47）。在龙潭中常吸附在潭壁或水生植物的叶面上，在河流中吸附在石头的背水面（图2-48）。从解剖样本的肠及胃内容物的颜色来看，在龙潭中的样本，肠和胃的内容物颜色为绿色，而河流中样本的肠和胃的内容物颜色多为泥色。因此，猜测在龙潭中的个体是刮食藻类或取食水生植物的叶片，而生活在溪流中的个体主要是刮食石头上的细菌或藻类，与此同时，也会取食一些细泥。

图2-47　芒华蜷的分布点

Fig. 2-47　Known distribution of *Hua aristarchorum*

图2-48　芒华蜷的生境

Fig. 2-48　Habitat of *Hua aristarchorum*

　　（4）讨论：芒华蜷广泛的分布区造就了它多变的壳饰，一般栖息在龙潭中的个体多具有明显的壳饰，由纵肋和螺棱交互形成网格状，并且壳较薄，易碎。与之相反，生活在河流中的个体壳饰不明显，多为一些较弱的螺棱或趋于光滑，且壳质较厚。芒华蜷的壳饰变异符合 Urabe（1998，2002）的观点，即在水流急或底质粗糙的河流中，壳面常具有明显的纵肋或螺棱，而在底质较好的河流中，壳则趋于光滑。

3. 欧氏华蜷 *Hua aubryana*（Heude，1888）

Melania aubryana Heude，1888：308（Tchen-fou，Koué-tchous = Guizhou）；Heude，1889：166，taf. 41，fig. 27，28，28a.

Semisulcospira aubryana，徐霞锋，2007：18-19，pl. 1，fig. 20.

（1）检视材料：KIZ005516-005609，贝壳高22.6~31.0 mm，于2015年10月采自贵州省荔波县洞塘乡（24.8155° N，105.4896° E）；GXNU00000181-00000191，2019年12月采自广西壮族自治区隆林县平班水电站下游，属南盘江水系，采集人：蓝家湖、杜丽娜（表2-16）。

表2-16 欧氏华蜷测量表

Table 2-16 Shell measurements of *Hua aubryana*

	贝壳高/mm	贝壳宽/mm	体螺层高/mm	壳口长/mm	壳口宽/mm	螺层数/个
最小值	22.6	12.6	16.3	11.8	5.6	5
最大值	31.0	16.4	21.6	14.9	7.4	5
标准差	1.8	0.9	1.2	0.8	0.5	0.0
KIZ005605	27.1	14.3	18.7	12.8	6.3	5
KIZ005604	26.8	13.7	18.7	13.3	6.4	5
KIZ005609	27.8	15.5	20.2	14.9	6.7	5
KIZ005603	31.0	15.0	21.6	14.8	7.4	5
KIZ005608	26.5	15.0	18.9	12.7	6.4	5
KIZ005607	26.4	16.4	19.3	13.6	7.2	5
KIZ005579	27.1	14.6	18.7	13.2	7.3	5
KIZ005535	24.9	13.8	17.4	12.0	5.9	5
KIZ005538	25.7	12.9	18.8	13.1	6.4	5
KIZ005532	24.5	14.1	17.4	12.5	6.3	5
KIZ005588	23.2	12.6	16.3	11.9	5.6	5
KIZ005585	24.5	13.3	17.4	12.5	6.0	5
KIZ005534	25.3	13.6	17.8	12.6	6.3	5
KIZ005530	27.3	14.6	19.4	13.8	6.5	5
KIZ005547	25.9	14.6	18.0	12.7	6.2	5
KIZ005595	25.3	13.7	18.5	12.6	6.4	5
KIZ005574	22.6	12.8	16.4	11.8	6.0	5
KIZ005531	25.2	13.9	17.8	12.9	6.6	5
KIZ005527	26.5	13.9	18.5	12.7	6.1	5
KIZ005557	26.4	14.6	18.7	13.5	7.0	5

（2）特征描述：贝壳中等大小，外形呈圆锥形，最大贝壳高 31 mm，壳质厚，坚硬，壳顶钝，常被腐蚀，留有 4~6 个螺层。体螺层膨胀，其他螺层略膨胀，均匀生长。壳面具有明显的壳饰，体螺层在壳口位置常具有 2~3 条明显螺棱，上方具有 2~4 行由瘤状结节连接形成的螺棱。螺旋层具有明显的瘤状结节和纵肋。成熟雌性在右侧触角下方具有产卵口。外套膜边缘呈波浪状。厣核靠近内下缘，位于厣的下 1/4 处（图 2-49）。中央齿由 1 个大的三角形的中间齿和两侧各 2 个小齿组成，中央齿的下缘具 2 个下缘齿；侧齿由 1 个大的方形的中间齿和两侧各 1 个小齿组成；内缘齿由 3~4 个小齿组成；外缘齿由 5 个大小相似的小齿组成，齿式 2（1）2／1（1）1／3-4／5（图 2-50）。

图 2-49　欧氏华蜷的贝壳和厣
贝壳：A. KIZ005603　B. GXNU00000181　厣：C. KIZ005603
Fig. 2-49　Shell and operculum of *Hua aubryana*
Shell：A. KIZ005603　B. GXNU00000181　Operculum：C. KIZ005603

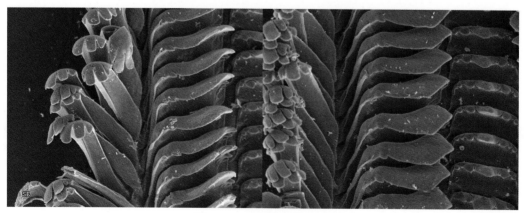

图 2-50　欧氏华蜷的齿舌
Fig. 2-50　Radulae of *Hua aubryana*

（3）分布：分布于贵州省荔波县洞塘乡，广西壮族自治区隆林县和云南省罗平县等南盘江水系（图 2-51）。

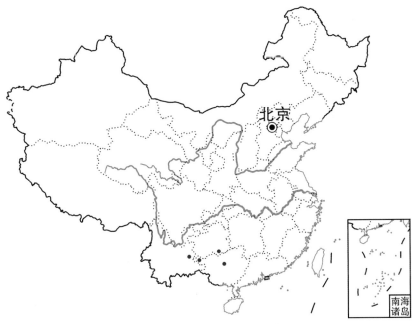

图 2-51 欧氏华蜒的分布点

Fig. 2-51 Known distribution of *Hua aubryana*

（4）讨论：Köhler 等（2009）提及欧氏黑蜒（*Melania aubryana*）与越南沟蜒很像，但由于缺少材料，对于该种的分类地位并未讨论。在原始描述中，欧氏黑蜒的模式产地在"'Tchen-fou' in Guizhou Province"。利用 FuzzyG 软件查找该地点，与贵州省册亨县（24.9667° N，105.8166° E）较为接近。研究所用标本采自贵州省荔波县和广西省隆林县，在地理位置上来看，与模式产地较为接近，且同属于南盘江水系。此外，与原始描述图片相比对，贵州荔波的标本与模式标本比较相似，因此，认为采自贵州省荔波县和广西壮族自治区隆林县的标本为欧氏黑蜒，它有效的物种名为欧氏华蜒。在华蜒属，仅有欧氏华蜒与小华蜒的外套膜边缘为波浪状，二者可以通过壳饰上的差异相区别，欧氏华蜒的瘤状结节较为明显，而小华蜒是由螺棱和纵肋交叉形成的网状壳饰。此外，在地理上，欧氏华蜒与小华蜒分布于不同水系，欧氏华蜒分布在南盘江，属于珠江水系，而小华蜒分布在长江流域。

4. 小华蜒 *Hua bailleti*（Bavay & Dautzenberg，1910）

Melania bailleti Bavay & Dautzenberg，1910：11 - 12，taf. 1，fig. 7 - 8（Yangtze River）.

Oxytrema bailleti，Morrison，1954：357-394.

（1）检视材料：KIZ003861-004048，贝壳高 18.6~29.5 mm，于 2008 年 10 月采自云南省昆明市寻甸县七星乡腊味村马过河和曲靖市会泽县的牛栏江，属金沙江水系，采集人：王晓爱（表 2-17）。

表 2-17 小华蜷测量表

Table 2-17 Shell measurements of *Hua bailleti*

	贝壳高/mm	贝壳宽/mm	体螺层高/mm	壳口长/mm	壳口宽/mm	螺层数/个
最小值	18.6	10.2	13.3	8.8	4.9	4
最大值	29.5	14.9	20.0	13.4	7.1	7
标准差	3.2	1.3	2.0	1.4	0.7	1.0
KIZ004047	29.5	14.9	20.0	13.4	7.0	7
KIZ004048	26.5	12.4	16.9	11.4	5.7	7
KIZ003932	26.1	14.0	18.9	12.8	7.1	4
KIZ003940	19.5	10.9	13.9	9.3	5.3	5
KIZ003914	21.2	11.5	15.3	10.1	5.4	4
KIZ003922	27.6	14.2	19.5	13.2	7.1	5
KIZ003936	21.6	11.6	14.9	9.4	5.6	5
KIZ003927	28.5	14.0	19.2	12.4	6.5	5
KIZ003913	21.9	12.3	15.2	9.7	6.0	4
KIZ003933	18.9	11.0	14.0	9.9	5.1	6
KIZ003944	19.5	10.2	13.3	8.8	5.0	6
KIZ003930	22.0	11.9	15.8	10.7	5.6	4
KIZ003943	21.9	11.5	15.6	10.4	5.8	6
KIZ003942	23.6	11.9	16.2	10.5	5.8	6
KIZ003935	18.6	10.7	13.6	9.3	4.9	5
KIZ003933	20.8	11.7	14.7	9.8	5.2	4
KIZ003941	22.0	12.8	14.6	9.7	5.7	5

（2）特征描述：贝壳圆锥形，壳质较厚，坚固；壳顶钝，多被腐蚀，留有 4~7 个螺层；体螺层略膨胀，其他螺层均匀生长。壳面有由螺棱与纵肋交叉形成网格状的壳饰，在壳口附近的体螺层常有 1~3 条明显的螺棱，螺旋层具有明显的网状壳饰。雌性在右侧触角的下方有产卵口。外套膜边缘波浪状。齿核靠近齿的内侧缘，位于齿的下 1/3 处（图 2-52）。中央齿由 1 个大的三角形的中间齿和两侧各 4 个小齿组成，中央齿的下缘具 2 个下缘齿；侧齿由 1 个大的方形的中间齿和两侧各 2~4 个小齿组成；内缘齿由 4 个小齿组成；外缘齿由 6 个大小相似的小齿组成，齿式 4（1）4 / 2-4（1）2-4 / 4 / 6（图 2-53）。具有华蜷属典型的胃部结构和生殖系统。

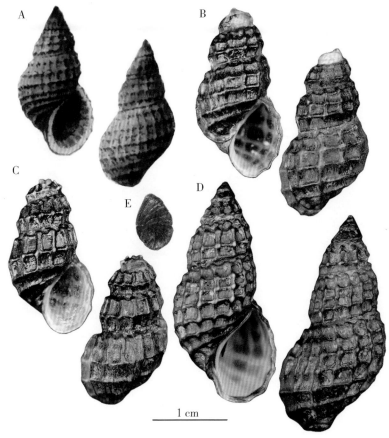

图 2-52　小华蜷的贝壳和厣

贝壳：A. 模式（引于 Bavay & Dautzenberg，1910）　B. KIZ003914

C. KIZ003940　D. KIZ004047　厣：E. KIZ003866

Fig. 2-52　Shell and operculum of *Hua bailleti*

Shell：A. Syntype（after Bavay & Dautzenberg，1910）　B. KIZ003914

C. KIZ003940　D. KIZ004047　Operculum：E. KIZ003866

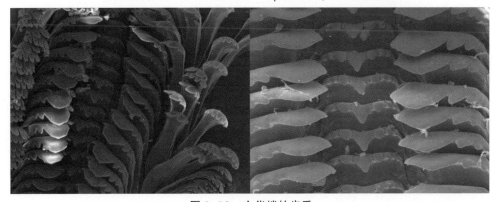

图 2-53　小华蜷的齿舌

Fig. 2-53　The radulae of *Hua bailleti*

（3）分布：分布于云南省昆明市寻甸县七星乡腊味村马过河和曲靖市会泽县的牛栏江，属金沙江水系（图2-54）。

（4）中文名来源："*bai*"是希腊语，译为小、弱，"*-let*"也是指小的词尾，因此，"*bailleti*"译为"小"，中性。

图2-54　小华蜷的分布点

Fig. 2-54　Known distribution of *Hua bailleti*

（5）讨论：Bavay & Dautzenberg（1910）记录该种的模式产地在中国的长江。将采集到的标本与模式标本图片进行比对，采自云南省曲靖市会泽县的标本，无论从壳形结构及壳饰上均与模式标本较相似。因此，采自金沙江的标本为小华蜷。在长江重庆段和成都段也采到部分疑似小华蜷的标本，但是，分子结果暗示采自重庆和成都长江干流的标本为芒华蜷。

在壳形结构上，不同采集地的样本存在一定的差异，采自寻甸的样本，壳顶多被腐蚀。通过壳面具有网格状的壳饰、外套膜边缘呈波浪状、厣核的位置、雌性在右侧触角下具有产卵口等联合性状，可以将小华蜷与华蜷属其他种类相区别。

5. 富宁华蜷 *Hua funingensis* Du，Köhler，Chen & Yang，2019

Hua funingensis Du，Köhler，Chen & Yang，2019a：838-840（云南省文山州富县宁剥隘镇）．

（1）检视材料：

1）正模：KIZ008300，贝壳高15.3 mm，于2016年2月6日采自云南省文山州富宁县剥隘镇，属南盘江水系，采集人：刘淑伟。

2）副模：20个，KIZ007096-007098，007100-007104，008301，008306-008308，008311-008312，008316，008318，008321，008332，008340，008344，贝壳高11.9~

15.9 mm，采集时间和采集地点同正模（表2-18）。

表2-18　富宁华蜷测量表
Table 2-18　Shell measurements of *Hua funingensis*

	贝壳高/mm	贝壳宽/mm	体螺层高/mm	壳口长/mm	壳口宽/mm	螺层数/个
最小值	11.5	7.3	8.6	6.3	3.3	6
最大值	15.9	9.5	11.3	8.8	4.3	7
标准差	1.1	0.7	0.7	0.5	0.3	0.4
KIZ008300	15.3	8.8	10.7	7.9	4.2	7
KIZ007101	13.5	7.9	10.0	7.1	3.7	7
KIZ007098	13.9	8.9	10.9	8.0	4.1	6
KIZ007102	13.0	8.3	9.6	7.4	3.6	7
KIZ007096	14.5	8.7	11.0	8.1	4.2	7
KIZ007104	12.9	8.0	10.1	7.6	4.1	7
KIZ007097	14.1	7.6	9.7	7.2	3.6	7
KIZ007100	13.9	7.8	9.8	7.3	4.0	7
KIZ007103	12.8	7.6	9.7	7.3	3.7	7
KIZ008332	13.4	8.9	10.6	7.9	4.1	6
KIZ008316	13.8	8.9	10.9	8.2	4.1	6
KIZ008321	11.9	7.7	9.2	6.7	3.7	7
KIZ008312	13.5	8.1	10.2	7.6	4.0	7
KIZ008376	15.2	9.4	11.3	8.8	4.3	7
KIZ008328	14.3	9.1	11.1	7.9	4.2	6
KIZ008301	13.9	9.0	10.6	7.9	4.3	6
KIZ008306	13.6	9.1	10.3	7.6	3.7	7
KIZ008308	12.0	7.6	9.3	6.9	3.6	7
KIZ008318	14.6	8.6	10.3	7.6	3.8	7
KIZ008364	11.5	7.3	8.6	6.3	3.3	7
KIZ008302	14.4	9.1	10.8	8.0	4.3	7
KIZ008362	15.1	9.4	10.9	8.0	4.3	7
KIZ008358	14.2	8.5	10.5	8.0	4.2	7
KIZ008325	14.1	8.4	10.1	7.6	3.9	7
KIZ008346	15.9	9.5	11.3	8.2	4.3	7
KIZ008309	14.2	8.9	10.3	7.8	3.9	7

3）其他标本：9 个，KIZ008302，008309，008325，008328，008346，008358，008362，008364，008376，采集时间和采集地点同模式标本。

（2）特征描述：贝壳中小型，圆锥形，最大贝壳高 15 mm。壳质较薄，壳面为深褐色。壳面光滑，除生长线外无其他壳饰。壳顶尖，有 6~7 个螺层。体螺层膨胀。厣卵圆形，具有 4~5 层螺旋生长纹，厣核位于厣的下 1/5 处（图 2-55）。中央齿由 1 个大的三角形的中间齿和两侧各 2~4 个小齿组成，中央齿的下缘具 2 个下缘齿；侧齿由 1 个大的方形的中间齿组成，两侧无小齿；内缘齿由 3 个小齿组成，中间的小齿比较宽大，内侧的小齿在长度上与中间小齿相似，但宽度为中间小齿的一半，外侧的小齿无论在宽度还是高度上均不及中间小齿的一半；外缘齿由 5 个大小相似的小齿组成，齿式 2-4（1）2-4／0（1）0／3／5（图 2-56）。

图 2-55　富宁华蜷的贝壳和厣

贝壳：A. 正模 KIZ008300　厣：B. KIZ008301

Fig. 2-55　Shell and operculum of *Hua funingensis*

Shell：A. Holotype，KIZ008300　Operculum：B. KIZ008301

图 2-56　富宁华蜷的齿舌

Fig. 2-56　Radulae of *Hua funingensis*

具华蜷属典型的胃部结构和生殖系统。分拣区多皱褶，后缘向左弯曲。胃盾长舌形，后缘形成口袋状，胃垫发达，肥厚。

雌性有华蜷属典型的生殖系统，雄性前列腺后端呈两端突起，中间凹陷的翼形。解剖标本雌雄性别比为 4∶2。

（3）分布：目前仅知分布于云南省文山州富宁县剥隘镇平架村，属南盘江水系（图 2-57）。

图 2-57 富宁华蜷的分布点

Fig. 2-57 Known distribution of *Hua funingensis*

（4）讨论：富宁华蜷与刘氏华蜷和渝华蜷都是壳面光滑，侧齿仅具 1 个中间齿，两侧无小齿。但是，富宁华蜷具有 6~7 个螺层可以与刘氏华蜷和渝华蜷相区分。

6. 桂平华蜷 *Hua guipingensis* **Du & Yang n. sp.**

（1）检视材料：

1）正模：GXNU-DLN20200221，贝壳高 15.9 mm，于 2020 年 11 月 20 日采自广西壮族自治区贵港市桂平市，浔江支流，属红水河水系，采集人：梁亦文、罗福广。

2）副模：5 个，GXNU-DLN20200218-20200220，20200222-20200223，贝壳高 12.9~16.3 mm，采集时间和地点同正模（表 2-19）。

表 2-19　桂平华蜷测量表

Table 2-19　Shell measurements of *Hua guipingensis*

	贝壳高/mm	贝壳宽/mm	体螺层高/mm	壳口长/mm	壳口宽/mm	螺层数/个
最小值	12.9	9.6	11.5	9.1	4.7	4
最大值	16.3	11.9	14.6	11.1	6.3	5
标准差	1.5	0.8	1.2	0.8	0.6	0.5
GXNU-DLN20200221	15.9	10.8	13.3	10.0	5.8	5
GXNU-DLN20200218	13.7	10.4	12.2	9.1	5.3	4
GXNU-DLN20200219	14.0	10.3	12.3	9.1	5.5	4
GXNU-DLN20200220	12.9	9.6	11.5	9.1	4.7	4
GXNU-DLN20200222	16.3	11.9	14.6	11.1	5.2	4
GXNU-DLN20200223	16.3	10.8	14.1	10.2	6.3	5

（2）鉴别特征：贝壳小型，壳面坚固，体螺层明显膨胀，螺旋部低矮，壳面有规则的瘤状结节。雌性在右侧触角下方具产道。厣核位于厣的下 1/6 处。

（3）特征描述：贝壳小型，壳质厚、坚固，表面黄褐色。壳顶钝，有4或5个螺层。壳面具有明显的、规则排列的瘤状结节，体螺层下 1/3 有 2 条螺棱，螺棱以上有 4 条瘤状结节环棱，螺旋层光滑；体螺层具 3 条深褐色色带，螺旋层具 1 条色带，位于缝合线处。壳口卵圆形。成熟雌性在触角下方有一产道，产道沿触角右侧向下，在接近足基部时突然向右侧转折，行进一段距离后，向下弯折，结束于足边缘。外套膜边缘光滑。鳃下腺发达，呈三角形。嗅检器长，约为鳃基长的 3/4。厣卵圆形，具有 4～5 层螺旋生长纹（图 2-58）。齿舌长度为 4.4 mm（$N=1$），中央齿由 1 个大的三角形的

A　　　　　　B　　　　C

1 cm

图 2-58　桂平华蜷的贝壳和厣

贝壳：A、B. 正模 GXNU-DLN20200221　厣：C. GXNU-DLN20200218

Fig. 2-58　Shell and operculum of *Hua guipingensis*

Shell：A、B. Holotype，GXNU-DLN20200221　Operculum：C. GXNU-DLN20200218

中间齿和每侧 3 个小齿组成；侧齿由 1 个突出的方形中间齿和每侧 2~3 个非常小的小齿组成；内缘齿由 4 个大小相似的小齿组成；外缘齿由 7~8 个大小相似的小齿组成，齿式 3（1）3／2-3（1）2-3／4／7-8（图 2-59）。具有华蜷属典型的胃部结构和生殖系统。雌雄性别比为 2∶1。

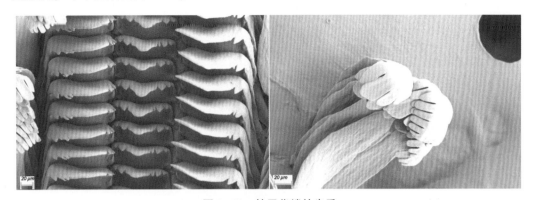

图 2-59 桂平华蜷的齿舌

Fig. 2-59 Radulae of *Hua guipingensis*

（4）分布与生境：分布于广西壮族自治区贵港市桂平市、来宾市的山间溪流，浔江支流，属红水河水系（图 2-60）。生活于水质清澈的溪流，水底多为石头。

图 2-60 桂平华蜷的分布点

Fig. 2-60 Known distribution of *Hua guipingensis*

（5）命名：种名"*guipingensis*"来源于模式产地桂平的拼音"Guiping"。

（6）讨论：桂平华蜷和欧氏华蜷在贝壳上具有明显的瘤状结节，但是，桂平华蜷较欧氏华蜷短小，体螺层膨胀也更明显，桂平华蜷的贝壳宽为贝壳高的66%~76%（欧氏华蜷48%~62%），体螺层高为贝壳高的83%~90%（欧氏华蜷68%~73%）。此外，桂平华蜷雌性具有产道，而欧氏华蜷雌性为产卵口。

7. 中间华蜷 *Hua intermedia*（Gredler，1885）

Melania praenotata intermedia Gredler，1885：234（Kwei-dshou＝Guizhou Province）.

Paludomus（*Hemimitra*）*kweichouensis* Chen，1937：446，pl. 1，fig. 3（Guizhou Province）.

Semisulcospira praenotata intermedia，Yen，1939：54，taf. 4，fig. 68.

Hua kweichouensis，Chen，1943：21.

Hua praenotata intermedia，Chen，1943：21.

Semisulcospira marica，Liu，Wang & Zhang，1994：28-29，fig. 4（贵州省沿河县乌江）.

（1）检视材料：KIZ013845-014190，GXNU00000218-00000223，贝壳高13.1~17.9 mm，于2017年5月和2020年7月采自贵州省安顺市黄果树国家风景名胜区，属长江水系，采集人：杜丽娜（表2-20）。

表2-20　中间华蜷测量表

Table 2-20　Shell measurements of *Hua intermedia*

	贝壳高/mm	贝壳宽/mm	体螺层高/mm	壳口长/mm	壳口宽/mm	螺层数/个
最小值	13.1	7.0	9.5	6.9	3.3	7
最大值	17.9	8.6	12.4	8.9	4.6	9
标准差	1.4	0.5	0.9	0.6	0.3	0.7
KIZ014138	16.4	8.0	11.6	8.3	4.0	9
KIZ014147	14.5	7.5	10.8	7.7	3.8	8
KIZ014154	14.2	7.5	10.4	7.6	3.4	8
KIZ014149	14.5	8.0	11.4	8.0	4.0	8
KIZ014100	17.9	8.3	12.4	8.7	4.0	9
KIZ014141	17.4	8.6	12.4	8.9	4.6	9
KIZ014153	14.5	8.6	10.9	7.8	4.0	7
KIZ014167	14.3	7.8	10.5	7.9	3.5	7
KIZ014176	13.8	7.2	10.2	7.5	3.7	8
KIZ014171	16.3	8.5	12.2	8.8	3.9	8
KIZ014139	13.4	7.6	10.5	8.1	3.7	8
KIZ014168	15.3	7.8	11.1	8.2	3.6	8
KIZ014123	16.1	8.5	11.8	8.7	4.2	9
KIZ014126	14.4	7.6	10.7	7.9	3.6	8

续表

	贝壳高/mm	贝壳宽/mm	体螺层高/mm	壳口长/mm	壳口宽/mm	螺层数/个
KIZ014140	15.2	8.1	11.5	8.5	4.1	8
KIZ014146	13.2	7.0	10.0	7.2	3.3	8
KIZ014185	13.3	7.6	9.8	7.3	3.5	7
KIZ014189	14.6	7.3	10.6	8.3	3.7	8
KIZ014174	13.1	7.3	9.7	7.4	3.5	8
KIZ014111	13.3	7.1	9.5	6.9	3.5	9
KIZ014148	15.8	7.9	11.3	8.6	3.9	9

（2）特征描述：贝壳中等大小，圆锥形，壳质较厚，坚固。壳顶尖，有 7~9 个螺层。体螺层略膨胀，其他螺层均匀生长。壳面光滑，贝壳深褐色，体螺层有 3 条黄绿色的色带，其余螺层有 1~2 条色带。雌性在右侧触角的下方有产卵口。外套膜边缘光滑。厣核靠近内侧缘，位于厣的下 1/3 处（图 2-61）。中央齿由 1 个大的三角形的中间齿和两侧各 3~4 个小齿组成，中央齿的下缘具 2 个下缘齿；侧齿由 1 个大的三角形的中间齿和两侧各 2~3 个小齿组成；内缘齿由 5 个小齿组成；外缘齿由 10 个大小相似的小齿组成，齿式 3-4（1）3-4 / 2-3（1）2-3 / 5 / 10（图 2-62）。

图 2-61　中间华蜷的贝壳和厣

贝壳：A. 模式 USNM467596（来源于 Chen，1937）

B. GXNU00000223　厣：C. KIZ014170

Fig. 2-61　Shell and operculum of *Hua intermedia*

Shell：A. Type USNM467596（from Chen，1937）

B. GXNU00000223　Operculum：C. KIZ014170

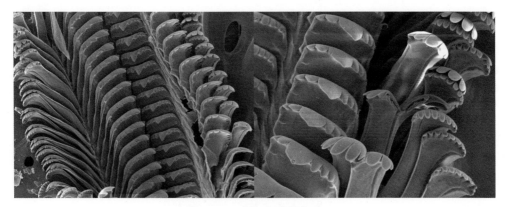

图 2-62　中间华蜷的齿舌

Fig. 2-62　Radulae of *Hua intermedia*

（3）分布与生境：分布于贵州省安顺市黄果树国家风景名胜区外的溪流中，贵州省沅江右源舞阳河，以及四川省泸州市古蔺县山间溪流（图2-63）。栖息地水底多为鹅卵石和大的石头，附着一些丝状藻，周边生境较好，有少量农田。贵州省安顺市黄果树国家风景名胜区外溪流，水质清澈，水深约30 cm，水体流速较缓。中间华蜷多吸附在石头上，与圆华蜷同域分布（图2-64）。

（4）中文名来源：Gredler（1885）将该种命名为 *intermedia* 时，是因为其在贝壳大小上比湖南黑蜷小，认为 *intermedia* 为湖南黑蜷贝壳尺寸变小的一个类群。*intermedia* 具有过渡的、中间的、媒介之意，本研究中直译拉丁名，将其命名为中间华蜷。

图 2-63　中间华蜷的分布点

Fig. 2-63　Known distribution of *Hua intermedia*

图2-64　中间华蜷的生境

Fig. 2-64　Habitat of *Hua intermedia*

（5）讨论：Gredler（1885）描述一个湖南黑蜷（*Melania praenotata*）的亚种 *Melania praenotata intermedia* Gredler，1885，并同时记录该亚种为湖南黑蜷向西扩散的一个种群，但在贝壳大小、栖息环境，以及壳面具有色带等性状上与湖南黑蜷不同。该亚种的模式产地在贵州的"Tchin-an"，并且在原始描述中提及该种最远分布到贵州的"Tchin-gnai"。根据发音相似分析，"Tchin-gnai"可能代表贵州的黔南，而"Tchin-an"可能是黔安顺的简称。Yen（1939）将该亚种归入短沟蜷属，即 *Semisulcospira praenotata intermedia*。但遗憾的是，该亚种的模式标本在第二次世界大战中丢失（R. Janssen 个人陈述）。此外，Chen（1937）将采自贵州的标本描述为沼蜷属一个种类，即 *Paludomus kweichouensis* Chen，1937。并且，Chen（1943）将 *Melania praenotata intermedia* 和 *Paludomus kweichouensis* 都归入华蜷属。*Paludomus kweichouensis* 与 *Melania praenotata intermedia* 在壳形上非常相似，且采集地都是在贵州，2个种应为同物异名，*Melania praenotata intermedia* 的发表时间优先于 *Paludomus kweichouensis*。2017年，在贵州省安顺市黄果树风景名胜区采集到一批标本，通过与 *Melania praenotata intermedia* 的模式标本图片对比，采自贵州省安顺市黄果树风景名胜区的样品与其极为相似，并且采集地接近。因此，采自贵州省安顺市黄果树风景名胜区的标本被认定为 *Melania praenotata intermedia* 的地模标本。Abbott（1948）提出沼蜷属的外套膜边缘具有20~25

个乳突，且其厣具有同心圆的生长纹。而 *Melania praenotata intermedia* 的外套膜边缘光滑，其厣具有螺旋生长纹。形态和系统发育结果都支持 *Melania praenotata intermedia* 应隶属于短沟蜷科、华蜷属，有效名为中间华蜷。在形态上，依据贝壳光滑、具有 7~9 个螺层、外缘齿由 10 个小齿组成、雌性右侧触角下具一产卵口等联合性状，可以将中间华蜷与华蜷属的其他种类相区别。

8. 雅凯华蜷 *Hua jacqueti*（Dautzenberg & Fischer, 1906）

Melania jacqueti Dautzenberg & Fischer, 1906：413-414, pl. 10. fig. 16（Tonkin）.

Melania jacqueti var. *nuda* Bavay & Dautzenberg, 1910：2, pl. 1, fig. 1（Yunnan）.

Melania jacqueti var. *elongata* Bavay & Dautzenberg, 1910：3, pl. 1, fig. 2（Ban Lao）.

Melania jacqueti var. *angulate* Bavay & Dautzenberg, 1910：3, pl. 1, fig. 3（Pac-Kha）.

Melania jacqueti var. *parva* Bavay & Dautzenberg, 1910：3, pl. 1, fig. 4（Trinh-Tuong）.

Melania jacqueti var. *unicolor* Bavay & Dautzenberg, 1910：3, pl. 1, fig. 5（Trinh-Tuong）.

Melania jacqueti var. *eurta* Bavay & Dautzenberg, 1910：3-4, pl. 1, fig. 6（Phong-Tho, Pac-Kha）.

Hua jacqueti, Strong & Köhler, 2009：483-502.

（1）检视材料：KIZ001460-001473，贝壳高 15.4~19.4 mm，于 2013 年 1 月采自云南省河口县南溪河，属红河水系，采集人：秦涛（表 2-21）。

表 2-21　雅凯华蜷测量表
Table 2-21　Shell measurements of *Hua jacqueti*

	贝壳高/mm	贝壳宽/mm	体螺层高/mm	壳口长/mm	壳口宽/mm	螺层数/个
最小值	15.4	8.7	10.9	8.0	4.1	5
最大值	19.4	10.9	14.8	10.5	5.4	7
标准差	1.4	0.7	1.1	0.7	0.5	0.7
KIZ001469	18.7	9.9	13.8	9.7	5.2	7
KIZ001471	19.1	9.6	13.8	9.7	4.6	7
KIZ001460	19.2	10.5	13.7	9.9	5.3	7
KIZ001473	19.4	10.2	13.4	9.6	5.2	7
KIZ001465	19.1	10.9	14.8	10.5	5.4	5
KIZ001466	16.8	9.0	11.9	8.6	4.3	6
KIZ001472	17.6	9.5	12.9	9.3	4.4	6
KIZ001464	16.4	9.0	12.4	8.9	4.7	7
KIZ001468	17.4	9.5	12.7	9.6	4.9	7
KIZ001467	15.4	8.7	10.9	8.0	4.1	6

（2）特征描述：贝壳中等大小，圆锥形，最大贝壳高不及 20 mm。壳质厚，坚固，壳面具有明显的螺棱。壳顶钝，有 5~7 个螺层。壳面黄褐色。体螺层略膨胀，体螺层高占贝壳高的 69.1%~77.6%。厣核偏向内下缘，位于厣的下 1/4~1/3 处（图 2-65）。中央齿由 1 个大的三角形的中间齿和两侧各 2~3 个小齿组成；侧齿由 1 个大的方形的中间齿和两侧各 2~3 个小齿组成；内缘齿由 4 个小齿组成；外缘齿由 6~7 个大小相似的小齿组成，齿式 2-3（1）2-3／2-3（1）2-3／4／6-7（图 2-66）。

图 2-65　雅凯华蜷的贝壳和厣
贝壳：A. KIZ001469　厣：B. KIZ001461
Fig. 2-65　Shell and operculum of *Hua jacqueti*
Shell：A. KIZ001469　Operculum：B. KIZ001461

图 2-66　雅凯华蜷的齿舌
Fig. 2-66　Radulae of *Hua jacqueti*

（3）分布：国内分布于云南与越南接壤地区，国外分布于越南北部，属红河水系（图 2-67）。

（4）讨论：雅凯华蜷是华蜷属种类在中国的首次记录，它与芒华蜷、欧氏华蜷、小华蜷、卵华蜷、粗壳华蜷、网纹华蜷和似网纹华蜷的壳面都具有壳饰。但是，雅凯

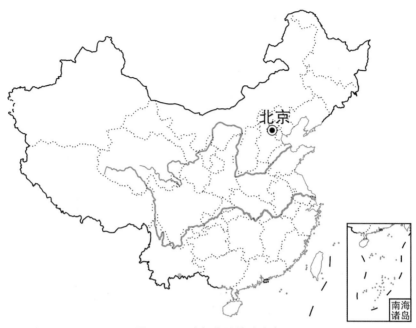

图 2-67　雅凯华蜷的分布点

Fig. 2-67　Known distribution of *Hua jacqueti*

华蜷外套膜边缘光滑，而欧氏华蜷和小华蜷的外套膜边缘呈波浪状；雅凯华蜷雌性在右侧触角下方具产卵口，而网纹华蜷和似网纹华蜷的雌性右侧触角下有一产道，据此可将它们区分开；雅凯华蜷的侧齿在中间小齿两侧具 2~3 个小齿，而卵华蜷的侧齿仅有 1 个中间齿，两侧无小齿；雅凯华蜷可以根据贝壳宽/贝壳高小于 56% 而与芒华蜷区分开；根据壳面仅具有螺棱，无纵肋的特性可与粗壳华蜷区分开。

9. 开远华蜷 *Hua kaiyuanensis* Du & Yang n. sp.

（1）检视材料：

1）正模：GXNU-DLN20200262，贝壳高 14.3 mm，于 2020 年 12 月 20 日采自云南省开远市，属南盘江水系，采集人：刘宝刚。

2）副模：GXNU-DLN20200260-20200261，20200263-20200269，贝壳高 11.9 ~ 13.4 mm，采集时间和地点同正模（表 2-22）。

表 2-22　开远华蜷测量表

Table 2-22　Shell measurements of *Hua kaiyuanensis*

	贝壳高/mm	贝壳宽/mm	体螺层高/mm	壳口长/mm	壳口宽/mm	螺层数/个
最小值	11.9	9.1	11.3	8.3	5.0	4
最大值	14.3	11.1	13.2	9.9	6.0	5
标准差	0.8	0.6	0.6	0.4	0.3	0.4
GXNU-DLN20200260	12.5	9.2	11.4	9.2	5.2	4
GXNU-DLN20200261	13.4	10.2	12.4	8.9	5.1	4

续表

	贝壳高/mm	贝壳宽/mm	体螺层高/mm	壳口长/mm	壳口宽/mm	螺层数/个
GXNU-DLN20200262	14.3	11.1	13.2	9.9	6.0	5
GXNU-DLN20200263	11.9	9.1	11.3	8.3	5.0	4
GXNU-DLN20200264	12.0	9.7	11.6	8.6	5.0	4
GXNU-DLN20200265	12.0	9.1	11.5	8.5	5.1	4
GXNU-DLN20200266	12.1	10.2	11.6	8.9	5.3	4
GXNU-DLN20200267	12.1	9.7	11.6	8.7	5.2	5
GXNU-DLN20200268	13.1	9.9	12.0	9.2	5.5	4
GXNU-DLN20200269	12.8	9.8	11.7	8.7	5.3	4

（2）鉴别特征：贝壳小型，壳面光滑，体螺层膨胀明显，螺旋层不明显，有4或5个螺层。雌性在右侧触角下方具产道。厣核位于厣的下1/4处。外缘齿由8个小齿组成。

（3）特征描述：贝壳小型，壳质薄。壳顶钝或被腐蚀，留有4或5个螺层。壳面光滑。体螺层明显膨胀，螺旋层矮小。体螺层上具3条宽的深褐色色带，色带宽为色带间隔的2倍。壳口卵圆形。成熟雌性在右侧触角下方有产道。外套膜边缘光滑。嗅检器长度为鳃基长的1/3~1/2。厣卵圆形，具有4~5层螺旋生长纹（图2-68）。齿舌长度为10.2 mm（$N=1$），中央齿由1个大的三角形的中间齿和每侧3~4个小齿组成；侧齿由1个突出的方形中间齿和每侧2~3个非常小的小齿组成；内缘齿由4个小齿组成，中间2个小齿较宽大，两侧小齿在宽度和高度上不及中间小齿的1/2；外缘齿由8个大小相似的小齿组成，齿式3-4（1）3-4/2-3（1）2-3/4/8（图2-69）。具有华蜷属典型的胃部结构和生殖系统。雌雄性别比为2∶1。

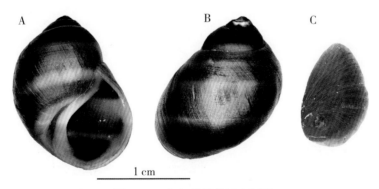

图2-68 开远华蜷的贝壳和厣
贝壳：A. 正模 GXNU-DLN20200262　厣：B. GXNU-DLN20200260
Fig. 2-68 Shell and operculum of *Hua kaiyuanensis*
Shell：A. Holotype，GXNU-DLN20200262　Operculum：B. GXNU-DLN20200260

图 2-69　开远华蜷的齿舌

Fig. 2-69　Radulae of *Hua kaiyuanensis*

（4）分布与生境：分布于云南开远风景区外的一条溪流，属于南盘江支流。溪流水质清澈，底质为沙石（图 2-70）。

图 2-70　开远华蜷的分布点

Fig. 2-70　Known distribution of *Hua kaiyuanensis*

（5）命名：种名"*kaiyuanensis*"来源于模式产地开远的拼音"Kaiyuan"。

（6）讨论：在贝壳形态上，开远华蜷与曲靖华蜷和杨氏华蜷较为相似，贝壳为黄褐色，上面被有较宽的黑棕色的色带，雌性都具有产道。但是，开远华蜷可以通过齿舌上的形态结构与曲靖华蜷和杨氏华蜷相区别，开远华蜷外缘齿由 8 个小齿组成（曲靖华蜷由9～10 个组成，杨氏华蜷由 13 个组成），中央齿的中间齿两侧各有 3～4 个小齿，而曲靖华蜷在中间齿两侧的小齿数不同，内侧有 5～6 个小齿，外侧有 3～4 个小齿。

10. 昆明华蜷 *Hua kunmingensis* Du，Köhler，Chen & Yang，2019

Hua kunmingensis Du，Köhler，Chen & Yang，2019a：840-841（云南省昆明市嵩明县白邑白龙潭）.

（1）检视材料：

1）正模：KIZ004125，贝壳高 10.1 mm，于 2014 年 11 月 29 日采自云南省昆明市嵩明县白邑白龙潭（25.2335° N，102.8669° E），属金沙江水系，采集人：杜丽娜。

2）副模：16 个，KIZ004123-004124，004126，004134，004139，004143，004148，004154，004157-004160，004182，004185-004186，004196，贝壳高 9.4～12.1 mm，采集地和采集时间同正模（表 2-23）。

3）其他标本：KIZ004150-004151 等 100 余号，于 2004—2006 年期间采自云南省昆明市嵩明县白邑白龙潭；KIZ004122 为碎壳解剖样本，与 KIZ004283 等 28 号，于 2014 年 11 月 29 日采自云南省昆明市嵩明县白邑青龙潭。

表 2-23 昆明华蜷测量表
Table 2-23 Shell measurements of *Hua kunmingensis*

	贝壳高/mm	贝壳宽/mm	体螺层高/mm	壳口长/mm	壳口宽/mm	螺层数/个
最小值	9.4	6.0	8.0	6.0	3.0	4
最大值	12.1	7.7	10.4	7.8	4.0	4
标准差	0.7	0.5	0.6	0.5	0.2	0.0
KIZ004125	10.1	6.0	8.5	6.5	3.0	4
KIZ004123	10.4	6.6	9.1	7.3	3.4	4
KIZ004124	10.6	6.5	8.7	6.5	3.4	4
KIZ004126	9.9	6.6	8.7	6.6	3.5	4
KIZ004134	11.2	6.9	9.4	7.3	3.8	4
KIZ004139	10.3	6.6	8.7	6.9	3.3	4
KIZ004143	12.1	7.7	10.4	7.8	3.8	4
KIZ004148	10.2	6.2	8.6	6.5	3.1	4
KIZ004150	11.8	7.3	10.1	7.5	4.0	4
KIZ004151	10.6	6.6	9.2	6.9	3.3	4
KIZ004154	10.4	6.1	8.7	6.5	3.3	4
KIZ004157	9.4	6.0	8.0	6.0	3.2	4
KIZ004158	10.0	6.2	8.5	6.6	3.3	4
KIZ004159	9.8	6.3	8.4	6.3	3.3	4

续表

	贝壳高/mm	贝壳宽/mm	体螺层高/mm	壳口长/mm	壳口宽/mm	螺层数/个
KIZ004160	10.7	6.8	9.3	7.0	3.6	4
KIZ004182	11.0	6.9	9.2	6.9	3.4	4
KIZ004185	10.2	6.4	8.7	6.6	3.2	4
KIZ004186	10.8	7.2	9.3	7.0	3.7	4
KIZ004196	9.4	6.3	8.1	6.3	3.1	4

（2）特征描述：贝壳小型，最大贝壳高不及 12 mm，壳质薄，表面黄褐色。壳顶钝或被腐蚀，留有 4 个螺层。壳面光滑。壳口卵圆形。成熟雌性在右侧触角下方有一产卵口。外套膜边缘光滑。厣卵圆形，具有 4~5 层螺旋生长纹（图 2-71）。中央齿由 1 个大的三角形的中间齿和每侧 2~3 个小齿组成，中央齿下缘具 2 个下缘齿；侧齿由 1 个突出的方形中间齿和每侧 2~4 个非常小的小齿组成；内缘齿由 5 个大小相似的小齿组成；外缘齿由 12 个大小相似的小齿组成，齿式 2-3（1）2-3／2-4（1）2-4／5／12（图 2-72）。具有华蜷属典型的胃部结构和生殖系统。雌雄性别比为 2：1。

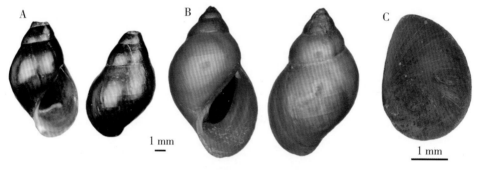

1 mm

1 mm

图 2-71　昆明华蜷的贝壳和厣
贝壳：A. 正模 KIZ004125　B. KIZ004283　厣：C. KIZ004122
Fig. 2-71　Shell and operculum of *Hua kunmingensis*
Shell：A. Holotype，KIZ004125　B. KIZ004283　Operculum：C. KIZ004122

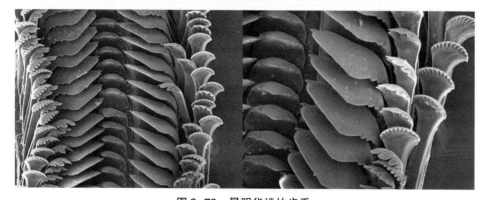

图 2-72　昆明华蜷的齿舌
Fig. 2-72　Radulae of *Hua kunmingensis*

（3）分布与生境：分布于昆明市嵩明县白邑白龙潭和青龙潭（图2-73）。白龙潭水从地下出水口冒出，形成一个约5 m²的小水潭，水潭底多为有机质，水质清澈，水深约40 cm。在3月，水温约16 ℃（图2-74）。在青龙潭，该种与特氏华蜷、芒华蜷同域分布。

图 2-73　昆明华蜷的分布点

Fig. 2-73　Known distribution of *Hua kunmingensis*

图 2-74　昆明华蜷的生境（嵩明白邑白龙潭）

Fig. 2-74　Habitat of *Hua kunmingensis*,

White Dragon Spring，Baiyi，Songming County

（4）讨论：在华蜷属，昆明华蜷与特氏华蜷和杨氏华蜷都具有壳面光滑、外缘齿数量多于 10 个的性状。昆明华蜷的雌性在右侧触角下具产卵口，可以与有产道的杨氏华蜷相区别；此外，昆明华蜷具有 4 个螺层，可以与特氏华蜷相区别。

11. 刘氏华蜷 *Hua liuii* Du，Köhler，Chen & Yang，2019

Hua liuii Du，Köhler，Chen & Yang，2019a：841（云南昆明晋宁六街白龙潭）.

（1）检视材料：

1）正模：KIZ004654，贝壳高 12.7 mm，于 2015 年 6 月采自昆明市晋宁区六街镇白龙潭（24.5133° N，102.6996° E），采集人：舒树森。

2）副模：26 个，KIZ004634-004653，004655-004660，贝壳高 10.4~13.8 mm，采集时间和采集地点同正模（表 2-24）。

表 2-24　刘氏华蜷测量表

Table 2-24　Shell measurements of *Hua liuii*

	贝壳高/mm	贝壳宽/mm	体螺层高/mm	壳口长/mm	壳口宽/mm	螺层数/个
最小值	10.4	7.3	9.5	6.9	3.7	3
最大值	13.8	9.9	12.7	8.9	5.0	4
标准差	1.0	0.8	0.9	0.5	0.4	0.5
KIZ004654	12.7	8.8	11.7	8.6	4.9	3
KIZ004663	12.5	8.7	11.1	8.3	4.5	4
KIZ004655	11.2	7.7	10.2	7.6	3.9	4
KIZ004661	13.3	8.8	12.0	8.6	4.8	4
KIZ004662	12.8	9.0	12.0	8.2	4.5	4
KIZ004643	10.8	7.7	10.4	7.7	4.2	3
KIZ004644	10.4	7.3	9.5	7.2	3.7	4
KIZ004639	13.8	9.9	12.7	8.9	5.0	4
KIZ004652	10.7	7.5	9.8	6.9	3.9	3
KIZ004642	13.2	9.5	11.4	8.4	4.7	4
KIZ004641	11.0	7.8	10.2	7.5	4.1	3
KIZ004646	11.7	9.5	11.4	8.4	4.8	3
KIZ004658	12.0	8.3	10.7	7.7	4.2	3
KIZ004656	10.8	7.6	10.0	7.9	4.2	3
KIZ004657	11.0	7.4	10.2	7.6	4.2	3
KIZ004660	12.0	8.1	11.1	8.4	4.0	3
KIZ004651	11.6	8.5	10.8	7.7	4.5	3
KIZ004647	11.3	8.6	10.6	7.6	4.2	3
KIZ004659	12.5	8.8	11.8	8.4	4.7	3
KIZ004649	11.1	7.6	9.9	7.4	3.9	3

3）其他标本：KIZ004661-004663，贝壳高 10.8~13.3 mm，采集时间和采集地点同模式标本。

（2）特征描述：贝壳小型，最大贝壳高 13 mm 左右。壳质薄，表面黄褐色。壳面光滑。壳顶被腐蚀，仅留 3~4 个螺层。体螺层膨胀，体螺层高度约为壳高的 68%。厣卵圆形，具有 4~5 层螺旋生长纹，厣核位于厣的下 1/3 处（图 2-75）。中央齿由 1 个三角形的大齿和每侧 2 个小齿组成；侧齿仅具 1 个方形的大齿，两侧无小齿；内缘齿由 5 个大小相似的小齿组成；外缘齿由 8 个大小相似的小齿组成，齿式 2（1）2 / 0（1）0 / 5 / 8（图 2-76）。胃和生殖系统与富宁华蜷相似。雌雄性别比为 2：3。

图 2-75　刘氏华蜷的贝壳和厣
贝壳：A. 正模 KIZ004654　厣：B. KIZ004650
Fig. 2-75　Shell and operculum of *Hua liuii*
Shell：A. Holotype，KIZ004654　Operculum：B. KIZ004650

图 2-76　刘氏华蜷的齿舌
Fig. 2-76　Radulae of *Hua liuii*

（3）分布：目前仅分布在昆明市晋宁区六街镇白龙潭（图 2-77）。

（4）讨论：刘氏华蜷与富宁华蜷、卵华蜷和渝华蜷齿舌的侧齿都只有 1 个方形大齿，两侧无小齿。但是，刘氏华蜷可以通过贝壳有 3~4 个螺层，以及外缘齿有 8 个小齿的联合性状与其他三种相区别。

图 2-77　刘氏华蜷的分布点

Fig. 2-77　Known distribution of *Hua liuii*

12. 卵华蜷 *Hua ovata* Du，Yang & Chen n. sp.

（1）检视材料：

1）正模：KIZ001334，贝壳高 18.2 mm，于 2008 年 10 月采自贵州省荔波县小七孔镇，采集人：杜丽娜。

2）副模：KIZ001372-001395，贝壳高 12.8～20.4 mm，采集地点和时间同正模，KIZ011785-011907，011180-011244，GXNU00000224-00000228，贝壳高 13.3～20.9 mm，于 2017 年 4 月和 2019 年 10 月采自广西壮族自治区百色市凌云县伶站乡上惠村澄碧河，采集人：杜丽娜（表 2-25）。

3）其他标本：KIZ001331-001336，于 2008 年 4 月采自贵州省荔波县捞村乡打狗河，采集人：杜丽娜。

表 2-25　卵华蜷测量表

Table 2-25　Shell measurements of *Hua ovata*

	贝壳高/mm	贝壳宽/mm	体螺层高/mm	壳口长/mm	壳口宽/mm	螺层数/个
最小值	12.8	8.7	10.3	7.8	4.4	4
最大值	20.4	12.5	16.3	12.0	6.4	6
标准差	1.4	0.8	1.2	0.9	0.4	0.7
KIZ001334	18.2	12.3	15.7	12.0	5.9	5
KIZ001335	18.2	11.8	15.6	11.4	5.8	4
KIZ001336	17.6	11.9	14.8	10.8	5.8	4

	贝壳高/mm	贝壳宽/mm	体螺层高/mm	壳口长/mm	壳口宽/mm	螺层数/个
KIZ001375	17.8	11.6	14.7	10.9	5.7	5
KIZ001376	19.1	12.0	15.4	11.6	5.9	6
KIZ001377	18.8	11.2	15.5	11.0	6.0	6
KIZ001379	18.4	11.9	14.7	11.0	5.9	5
KIZ001380	17.2	10.8	14.6	10.6	5.5	5
KIZ001383	20.4	12.5	16.3	11.9	6.4	6
KIZ001384	18.4	11.7	14.6	10.8	5.9	6
KIZ001385	18.6	11.4	14.4	10.9	5.2	6
KIZ001386	12.8	8.7	10.3	7.8	4.4	5
KIZ001387	17.6	11.8	14.2	10.7	5.6	5
KIZ001388	17.8	11.5	13.9	10.3	5.6	5
KIZ001389	18.2	11.6	14.6	11.0	5.5	6
KIZ001390	18.6	11.8	15.5	10.9	6.0	5
KIZ001391	17.1	10.3	13.3	10.1	5.0	6
KIZ001392	17.0	11.5	13.8	10.3	5.8	5
KIZ001393	17.7	11.8	14.8	11.0	5.6	5
KIZ001395	18.7	11.5	14.9	11.0	5.7	6

（2）鉴别特征：贝壳卵圆形，有4~6个螺层。壳面光滑或有螺棱。雌性在右侧触角下方有一产卵口。外套膜边缘光滑。厣核靠近内下缘，位于厣的下1/6处。侧齿仅有1个大的方形的中间齿，两侧无小齿；外缘齿由5个大小相似的小齿组成。

（3）特征描述：贝壳呈卵圆形，壳质厚，坚固。壳顶钝，有4~6个螺层。体螺层膨胀，其他螺层均匀生长。壳面有的光滑，有的具有明显的螺棱，但无纵肋。壳面黄绿色，部分个体体螺层具有3条褐色的色带，其他螺层具1条色带，有些个体无色带或色带不明显。雌性在右侧触角下方有产卵口。外套膜边缘光滑。厣核靠近内下缘，位于厣的下1/6处（图2-78）。中央齿由1个大的三角形的中间齿和两侧各2~3个小齿组成；侧齿仅有1个大的方形的中间齿，两侧无小齿；内缘齿由4个小齿组成；外缘齿由5个大小相似的小齿组成，齿式2-3（1）2-3/0（1）0/4/5（图2-79）。具有华蜷属典型的胃部结构和生殖系统结构。雌性泌壳腺和蛋白腺的长度比约为2∶1。雌雄性别比为3∶1。

（4）分布与生境：分布于贵州省荔波县和广西壮族自治区百色市凌云县，属于南盘江水系（图2-80），水质清澈，水深小于50 cm，底质为砾石，卵华蜷与杨氏华蜷同域分布（图2-81）。

（5）命名："ovata"为拉丁语，阴性，译为卵形的。根据其贝壳外形为卵圆形而命名。

图 2-78　卵华蜷的贝壳和厣
贝壳：A. 正模 KIZ001334　B. GXNU00000228　C. KIZ011182　厣：D. KIZ001372
Fig. 2-78　Shell and operculum of *Hua ovata*
Shell：A. Holotype，KIZ001334　B. GXNU00000228　C. KIZ011182　Operculum：D. KIZ001372

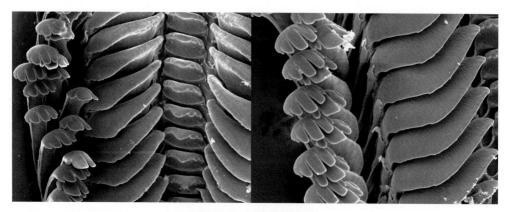

图 2-79　卵华蜷的齿舌
Fig. 2-79　Radulae of *Hua ovata*

（6）讨论：卵圆蜷壳面光滑或具有壳饰，壳饰为明显的螺棱，无纵肋，可以与芒华蜷、欧氏华蜷、网纹华蜷、粗壳华蜷相区别；明显膨胀的体螺层可以与雅凯华蜷相区别。而与壳面光滑的同属其他种相比，卵华蜷的侧齿仅有 1 个方形的大齿，两侧无小齿，可以与圆华蜷、张氏华蜷、乌江华蜷、中间华蜷、光滑华蜷、特氏华蜷、昆明

图 2-80 卵华蜷的分布点

Fig. 2-80 Known distribution of *Hua ovata*

图 2-81 卵华蜷的栖息环境

Fig. 2-81 Habitat of *Hua ovata*

华蜷和杨氏华蜷相区别。新种的雌性在右侧触角下方具产卵口可以与渝华蜷相区别，具有 4~6 个螺层可以与富宁华蜷相区别。

13. 渝华蜷 *Hua pallens*（**Bavay & Dautzenberg，1910**）

Lithogryphus pallens Bavay & Dautzenberg, 1910：14-15, pl. 1, fig. 9-10（Yangtze

River）.

Paludomus minensis Chen，1943：446-448，pl. 1，fig. 2（Sichuan Province）.

（1）检视材料：正模标本 USNM467605 照片由美国自然历史博物馆 Ellen Strong 提供。GXNU00022341-00022345，00022166-00022175，贝壳高 15.2~22.0 mm，于 2020 年 4 月采自重庆大渡口区小南海火车站长江边，采集人：曹倩（表2-26）。

表 2-26 渝华蜷测量表

Table 2-26 Shell measurements of *Hua pallens*

	贝壳高/mm	贝壳宽/mm	体螺层高/mm	壳口长/mm	壳口宽/mm	螺层数/个
最小值	15.2	13.0	14.6	12.2	6.5	5
最大值	22.0	16.7	19.8	16.0	8.9	5
标准差	1.9	1.1	1.5	1.1	0.7	0.0
GXNU00022166	17.5	14.8	16.5	13.6	7.0	5
GXNU00022167	21.4	16.7	19.6	15.5	8.4	5
GXNU00022168	15.2	14.6	14.6	12.6	6.5	5
GXNU00022169	17.2	14.6	16.0	13.3	7.0	5
GXNU00022170	17.1	14.6	16.0	12.6	6.9	5
GXNU00022171	15.8	13.0	15.0	12.2	6.9	5
GXNU00022172	18.2	14.0	16.3	13.1	6.6	5
GXNU00022173	16.8	13.2	15.5	12.7	6.8	5
GXNU00022174	19.5	14.6	17.9	13.8	7.6	5
GXNU00022175	17.0	15.7	15.9	13.0	7.3	5
GXNU00022341	18.2	15.3	17.0	13.8	7.7	5
GXNU00022342	22.0	16.7	19.8	16.0	8.9	5
GXNU00022343	16.5	13.8	15.4	12.5	6.7	5
GXNU00022344	18.0	14.6	16.8	13.0	7.0	5
GXNU00022345	16.3	13.4	15.6	13.1	6.8	5

（2）特征描述：贝壳呈卵圆形，壳质较厚。壳顶钝，有 5 个螺层。体螺层膨胀，贝壳宽为贝壳高的 89%~96%，体螺层高，占整个贝壳高的 75%~96%。壳面光滑，除生长线外无明显的壳饰。雌性在右侧触角下方有产道。外套膜边缘光滑。厣核几乎位于厣下缘（图2-82）。中央齿由 1 个大的三角形的中间齿和两侧各 4 个小齿组成；侧齿仅有 1 个大的方形的中间齿；内缘齿由 3 个小齿组成；外缘齿由 4 个小齿组成，齿式 4（1）4/0（1）0/3/4（图2-83）。

（3）分布与生境：分布于重庆长寿区长江干流（图2-84）。岸边有许多大的石头，渝华蜷吸附在石头的表面，数量不多，1 h 仅采集到 15 个个体（图2-85）。

图 2-82　渝华蜷的贝壳和厣

贝壳：A. *Paludomus minensis*，正模 USNM467605　B. GXNU00022175　C. *Lithogryphus pallens*，来自 Bavay & Dautzenberg，1910　D. GXNU00022174　厣：E. GXNU00022342

Fig. 2-82　Shell and operculum of *Hua pallens*

Shell：A. *Paludomus minensis*, Holotype, USNM467605　B. GXNU00022175　C. *Lithogryphus pallens*, after Bavay & Dautzenberg, 1910　D. GXNU00022174　Operculum：E. GXNU00022342

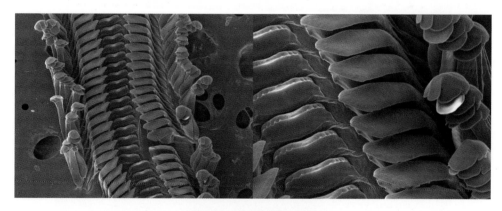

图 2-83　渝华蜷的齿舌

Fig. 2-83　Radulae of *Hua pallens*

（4）中文名来源：以重庆的简称渝作为该种的种名。

（5）讨论：Bavay & Dautzenberg（1910）将采自长江的标本描述为 *Lithogryphus pallens*，Chen（1937）将采自四川的标本描述为岷沼蜷（*Paludomus minensis*）。2 种在贝壳形态上略有差异，如 *Lithogryphus pallens* 壳口向外膨胀的比岷沼蜷小。但是，系统发育结果暗示 2 种为同一物种。*Lithogryphus pallens* 的发表时间优先于岷沼蜷，根据《国际动物命名法规》，有效种名为渝华蜷（*Hua pallens*）。渝华蜷的厣核几乎位于厣下缘，

图 2-84　渝华蜷的分布点

Fig. 2-84　Known distribution of *Hua pallens*

图 2-85　渝华蜷的生境

Fig. 2-85　Habitat of *Hua pallens*

该特征可以与华蜷属的其他种相区别。此外，渝华蜷的壳面光滑，具有 5 个螺层，雌性右侧触角下具产道和侧齿仅具 1 个大的方形齿的联合性状，也可以将它与华蜷属的其他种相区别。

14. 似网纹华蜷 *Hua pseudotextrix* **Du，Yang & Chen n. sp.**

（1）检视材料：

1）正模：GXNU-DLN20200270，贝壳高27.4 mm，于2020年12月20日采自云南省开远市，采集人：刘宝刚。

2）副模：GXNU-DLN20200271-20200279，贝壳高25.6~32.2 mm，采集时间和地点同正模（表2-27）。

表2-27 似网纹华蜷测量表
Table 2-27 Shell measurements of Hua pseudotextrix

	贝壳高/mm	贝壳宽/mm	体螺层高/mm	壳口长/mm	壳口宽/mm	螺层数/个
最小值	25.6	13.2	18.3	11.9	6.4	5
最大值	32.2	15.3	21.2	14.2	7.8	7
标准差	1.8	0.6	0.9	0.7	0.4	0.7
GXNU-DLN20200270	27.4	13.2	18.8	11.9	6.4	5
GXNU-DLN20200271	27.8	13.9	18.7	12.9	6.9	6
GXNU-DLN20200272	32.2	15.3	21.2	13.8	7.8	6
GXNU-DLN20200273	27.1	14.1	19.4	12.8	6.9	5
GXNU-DLN20200274	29.3	13.9	19.6	12.7	6.6	6
GXNU-DLN20200275	29.5	13.9	20.2	14.2	7.1	5
GXNU-DLN20200276	28.1	14.3	19.0	12.5	7.1	6
GXNU-DLN20200277	25.6	13.3	18.3	12.9	6.8	6
GXNU-DLN20200278	27.8	13.7	18.3	12.4	6.9	7
GXNU-DLN20200279	28.1	13.5	20.2	13.3	7.2	5

（2）鉴别特征：贝壳坚硬，体螺层具有由螺棱和纵肋交叉形成的网格，有5~7个螺层。雌性在右侧触角下方具一产卵口。厣核位于厣的下1/4处。体螺层高为贝壳高的66%~72%。

（3）特征描述：贝壳中等大小，壳质厚，表面黄褐色。壳顶钝或被腐蚀，留有5~7个螺层。壳面具有由螺棱和纵肋交叉形成的网格，少数个体壳面仅有螺棱。壳口卵圆形。成熟雌性在右侧触角下方有一产卵口。外套膜边缘光滑。嗅检器长约为鳃基长的1/3。厣卵圆形，具有4~5层螺旋生长纹，厣核位于厣的下1/4处（图2-86）。齿舌长9.86 mm，中央齿由1个大的三角形的中间齿和每侧2~3个小齿组成，中央齿下缘具2个下缘齿；侧齿由1个突出的方形中间齿和每侧2~3个非常小的小齿组成；内缘齿由4个小齿组成，中间2个小齿较宽大，两侧小齿较细小；外缘齿由6个小齿组成，中间2个小齿细长，向两侧逐渐减小，齿式2-3（1）2-3/2-3（1）2-3/4/6（图2-87）。具有华蜷属典型的胃部结构和生殖系统。雌雄性别比为1：4。

（4）分布与生境：分布于云南开远风景区外的一条溪流，属于南盘江支流，水质

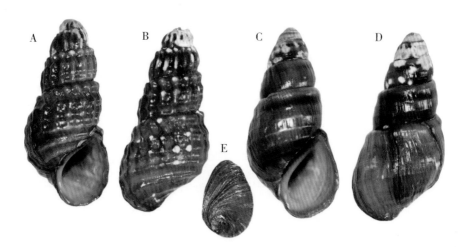

图 2-86　似网纹华蜷的贝壳和厣
贝壳：A、B. 正模 GXNU-DLN20200270　C、D. GXNU-DLN20200276
厣：E. GXNU-DLN20200271
Fig. 2-86　Shell and operculum of *Hua pseudotextrix*
Shell：A、B. Holotype，GXNU-DLN20200270　C、D. GXNU-DLN20200276
Operculum：E. GXNU-DLN20200271

图 2-87　似网纹华蜷的齿舌
Fig. 2-87　Radulae of *Hua pseudotextrix*

清澈，底质为沙石（图 2-88），该种与开远华蜷同域分布。

（5）命名：物种名"*pseudotextrix*"来源于"*pseudo*"和"*textrix*"的组合，"*pseudo*"具有伪的、假的之意，"*textrix*"为网纹华蜷的物种名，该种在壳形上与网纹

图 2-88 似网纹华蛭的分布点

Fig. 2-88 Known distribution of *Hua pseudotextrix*

华蛭较相似,都具有由螺棱和纵肋交叉形成的网格,但系统发育结果暗示,该种与网纹华蛭间的亲缘关系较远,因此,中文名命名为似网纹华蛭。

(6)讨论:在壳饰上,似网纹华蛭与芒华蛭、小华蛭、粗壳华蛭和网纹华蛭都具有由螺棱和纵肋交叉形成的网格状壳饰,但是,似网纹华蛭雌性具有产卵口可以与网纹华蛭雌性具有产道相区别,外套膜边缘光滑可与小华蛭的外套膜边缘呈波浪状相区别,体螺层高为贝壳高的 66%~72% 可与芒华蛭的体螺层高为贝壳高的 75%~86% 相区别,厣核位于厣的下 1/4 处可与粗壳华蛭的厣核位于厣的下 1/3 处相区别。

15. 曲靖华蛭 *Hua qujingensis* Du,Yang & Chen n. sp.

(1)检视材料:

1)正模:GXNU-DLN20210045,贝壳高 15.5 mm,于 2021 年 2 月 27 日采自云南省曲靖市麒麟区,采集人:李浩。

2)副模:GXNU-DLN20200118-20200122,贝壳高 9.2~12.2 mm,于 2020 年 4 月 28 日采自云南省曲靖市牛栏江,采集人:刘宝刚;GXNU-DLN20210037-20210044,贝壳高 11.9~14.1 mm,采集时间和地点同正模(表 2-28)。

表 2-28　曲靖华蜷测量表

Table 2-28　Shell measurements of *Hua qujingensis*

	贝壳高/mm	贝壳宽/mm	体螺层高/mm	壳口长/mm	壳口宽/mm	螺层数/个
最小值	9.2	7.7	8.7	7.3	3.9	4
最大值	14.1	12.3	12.7	11.7	6.1	6
标准差	1.5	1.4	1.3	1.2	0.7	0.9
GXNU-DLN20210045	15.5	13.1	13.9	11.7	6.3	6
GXNU-DLN20200118	9.7	7.7	8.7	7.4	4.0	4
GXNU-DLN20200119	10.1	8.4	9.0	7.5	4.4	5
GXNU-DLN20200120	11.2	9.3	10.1	8.0	4.5	4
GXNU-DLN20200121	12.2	10.0	11.6	8.9	5.2	4
GXNU-DLN20200122	9.2	8.0	8.7	7.3	3.9	4
GXNU-DLN20210037	13.1	11.7	12.0	10.4	5.7	6
GXNU-DLN20210038	12.0	11.3	10.8	9.6	5.3	6
GXNU-DLN20210039	12.9	10.1	10.9	9.2	5.1	6
GXNU-DLN20210040	12.0	11.0	10.7	10.2	5.5	6
GXNU-DLN20210041	13.2	11.2	11.7	10.4	5.2	6
GXNU-DLN20210042	14.1	10.8	12.7	10.4	5.6	6
GXNU-DLN20210043	13.7	12.3	12.2	10.3	6.1	6
GXNU-DLN20210044	11.9	10.3	10.7	9.1	4.9	5

（2）鉴别特征：贝壳小型，壳面光滑，有 4~6 个螺层。螺面具有明显的、较宽的深褐色色带。雌性在右侧触角下方具一产道。厣核位于厣的下 1/4 处。中央齿由中间 1 个大的三角齿和左侧 5~6 个小齿，右侧 3~4 个小齿组成；外缘齿由 9~10 个大小相似的小齿组成。体螺层高为贝壳高的 84%~95%。

（3）特征描述：贝壳小型，最大贝壳高 15.5 mm，壳质厚，较坚硬。壳顶尖，有 4~6 个螺层。壳面光滑，表面黄褐色，体螺层上具 3 条较宽的深褐色色带，螺旋层短小，无明显色带。壳口卵圆形。成熟雌性在右侧触角下方有一产道。外套膜边缘光滑。嗅检器长为鳃基长的 2/3。厣卵圆形，具有 4~5 层螺旋生长纹，厣核位于厣的下 1/4 处（图 2-89）。中央齿由 1 个大的三角形的中间齿和左侧 5~6 个小齿，右侧 3~4 个小齿组成；侧齿由 1 个突出的方形中间齿和每侧 3~4 个非常小的小齿组成；内缘齿由 4 个大小相似的小齿组成；外缘齿由 9~10 个大小相似的小齿组成，齿式 3-4（1）5-6 / 3-4（1）3-4 / 4 / 9-10（图 2-90）。具有华蜷属典型的胃部结构和生殖系统，胃、肠、性腺为金黄色，其他脏器绿色，雄性前列腺后端翼状突起明显。雌雄性别比为 1∶1。

（4）分布与生境：分布于云南省曲靖市牛栏江及其支流的溪流中（图 2-91）。

（5）命名：物种名 "*qujingensis*" 来源于曲靖华蜷模式产地曲靖市的拼音 "Qujing"。

1 cm

图 2-89　曲靖华蜷的贝壳和厣
贝壳：A、B. 正模 GXNU-DLN20210045　厣：C. GXNU-DLN20200118
Fig. 2-89　Shell and operculum of *Hua qujingensis*
Shell：A、B. Holotype，GXNU-DLN20210045　Operculum：C. GXNU-DLN20200118

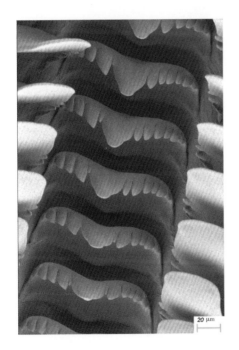

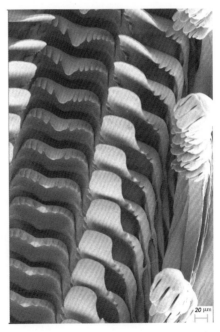

图 2-90　曲靖华蜷的齿舌
Fig. 2-90　Radulae of *Hua qujingensis*

　　（6）讨论：在形态上，曲靖华蜷与开远华蜷和杨氏华蜷较相似，它们都有膨大的体螺层，螺旋层矮小，体螺层高为贝壳高的 80% 以上；壳面光滑，具有较宽的深褐色色带；具有 4~6 个螺层。仅依据外部形态结构很难将 3 个种相区别，但是，在齿舌结构上，3 个种间具有一定差异，如曲靖华蜷中央齿的中间齿两侧的小齿数较多，左侧有 5~6 个小齿，右侧有 3~4 个小齿，外缘齿由 9~10 个小齿组成。

图 2-91　曲靖华蜷的分布点

Fig. 2-91　Known distribution of *Hua qujingensis*

16. 圆华蜷 *Hua rotundata*（Heude，1888）

Melania rotundata Heude，1888：166 - 167，pl. 41，fig. 33，33a（Koué - tcheou ＝ Guizhou Province）.

（1）检视材料：模式标本 USNM471917 照片从美国自然历史博物馆网站下载。KIZ016105-016290，GXNU00000229-00000232，于 2017 年 5 月和 2020 年 7 月采自贵州省安顺市黄果树风景名胜区，贝壳高 8.0~13.6 mm，共查看标本 185 个（表 2-29）。

表 2-29　圆华蜷测量表

Table 2-29　Shell measurements of *Hua rotundata*

	贝壳高/mm	贝壳宽/mm	体螺层高/mm	壳口长/mm	壳口宽/mm	螺层数/个
最小值	8.0	7.2	7.4	6.0	3.6	3
最大值	13.6	10.9	11.8	9.6	5.9	5
标准差	1.6	1.1	1.3	1.0	0.6	0.4
KIZ016215	12.4	9.7	11.4	9.0	4.7	4
KIZ016136	12.5	9.3	11.3	8.8	5.1	4
KIZ016273	9.4	7.6	8.8	6.8	4.2	4
KIZ016264	8.2	7.2	7.4	6.1	3.6	4
KIZ016185	13.6	10.6	11.8	9.6	5.9	4
KIZ016205	10.8	8.5	9.7	7.7	4.5	4

续表

	贝壳高/mm	贝壳宽/mm	体螺层高/mm	壳口长/mm	壳口宽/mm	螺层数/个
KIZ016176	11.2	8.6	10.0	8.1	4.7	4
KIZ016283	8.0	7.2	7.5	6.0	3.8	3
KIZ016165	10.7	8.7	9.5	7.3	4.4	4
KIZ016137	9.3	8.2	8.2	6.5	4.0	3
KIZ016157	10.2	8.2	8.8	7.1	4.4	4
KIZ016209	13.1	10.9	11.3	8.7	5.7	4
KIZ016170	9.9	7.9	8.9	7.0	4.2	4
KIZ016160	11.5	9.6	10.1	7.5	5.1	4
KIZ016195	12.4	10.0	10.8	8.2	5.1	4
KIZ016198	11.7	10.3	10.5	7.8	5.1	4
KIZ016153	11.2	8.9	9.9	7.5	4.7	5
KIZ016186	11.8	9.9	10.3	8.3	5.4	4
KIZ016163	12.7	10.1	10.8	8.6	5.3	4
KIZ016127	10.6	8.6	9.5	7.4	4.6	4
KIZ016285	9.3	7.9	8.6	7.2	3.9	4
KIZ016184	12.5	9.9	10.9	9.1	5.6	5
KIZ016190	12.7	10.4	11.3	8.6	5.2	4

（2）特征描述：贝壳呈卵圆形，壳质较薄，易碎。壳顶钝，有 3~5 个螺层。体螺层膨胀。壳面光滑，除生长纹外无其他壳饰。雌性在右侧触角下方有一产道。外套膜边缘光滑。厣核靠近厣内侧下缘（图 2-92）。中央齿由 1 个大的三角形的中间齿和两侧各 3~4 个小齿组成，中央齿的下缘具 2 个下缘齿；侧齿由 1 个大的方形的中间齿和两侧各 2~3 个小齿组成；内缘齿由 4 个小齿组成；外缘齿由 6 个大小相似的小齿组成，齿式 3-4（1）3-4 / 2-3（1）2-3 / 4 / 6（图 2-93）。

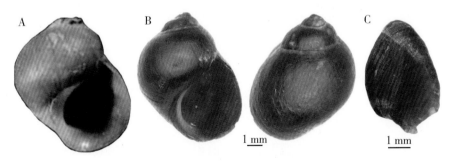

图 2-92　圆华蜷的贝壳和厣
贝壳：A. 模式 USNM471917　B. GXNU00000232　厣：C. KIZ016159
Fig. 2-92　Shell and operculum of *Hua rotundata*
Shell：A. Syntype，USNM471917　B. GXNU00000232　Operculum：C. KIZ016159

图 2-93　圆华螖的齿舌

Fig. 2-93　Radulae of *Hua rotundata*

（3）分布与生境：分布于贵州省安顺市黄果树风景名胜区（图 2-94）。与中间华螖同域分布，生境同中间华螖。

图 2-94　圆华螖的分布点

Fig. 2-94　Known distribution of *Hua rotundata*

（4）讨论：Heude（1888）描述该种的时候也很疑惑是否要将该种放在黑螺属，在属名后面加了一个"?"，并在讨论中提及它的外形像沼螖属的种类。但是，这个种在随后的一百多年里几乎未被提及。徐霞锋（2007）在其博士论文中将采自江西省婺源县紫阳镇洪村小河的标本鉴定为圆黑螖，并放到沼螖属。但将徐霞锋提供的标本照片与模式标本进行比对，发现江西的标本壳面具有明显螺棱，壳顶腐蚀，而模式标本壳面光滑，壳顶存在。此外，考虑到徐霞锋的标本并非来自模式产地，因此，我们认为徐霞锋（2007）所记录的来源于江西的圆沼螺并非 Heude 所描述的圆黑螺。将采自贵州省黄果树风景名胜区的标本与模式标本相比较，无论在贝壳大小及壳形上都非常相似，有理由认为贵州省黄果树风景名胜区的标本为 Heude（1888）所描述的圆黑螺。其外套膜边缘光滑，说明其不属于沼螺属，而系统发育结果支持其隶属于华螺属，因此，有效种名为圆华螺。圆华螺的厣非常特别，与渝华螺相似，厣核非常接近厣的内下缘。

17. 粗壳华螺 *Hua scrupea*（Fulton，1914）

Melania scrupea Fulton，1914：163（Yunnan-fu = Lake Dianchi，Yunnan）.

Semisulcospira scrupea，Yen，1942：taf. 15，fig. 68（Yunnan – fu = Lake Dianchi，Yunnan）；Tchang & Tsi，1949：taf. 23，fig. 18（Lake Dianchi，Yunnan）.

Wang scrupea，Chen，1943：19-21.

（1）检视材料：正模标本 BNHM1915. 1. 5. 214 照片由英国自然历史博物馆 J. Ablett 提供。KIZ000838-000857，003465-003469，于 2005—2006 年采自云南省昆明市呈贡区白龙潭（24. 8668° N，102. 8502° E），采集人：杜丽娜、袁川（表2-30）。

表2-30 粗壳华螺测量表

Table 2-30 Shell measurements of *Hua scrupea*

	贝壳高/mm	贝壳宽/mm	体螺层高/mm	壳口长/mm	壳口宽/mm	螺层数/个
最小值	18. 9	8. 9	12. 8	7. 5	4. 4	4
最大值	29. 6	11. 6	17. 3	10. 3	6. 0	6
标准差	2. 8	0. 7	1. 3	0. 7	0. 4	0. 5
KIZ000852	23. 0	10. 4	15. 2	9. 1	5. 2	5
KIZ000857	21. 5	9. 8	14. 0	8. 8	4. 8	5
KIZ000851	19. 6	8. 9	12. 9	7. 5	4. 4	5
KIZ000855	22. 4	9. 8	14. 2	8. 5	5. 0	5
KIZ000856	19. 6	9. 3	13. 4	8. 1	4. 5	5
KIZ000854	22. 7	9. 5	14. 0	9. 1	4. 8	6
KIZ000853	23. 6	11. 0	15. 0	9. 0	5. 5	5
KIZ000844	22. 5	10. 0	14. 2	9. 3	4. 7	6
KIZ000846	28. 6	11. 1	16. 9	9. 8	5. 5	5
KIZ000848	20. 3	9. 4	13. 9	8. 9	4. 8	5
KIZ000849	21. 1	10. 1	13. 8	8. 5	4. 8	5
KIZ000845	24. 6	11. 2	16. 3	10. 3	5. 7	5
KIZ000838	26. 5	11. 1	17. 1	10. 0	6. 0	5
KIZ000841	29. 6	11. 6	17. 3	10. 1	6. 0	6
KIZ000847	21. 9	10. 3	14. 9	9. 1	5. 0	5
KIZ003467	20. 5	9. 9	13. 7	8. 5	5. 0	5

续表

	贝壳高/mm	贝壳宽/mm	体螺层高/mm	壳口长/mm	壳口宽/mm	螺层数/个
KIZ003465	18.9	9.5	12.8	8.3	4.7	5
KIZ003469	22.2	10.4	15.0	9.4	5.3	5
KIZ003466	24.5	10.3	15.1	9.1	5.0	5
KIZ003468	21.3	10.6	14.5	8.5	5.2	5
KIZ003464	20.0	10.2	14.5	8.3	5.2	4
KIZ003463	22.2	10.4	14.8	9.4	5.1	5

（2）特征描述：贝壳中等大小，圆锥形，具有4~6个螺层。壳面具有由纵棱与螺棱交叉形成的网格状壳饰。雌性在右侧触角下方具产卵口。厣核位于厣的下1/3处（图2-95）。中央齿由1个大的三角形的中间齿和每侧3~4个小齿组成，中央齿下缘具2个下缘齿；侧齿由1个突出的方形中间齿和每侧3~4个非常小的小齿组成；内缘齿

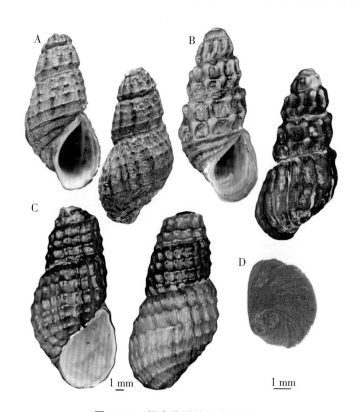

图2-95　粗壳华蜷的贝壳和厣

贝壳：A. 正模 BNHM1915.1.5.214　B. KIZ003467　C. KIZ000850　厣：D. KIZ000850

Fig. 2-95　Shell and operculum of *Hua scrupea*

Shell：A. Holotype，BNHM1915.1.5.214　B. KIZ003467

C. KIZ000850　Operculum：D. KIZ000850

由4个小齿组成，中间2个小齿比两侧的小齿宽大；外缘齿由4个大小相似的小齿组成，齿式3-4（1）3-4／3-4（1）3-4／4／4（图2-96）。

图2-96　粗壳华蜷的齿舌

Fig. 2-96　Radulae of *Hua scrupea*

（3）分布与生境：分布于云南省昆明市呈贡区白龙潭（图2-97）。白龙潭有1个小潭和3个大潭，粗壳华蜷在小潭内被采集到。小潭的直径约2 m，水深大约1 m，底质为大石头，有水从地下冒出，人为修建了八仙过海的雕塑。在3月份，水温22℃，pH值为7.7。粗壳华蜷吸附在石头的背面，数量较少，1 h内1个人约能采集到10个个体。

图2-97　粗壳华蜷的分布点

Fig. 2-97　Known distribution of *Hua scrupea*

（4）讨论：粗壳华蜷与欧氏华蜷、芒华蜷、小华蜷、网纹华蜷、似网纹华蜷和桂平华蜷都是具有壳饰的种类。但是，粗壳华蜷的外套膜边缘光滑可与欧氏华蜷和小华蜷相区别；成熟雌性右侧触角下方具有产卵口的特征可以与网纹华蜷、似网纹华蜷和桂平华蜷相区别；粗壳华蜷可以通过体螺层高占贝壳高的 58.5%~72.4% 与芒华蜷（75.2%~85.6%）相区别。

18. 师宗华蜷 *Hua shizongensis* Du，Yang & Chen n. sp.

（1）检视材料：

1）正模：GXNU-DLN000304，贝壳高 11.8 mm，于 2019 年 1 月 7 日采自云南省曲靖市师宗县龙庆乡阿那黑村小河，采集人：杨鸿福。

2）副模：19 个，GXNU-DLN000305-000313，贝壳高 10.3~13.6 mm，保存于广西师范大学生命科学学院；QB000001-000010，保存于云南省丘北县渔业工作站，采集时间和地点同正模（表 2-31）。

表 2-31　师宗华蜷测量表

Table 2-31　Shell measurements of *Hua shizongensis*

	贝壳高/mm	贝壳宽/mm	体螺层高/mm	壳口长/mm	壳口宽/mm	螺层数/个
最小值	10.3	9.4	10.0	8.2	4.5	3
最大值	13.6	11.6	12.5	10.0	5.6	4
标准差	0.9	0.8	0.8	0.6	0.4	0.4
GXNU-DLN000304	11.8	11.1	11.5	10.0	5.5	3
GXNU-DLN000305	12.4	11.0	11.6	9.6	5.5	4
GXNU-DLN000306	11.6	10.4	11.0	9.8	5.0	3
GXNU-DLN000307	13.6	11.6	12.5	9.8	5.6	4
GXNU-DLN000308	11.7	9.9	10.9	9.0	5.3	4
GXNU-DLN000309	10.8	9.6	10.1	8.7	4.6	4
GXNU-DLN000310	11.0	9.7	10.4	8.7	4.7	4
GXNU-DLN000311	11.0	9.5	10.3	9.2	4.7	4
GXNU-DLN000312	10.3	9.6	10.0	8.2	4.5	4
GXNU-DLN000313	11.6	9.4	11.1	8.7	4.7	4

（2）鉴别特征：贝壳小型，壳面光滑，有 3~4 个螺层。壳面黑棕色，无明显的色带。雌性在右侧触角下方具一产道。厣核位于厣的下 1/4 处。外缘齿由 7~8 个大小相似的小齿组成。体螺层高为贝壳高的 92%~98%。

（3）特征描述：贝壳小型，最大贝壳高不及 14.0 mm，壳质薄，表面棕褐色。壳顶钝或被腐蚀，留有 3~4 个螺层。壳面光滑，体螺层上具有 2 条不明显的深褐色条纹。壳口卵圆形。成熟雌性在右侧触角下方有一产道。外套膜边缘光滑。嗅检器长约为鳃基长的 2/3。厣卵圆形，具有 4~5 层螺旋生长纹（图 2-98）。中央齿由 1 个大的三角形的中间齿和每侧 3~4 个小齿组成；侧齿由 1 个突出的方形中间齿和每侧 3 个非常小的小齿组成；内缘齿由 4 个小齿组成，中间的 2 个小齿较宽大，两侧的小齿细小；外缘齿由 7~8 个大小相似的小齿组成，齿式 3-4（1）3-4 / 3（1）3 / 4 / 7-8（图 2-99）。

具有华蜷属典型的胃部结构和生殖系统。雌雄性别比为2∶1。

图 2-98　师宗华蜷的贝壳与厣

贝壳：A、B. 正模 GXNU-DLN000304　厣：C. GXNU-DLN000305

Fig. 2-98　Shell and operculum of *Hua shizongensis*

Shell：A、B. Holotype，GXNU-DLN000304　Operculum：C. GXNU-DLN000305

图 2-99　师宗华蜷的齿舌

Fig. 2-99　Radulae of *Hua shizongensis*

　　（4）分布：目前仅知分布于云南省曲靖市师宗县龙庆乡阿那黑村小河（图 2-100）。

　　（5）命名：物种名"*shizongensis*"来源于该种模式产地师宗县名的拼音"Shizong"。

　　（6）讨论：师宗华蜷在形态上与圆华蜷较相似，壳面光滑，深褐色，色带不明显或无色带，体螺层膨胀明显，体螺层高度约为贝壳高的90%以上，雌性具有产道。但是，师宗华蜷的厣核明显，位于厣的下 1/4 处的特征，可以将其与圆华蜷相区别。

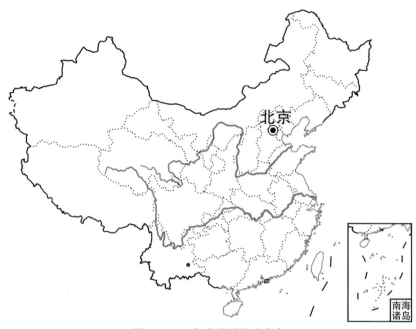

图 2-100　师宗华蜷的分布点

Fig. 2-100　Known distribution of *Hua shizongensis* n. sp.

19. 张氏华蜷 *Hua tchangsii* Du，Köhler，Chen & Yang，2019

Hua tchangsii Du，Köhler，Chen & Yang，2019a：840-841（云南省昆明市嵩明县杨林镇对龙河）.

（1）检视材料：

1）正模：KIZ003589，贝壳高 18.3 mm，于 2008 年 10 月采自云南省昆明市嵩明县杨林镇对龙河（25.2551° N，103.0333° E），采集人：王晓爱。

2）副模：KIZ003554-003557，003581-003588，贝壳高 13.9～22.0 mm，采集时间和地点同正模（表 2-32）。

表 2-32　张氏华蜷测量表

Table 2-32　Shell measurements of *Hua tchangsii*

	贝壳高/mm	贝壳宽/mm	体螺层高/mm	壳口长/mm	壳口宽/mm	螺层数/个
最小值	13.9	6.1	9.6	6.9	3.4	8
最大值	22.0	9.4	14.7	10.5	4.9	9
标准差	6.1	1.0	1.6	1.1	0.5	0.5
KIZ003589	18.3	8.1	12.4	8.5	4.5	9
KIZ003588	15.1	6.8	10.3	7.0	3.7	8
KIZ003584	17.3	8.5	12.0	8.7	4.2	8
KIZ003587	13.9	6.1	9.6	6.9	3.4	8
KIZ003585	14.7	7.1	10.4	7.3	3.7	8

续表

	贝壳高/mm	贝壳宽/mm	体螺层高/mm	壳口长/mm	壳口宽/mm	螺层数/个
KIZ003583	18.6	8.8	12.8	8.9	4.7	9
KIZ003586	20.4	8.1	12.7	8.7	3.9	9
KIZ003582	15.0	7.8	11.0	7.9	3.9	8
KIZ003581	22.0	9.4	14.7	10.5	4.9	9

（2）特征描述：贝壳中等，最大贝壳高 22 mm，壳薄，壳面黄褐色，具有 8~9 个螺层。壳面光滑，除生长纹外无其他壳饰。雌性在右侧触角下方具 1 个产卵口。厣卵圆形，具有 4~5 层螺旋生长纹。厣核位于厣的下 1/3 处（图 2-101）。中央齿由 1 个大的三角形的中间齿和每侧 2~3 个小齿组成，中央齿下缘具 2 个下缘齿；侧齿由 1 个方形突出的中间齿和每侧 2~3 个小齿组成；内缘齿由 4 个大小相似的小齿组成；外缘齿由 8 个大小相似的小齿组成，齿式 2-3（1）2-3／2-3（1）2-3／4／8（图 2-102）。具有典型华蜷属的胃部结构和生殖系统结构。雌雄性别比为 2∶3。

图 2-101　张氏华蜷的贝壳和厣
贝壳：A. 正模 KIZ003589　厣：B. KIZ003557
Fig. 2-101　Shell and operculum of *Hua tchangsii*
Shell：A. Holotype，KIZ003589　Operculum：B. KIZ003557

（3）分布与生境：分布于云南省昆明市嵩明县杨林镇对龙河，属牛栏江水系（图 2-103）。河流底质为卵石和沙，水流较慢，周围多村庄和农田，有生活垃圾污染河道。

（4）命名：物种名 "*tchangsii*" 来源于张玺光先生的姓氏，纪念张玺光先生对云南软体动物研究的贡献，以及先生在螺类分类学方面给予笔者的指导。

（5）讨论：在系统发育树上，张氏华蜷与欧氏华蜷互为姐妹群，而后与雅凯华蜷聚为单系。但是，3 个种间的 p 遗传距离仅为 0.9% 和 2.9%。有研究表明短沟蜷科 COI 序列的种间 p 遗传距离应大于 4.27%（Lydeard，等，1997；Kim，等，2010）。虽然遗传距离结果并不支持张氏华蜷的物种有效性，但是在形态上张氏华蜷可以依据其壳面光滑，具有 8~9 个螺层，外缘齿有 8 个小齿等特征，与欧氏华蜷和雅凯华蜷相区别。

图2-102 张氏华蜷的齿舌

Fig. 2-102 Radulae of *Hua tchangsii*

图2-103 张氏华蜷的分布点

Fig. 2-103 Known distribution of *Hua tchangsii*

此外，在地理分布上来看，张氏华蜷分布于云南省昆明市杨林镇，属于牛栏江水系，欧氏华蜷分布于贵州省荔波县，属于南盘江水系，而雅凯华蜷分布于越南北部，属红河水系。3个种在地理上是有隔离的。因此，在本研究中，张氏华蜷、欧氏华蜷和雅凯华蜷都为有效种。

20. 特氏华蜷 *Hua telonaria*（Heude，1888）

Melania telonaria Heude，1888：305-309（Tai-Kwan-ho＝Lake Dianchi）.

Melania teloniaria Heude，1889：465，pl. 41，fig. 19（Tai－Kwan－ho＝Lake Dianchi）.

Melania leprosa Heude，1888：305-309（Tai-Kwan-ho＝Lake Dianchi）.

Semisulcospira telonaria，Yen，1939：444：55（Ta-Kwan-ho，Yunnan）.

Hua telonaria，Chen，1943：21；Strong & Köhler，2009：483-502.

Oxytrema telonaria，Morrison，1954：357-394.

（1）检视材料：模式标本 USNM 471914 照片从美国自然历史博物馆网站下载。KIZ004286-004290，004297，004302-004303，004314，于2014年1月采自云南省昆明市嵩明县白邑青龙潭（25.3001° N，102.8834° E）。KIZ007069-007095，于2004年采自云南省昆明市嵩明县双哨潭塘园。共查看标本36号（表2-33）。

表2-33 特氏华蜷测量表

Table 2-33 Shell measurements of *Hua telonaria*

	贝壳高/mm	贝壳宽/mm	体螺层高/mm	壳口长/mm	壳口宽/mm	螺层数/个
最小值	12.8	7.1	8.8	6.5	3.8	5
最大值	18.4	10.4	12.8	9.0	5.7	6
标准差	2.0	1.3	1.5	1.0	0.6	0.5
KIZ004289	15.7	9.6	11.3	8.2	4.8	6
KIZ004287	18.4	10.4	12.8	8.6	5.7	6
KIZ004288	16.9	9.9	11.8	8.4	5.4	5
KIZ004286	16.9	9.4	12.7	9.0	4.8	6
KIZ004297	12.9	7.5	8.8	6.6	4.4	6
KIZ004302	14.9	8.1	10.4	7.2	4.9	5
KIZ004303	13.3	7.2	9.3	6.5	3.9	6
KIZ004314	12.8	7.1	9.3	6.5	3.8	5
KIZ004290	14.4	9.3	10.6	7.4	4.9	5

（2）特征描述：贝壳呈圆锥形，壳面光滑，具有5~6个螺层。厣核位于厣的下1/3~1/4处（图2-104）。成熟雌性在右侧触角的下方具产卵口。中央齿由1个大的三角形的

图2-104 特氏华蜷的贝壳和厣

贝壳：A. 模式 USNM471914 B. KIZ004287 厣：C. KIZ004289

Fig. 2-104 Shell and operculum of *Hua telonaria*

Shell：A. Syntype，USNM471914 B. KIZ004287 Operculum：C. KIZ004289

中间齿和每侧2~3个小齿组成，中央齿下缘具2个下缘齿；侧齿由1个突出的方形中间齿和每侧2~3个非常小的小齿组成；内缘齿由5个大小相似的小齿组成；外缘齿由11个大小相似的小齿组成，齿式2-3（1）2-3／2-3（1）2-3／5／11（图2-105）。

图2-105　特氏华蜷的齿舌

Fig. 2-105　Radulae of *Hua telonaria*

（3）分布与生境：分布于云南省昆明市嵩明县白邑青龙潭（图2-106）。青龙潭水质清澈，在1月的时候，水温约为15℃，最大水深约为3 m。潭水经一水渠流向旁边的溪流，最终流向冷水河。特氏华蜷在小渠上约2 m²的石板上被收集到。特氏华蜷在青龙潭非常稀少，分布在青龙潭的优势种类为芒华蜷，也有少量昆明华蜷分布（图2-107）。

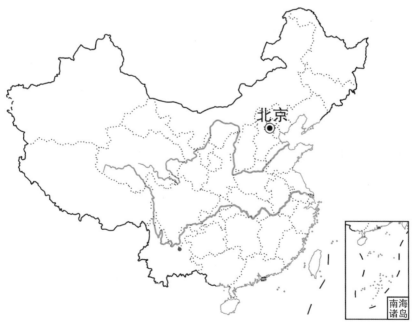

图2-106　特氏华蜷的分布点

Fig. 2-106　Known distribution of *Hua telonaria*

图 2-107　特氏华蜑的生境（嵩明县白邑青龙潭）

Fig. 2-107　Habitat of *Hua telonaria*（Qing Dragon Spring, Baiyi, Songming County）

（4）讨论：对比所采集的标本与模式标本照片，两者在外壳形态上极度相似，因此，认为所用标本为特氏黑蜑。Heude（1888）原始描述中将种名拼写为 *telonaria*，但是，在他随后的文章中该种名被拼写为 *teloniaria*（Hedue，1889）。所幸的是这一错误拼写并没有被随后的贝类学家所沿用（Chen，1943；Strong & Köhler，2009）。特氏华蜑壳面光滑，具 5~6 个螺层，外缘齿有 11 个小齿等联合性状可以与同属其他种类相区别。

21. 网纹华蜑 *Hua textrix*（Heude，1888）

Melania textrix Heude，1888：306（Ta‐Kouan ho = Daguan River，Kunming，Yunnan）.

Melania textoria Heude，1890（in Heude，1882—1890）：165，pl. 41，fig. 23.

Melania dulcis Fulton，1904：51（Yunnan‐fu = Lake Dianchi，Kunming，Yunnan）.

Semisulcospira dulcis，Yen，1942：204，pl. 15，fig. 67（Yunnan‐fu = Lake Dianchi，Kunming，Yunnan）.

Melania lauta Fulton，1904：51（Yunnan‐fu = Lake Dianchi，Kunming，Yunnan）.

Semisulcospira lauta，Yen，1942：204，pl. 15，fig. 70（Yunnan‐fu = Lake Dianchi，Kunming，Yunnan）.

Semisulcospira inflata Tchang，1949：215（Lake Dianchi，Kunming，Yunnan）.

（1）检视材料：

1）模式标本：美丽黑蜑（*M. dulcis* Fulton，1904，BNHM1904.12.23.168）、优雅黑蜑（*M. lauta* Fulton，1904，BNHM1904.12.23.167）照片由英国自然历史博物馆 J. Ablett 提供，网纹黑蜑（*M. textrix* USNM471928）照片从美国自然历史博物馆网站下载。

2）其他标本：KIZ000763-000799，于 2006 年 3 月采自云南省昆明市晋宁区旧寨村龙潭（24.7335° N，102.5835° E），贝壳高 16.1~37.5 mm，采集人：杜丽娜、袁川；KIZ000866-000947，于 2004 年 3 月采自云南省昆明市晋宁区牛恋乡金线鱼洞（24.5335° N，102.6667° E），贝壳高 16.1~23.2 mm，采集人：崔桂华；KIZ004600-004633，贝壳高 15.7~25.4 mm，于 2015 年 6 月采自云南省昆明市晋宁区旧寨村爬齿山龙潭，采集人：舒树森（表 2-34）。

表2-34　网纹华蜷测量表

Table 2-34　Shell measurements of *Hua textrix*

	贝壳高/mm	贝壳宽/mm	体螺层高/mm	壳口长/mm	壳口宽/mm	螺层数/个
最小值	16.1	9.1	11.7	8.3	4.6	5
最大值	23.2	11.4	17.0	12.0	7.0	7
标准差	2.3	0.8	1.7	1.2	0.7	0.9
KIZ000929	20.3	9.8	15.5	10.4	5.3	5
KIZ000920	23.2	11.4	17.0	12.0	6.2	7
KIZ000930	22.2	11.1	16.4	11.4	5.8	5
KIZ000918	22.1	10.8	16.3	11.3	5.4	6
KIZ000938	16.1	9.1	11.7	8.3	4.6	7
KIZ000923	23.2	11.2	16.5	11.0	7.0	5
KIZ000924	21.3	10.0	15.2	10.0	5.2	5
KIZ000922	21.2	10.7	16.5	11.5	5.5	5

（2）特征描述：贝壳坚硬，有5~8个螺层。壳面具有由纵肋和螺棱交叉形成的网格状壳饰。部分个体在体螺层上具有3条褐色条纹。厣核位于厣的下1/3处（图2-108）。中央齿由1个大的三角形的中间齿和每侧3~4个小齿组成，中央齿下缘具2个

图2-108　网纹华蜷的贝壳和厣

贝壳：A. 网纹黑蜷，模式 USNM471928　B. 优雅黑蜷，模式 BNHM1904.12.23.167
C. KIZ000799　D. KIZ000918　E. KIZ004624　F. 美丽黑蜷，模式 BNHM1904.12.23.168
G. KIZ000767　H. KIZ000770　I. KIZ000930　J. KIZ000920　厣：K. KIZ000938
Fig. 2-108　Shell and operculum of *Hua textrix*
Shell: A. *Melania textrix*, Syntype, USNM471928
B. *Melania lauta*, Syntype, BNHM1904.12.23.167　C. KIZ000799　D. KIZ000918
E. KIZ004624　F. *Melania dulcis*, Syntype, BNHM1904.12.23.168　G. KIZ000767
H. KIZ000770　I. KIZ000930　J. KIZ000920　Operculum：K. KIZ000938

下缘齿；侧齿由 1 个突出的方形中间齿和每侧 2~3 个非常小的小齿组成；内缘齿由 4 个小齿组成；外缘齿由 5 个小齿组成，齿式 3-4 (1) 3-4 / 2-3 (1) 2-3 / 4 / 5 (图 2-109)。成熟雌性在右侧触角下方具有产道，无产卵口。

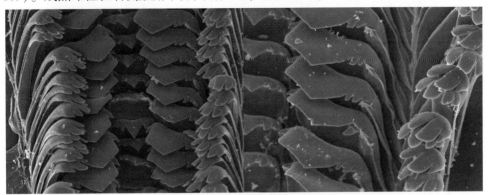

图 2-109　网纹华螺的齿舌

Fig. 2-109　Radulae of *Hua textrix*

（3）分布与生境：在滇池湖底采集到该种的贝壳，但无新鲜标本被收集到。活体标本主要分布在昆明晋宁的旧寨龙潭、牛恋金线鱼洞和爬齿山龙潭（图 2-110）。旧寨龙潭水深约 2 m，3 月水温约 17℃，底质为大石头和细沙，水质清澈，水草丰富（图 2-111）。牛恋金线鱼洞的出水口已经被人为封闭，外面仅留有约 6 m² 的小潭，水深 50 cm，底质为细沙，网纹华螺的数量少于 200 个。

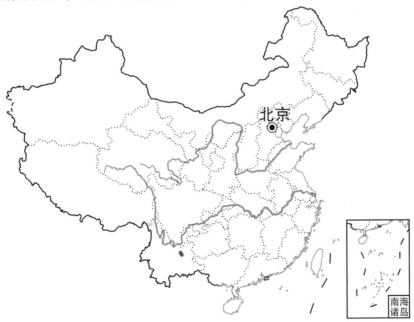

图 2-110　网纹华螺的分布点

Fig. 2-110　Known distribution of *Hua textrix*

图 2-111　网纹华蜷的生境（昆明晋宁旧寨龙潭）

Fig. 2-111　Habitat of *Hua textrix*（Jiuzhai Dragon Spring，Jinning County，Kunming City）

（4）中文名来源："*textrix*"具有编织之意，形容其壳饰上由螺棱和纵肋所形成的网状结构如同编织在一起。因此，中文名"网纹"取其网状的壳饰结构。

（5）讨论：Heude（1888）在原始描述中给出种名为 *textrix*，拉丁词性，名词，译为编织。但在其随后的文章中，该种的种名变为 *textoria*（Heude，1890），拉丁词性，形容词，译为编织的。我们认为这样的改变是不必要的，因此，认为 *textrix* 为有效种名，而 *textoria* 为无效种名。Fulton（1904）描述了滇池分布的美丽黑蜷和优雅黑蜷，美丽黑蜷的典型特征是外形优美，有 7 个螺层，而优雅黑蜷与美丽黑蜷相似，差别在于仅有 4 个螺层。此外，Tchang & Tsi（1949）基于 2 个螺壳描述了滇池另外一个短沟蜷科种类粗短沟蜷（*Semisulcospira inflata*）。Tchang & Tsi（1949）提及粗短沟蜷与优雅黑蜷相似，仅在壳饰上略有差别。通过对所采集到的标本的查看，这些壳形均有出现，并且，不同壳形或壳饰间无明显特征可以区分，且分子结果也不支持不同壳形为不同的种类。因此，认为美丽黑蜷、优雅黑蜷和粗短沟蜷为网纹黑蜷的同物异名，其有效种名为网纹华蜷。网纹华蜷的典型特征是壳面具有壳饰，雌性具有产道，无产卵口。

22. 光滑华蜷 *Hua vultuosa*（Fulton，1914）

Melania vultuosa Fulton，1914：164（Yunnan-fu = Lake Dianchi）.

Hua vultuosa Fulton，Chen，1943：21.

Semisulcospira vultuosa，Zhang et al.，1997：21（Kunming）.

（1）检视材料：模式标本 1914，BNHM1915.1.5.220 照片由英国自然历史博物馆 J. Ablett 提供。KIZ004459-004482，于 2015 年 6 月采自云南省昆明市晋宁区干河村龙潭（24.5168° N，102.3667° E），贝壳高 8.0~11.6 mm，采集人：舒树森（表 2-35）。

表 2-35 光滑华蛹测量表

Table 2-35 Shell measurements of *Hua vultuosa*

	贝壳高/mm	贝壳宽/mm	体螺层高/mm	壳口长/mm	壳口宽/mm	螺层数/个
最小值	8.0	5.0	6.3	4.8	2.2	7
最大值	11.6	7.2	9.2	7.4	3.7	7
标准差	1.0	0.5	0.8	0.7	0.4	0.0
KIZ004462	11.2	6.3	9.2	6.9	3.5	7
KIZ004465	11.2	6.5	9.1	7.4	3.7	7
KIZ004480	9.8	5.9	7.8	5.8	2.9	7
KIZ004463	10.8	6.2	8.8	6.5	3.3	7
KIZ004482	11.6	7.2	9.2	6.9	3.4	7
KIZ004470	9.9	5.9	8.1	6.2	3.1	7
KIZ004461	9.3	5.7	7.4	5.8	2.9	7
KIZ004479	10.0	6.2	7.9	5.9	3.1	7
KIZ004459	9.6	5.8	7.8	6.0	3.2	7
KIZ004467	8.9	5.0	6.8	5.1	2.4	7
KIZ004464	10.1	6.2	8.2	6.4	3.5	7
KIZ004469	9.3	6.0	7.7	6.0	3.2	7
KIZ004475	9.6	5.8	7.6	5.6	3.0	7
KIZ004478	10.3	6.2	8.3	6.1	3.2	7
KIZ004473	8.0	5.3	6.3	5.0	2.2	7
KIZ004466	10.0	6.3	8.0	6.2	3.1	7
KIZ004460	10.7	6.6	8.8	6.7	3.6	7
KIZ004472	10.4	6.5	8.6	6.5	3.4	7
KIZ004468	8.0	5.1	6.3	4.8	2.4	7
KIZ004477	9.9	6.1	8.0	6.1	3.1	7

　　（2）特征描述：贝壳小型，最大贝壳高不及 12 mm。贝壳壳质薄，易碎。壳面光滑，除生长纹外无其他壳饰。壳顶钝，具有 7 个螺层。厣核偏向内下缘，位于厣的下 1/3 处（图 2-112）。中央齿由 1 个大的三角形的中间齿和两侧各 2~3 个小齿组成；侧齿由 1 个大的三角形的中间齿和两侧各 2~3 个小齿组成；内缘齿由 5 个小齿组成；外缘齿由 10 个大小相似的小齿组成，齿式 2-3（1）2-3／2-3（1）2-3／5／10（图 2-113）。

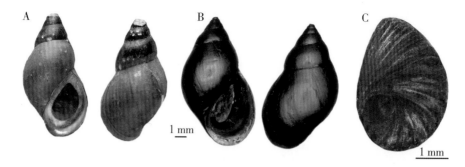

图2-112 光滑华螺的贝壳和厣
贝壳：A. 模式 BNHM1915.1.5.220　B. KIZ004462　厣：C. KIZ004481
Fig. 2-112　Shell and operculum of *Hua vultuosa*
Shell：A. Syntype，BNHM1915.1.5.220　B. KIZ004462　Operculum：C. KIZ004481

图2-113　光滑华螺的齿舌
Fig. 2-113　Radulae of *Hua vultuosa*

（3）分布与生境：分布于云南省昆明市晋宁区干河村龙潭（图2-114），龙潭的面积约3 m²，有水从地下冒出，水沿一条小溪流向螳螂川。水质清澈，潭底多为石头和细沙，附有较多的丝状藻。

（4）讨论：在滇池流域，光滑华螺与特氏华螺、昆明华螺和张氏华螺都是壳面光滑、无壳饰的种类。但是，光滑华螺可以通过壳口略向外翻的特征与它们相区别，此外，光滑华螺具有7个螺层（昆明华螺4个、特氏华螺5~6个、张氏华螺8~9个），外缘齿由10个大小相似的小齿组成（昆明华螺12个、特氏华螺11个、张氏华螺10个）。光滑华螺目前仅在昆明晋宁干河村采集到，干河龙潭出水量较大，分布有滇池珍稀鱼类滇池金线鲃［*Sinocyclocheilus grahami*（Regan）］、侧纹云南鳅［*Yunnanilus pleurotaenia*（Regan）］和云南盘鉤［*Discogobio yunnanensis*（Regan）］。

图 2-114　光滑华蜷的分布点

Fig. 2-114　Known distribution of *Hua vultuosa*

23. 乌江华蜷 *Hua wujiangensis* Du, Yang & Chen n. sp.

（1）检视材料：

1）正模：KIZ001316，贝壳高 9.4 mm，于 2008 年 10 月采自贵州省遵义市乌江镇，采集人：杜丽娜。

2）副模：KIZ001314 – 001315，001317 – 001325，采集信息同正模，KIZ013466，013482，013490，013516，013519，013524，013532，013535，013537，013546，013547，013554，013557，013567，013572，013587，013671，013687，013692，013694，IZCAS – FG609808-609817，于 2017 年 5 月采自贵州省遵义市乌江镇，贝壳高 9.0～13.1 mm，采集人：杜丽娜、杜春升（表 2-36）。

表 2-36　乌江华蜷测量表

Table 2-36　Shell measurements of *Hua wujiangensis*

	贝壳高/mm	贝壳宽/mm	体螺层高/mm	壳口长/mm	壳口宽/mm	螺层数/个
最小值	9.0	5.9	7.1	5.3	2.7	5
最大值	13.1	8.6	10.2	7.4	4.4	6
标准差	1.2	0.8	0.9	0.6	0.3	0.4
KIZ001316	9.4	6.2	7.6	5.8	3.0	5
KIZ001315	10.2	6.7	8.3	6.5	3.4	6
KIZ001319	9.5	6.7	8.4	6.2	3.2	4
KIZ001320	9.6	6.3	7.8	5.8	2.9	6
KIZ013482	12.5	8.2	10.2	7.6	4.2	5

	贝壳高/mm	贝壳宽/mm	体螺层高/mm	壳口长/mm	壳口宽/mm	螺层数/个
KIZ013516	11.9	7.8	9.3	6.8	3.7	5
KIZ013532	10.6	7.4	8.7	6.7	3.4	5
KIZ013535	10.3	7.0	8.0	6.0	3.3	6
KIZ013547	10.2	6.4	8.1	5.7	2.9	5
KIZ013557	10.7	7.8	8.7	6.6	3.4	5
KIZ013567	11.5	7.3	8.9	6.6	3.4	6
KIZ013572	13.1	8.6	10.2	7.2	4.4	6
KIZ013587	10.3	7.0	8.2	6.5	3.2	6
KIZ013692	10.9	7.7	8.9	6.6	3.7	6
IZCAS-FG609808	13.1	8.6	10.2	7.4	3.8	6
IZCAS-FG609809	9.9	6.6	7.8	5.9	2.9	5
IZCAS-FG609810	10.5	7.0	8.3	6.2	3.1	6
IZCAS-FG609811	10.6	7.1	8.6	6.2	3.2	6
IZCAS-FG609812	9.0	5.9	7.1	5.3	2.7	6
IZCAS-FG609813	9.5	6.1	7.2	5.5	2.8	6
IZCAS-FG609814	9.7	6.2	7.6	5.9	3.0	6
IZCAS-FG609815	11.2	7.1	8.6	6.4	3.3	6
IZCAS-FG609816	9.8	6.8	8.0	6.4	2.9	5
IZCAS-FG609817	11.7	7.4	9.2	7.0	3.5	6

（2）鉴别特征：贝壳小型，最大贝壳高不及 15 mm。壳顶钝，具有 4~6 个螺层。体螺层膨胀明显，螺旋层短小，体螺层高占贝壳高的 75.8%~88.4%。厣核偏向内下缘，位于厣的下 1/4~1/3 处。中央齿由 1 个大的三角形的中间齿和两侧各 2~3 个小齿组成；侧齿由 1 个大的三角形的中间齿和两侧各 3~4 个小齿组成；内缘齿由 5 个小齿组成；外缘齿由 8 个大小相似的小齿组成。

（3）特征描述：贝壳小型，最大贝壳高不及 15 mm。外形呈卵圆形，壳质较薄，易碎。壳面为深绿色，壳顶钝，有 4~6 个螺层。壳面光滑，除生长线外无其他壳饰。体螺层膨胀明显，贝壳宽为贝壳高的 63.2%~72.6%。体螺层高大，螺旋层短小，体螺层高为贝壳高的 75.8%~88.4%（图 2-115）。吻、颈、足背面和触角淡黑色，保存的样本，触角长约等于吻长。成熟雌性右侧触角下方具一产卵口。外套膜边缘光滑。厣卵圆形，具有 4~5 层螺旋生长纹，厣核位于厣的下 1/3 处。中央齿由 1 个大的三角形的中间齿和两侧各 2~3 个小齿组成；侧齿由 1 个大的三角形的中间齿和两侧各有 3~4 个小齿组成；内缘齿由 5 个小齿组成；外缘齿由 8 个大小相似的小齿组成，齿式 2-3 （1）2-3／3-4（1）3-4／5／8（图 2-116）。具有华蜷属典型的胃部结构和生殖结构。

图 2-115 乌江华蜷的贝壳和厣

贝壳：A. 正模 KIZ001316 厣：B. KIZ001318

Fig. 2-115 Shell and operculum of *Hua wujiangensis*

Shell：A. Holotype，KIZ001316 Operculum：B. KIZ001318

图 2-116 乌江华蜷的齿舌

Fig. 2-116 Radulae of *Hua wujiangensis*

（4）分布与生境：贵州省遵义市乌江镇有一个地下出水口，地下出水口形成一个面积约 10 m² 的小潭，底质为细沙，水深不及 50 cm（图 2-117）。当地村民来此处取生活饮用水。2017 年该区域被作为饮用水源地保护起来，在水源地外的小溪中采集到一些样本，小溪水深不及 20 cm，水流量小。乌江华蜷仅在水源地外的小溪中有分布，而在距水源保护地 100 m 处形成的小水洼中则无分布，溪水直接流入乌江（图 2-118）。

（5）命名：物种名"wujiangensis"来源于标本的采集地乌江镇的拼音"Wujiang"，此外，乌江华蜷栖息的小溪流入河流乌江中。

（6）讨论：乌江华蜷壳面光滑，可以与芒华蜷、欧氏华蜷、小华蜷、桂平华蜷、雅凯华蜷、卵华蜷、似网纹华蜷、粗壳华蜷和网纹华蜷相区别；具有 4~6 个螺层，可以与富宁华蜷、张氏华蜷、光滑华蜷和中间华蜷相区别；雌性右侧触角下具产卵口，可以与尖华蜷、开远华蜷、渝华蜷、师宗华蜷、曲靖华蜷、圆华蜷和杨氏华蜷相区别；侧齿除中间的方形大齿外，两侧具有小齿，可以与刘氏华蜷相区别；外缘齿由 8 个小齿组成，可以与昆明华蜷和特氏华蜷相区别。

图 2-117　乌江华蜷的分布点

Fig. 2-117　Known distribution of *Hua wujiangensis*

图 2-118　乌江华蜷的生境

Fig. 2-118　Habitat of *Hua wujiangensis*

24. 杨氏华蜷 *Hua yangi* Du，Yang & Chen n. sp.

（1）检视材料：

1）正模：KIZ001157，贝壳高 13.2 mm，于 2012 年 5 月采自贵州省贞丰县大田河。

2）副模：KIZ001156，001158－001168，采集信息同正模，KIZ010456，010459－

010460，010465，010467，010471，010474，010482，010485，010488，010500，010502，010507，010509，010514，010538，010571，于 2017 年 4 月采自广西壮族自治区百色市凌云县伶站乡上惠村澄碧河，贝壳高 9.3～16.0 mm。其余检视标本 670 号（表 2-37）。

表 2-37 杨氏华蜷测量表
Table 2-37 Shell measurements of *Hua yangi*

	贝壳高/mm	贝壳宽/mm	体螺层高/mm	壳口长/mm	壳口宽/mm	螺层数/个
最小值	9.3	7.4	8.2	6.5	3.7	4
最大值	16.0	10.7	13.2	9.4	5.0	5
标准差	2.5	1.3	1.9	1.1	0.5	0.4
KIZ001157	13.2	10.1	11.4	9.0	4.8	5
KIZ001166	16.0	10.4	13.2	9.2	4.8	5
KIZ001156	11.9	8.4	9.8	7.3	4.1	5
KIZ001159	9.3	7.4	8.2	6.5	3.7	4
KIZ001163	14.8	10.7	12.3	9.4	5.0	5
KIZ001162	12.7	8.7	10.7	8.1	4.5	5
KIZ001167	10.5	8.6	9.2	7.6	4.1	5

（2）鉴别特征：贝壳卵圆形，壳面光滑。壳顶钝，具有 4～5 个螺层。体螺层膨胀明显，螺旋层短小，体螺层高占贝壳高的 64.8%～91.1%。厣核偏向内下缘，位于厣的下 1/4～1/3 处。内缘齿由 4～5 个小齿组成；外缘齿由 11～12 个大小相似的小齿组成。

（3）特征描述：贝壳中等大小，最大贝壳高不及 20 mm，卵圆形。壳质较薄，易碎。壳面为深褐色，壳顶钝，有 4～5 个螺层。体螺层具 2 条金黄色的色带，螺旋层具 1 条金黄色色带；壳面光滑，除生长线外无其他壳饰。体螺层膨胀明显，贝壳宽为贝壳高的 82.2%～96.0%；体螺层高大，螺旋层短小，体螺层高为贝壳高的 64.8%～91.9%。厣卵圆形，具有 4～5 层螺旋生长纹，厣核位于厣的下 1/4～1/3 处（图 2-119）。中央

图 2-119 杨氏华蜷的贝壳和厣
贝壳：A、B. 正模 KIZ001157 厣：C. KIZ001164
Fig. 2-119 Shell and operculum of *Hua yangi*
Shell：A、B. Holotype，KIZ001157 Operculum：C. KIZ001164

齿由 1 个大的三角形的中间齿和两侧各 4~6 个小齿组成，两侧小齿在高度上约为中间小齿的一半；侧齿由 1 个大的方形的中间齿和两侧各 2~3 个小齿组成；内缘齿由 4~5 个小齿组成，中间的 2~3 个小齿比较宽大，两侧的小齿在高度和宽度上不及中间小齿的一半；外缘齿由 11~12 个大小相似的小齿组成，齿式 4-6（1）4-6 / 2-3（1）2-3 /4-5 / 11-12（图 2-120）。具华蜒属典型的胃部结构和生殖系统结构，解剖标本雌雄性别比为 4：2。

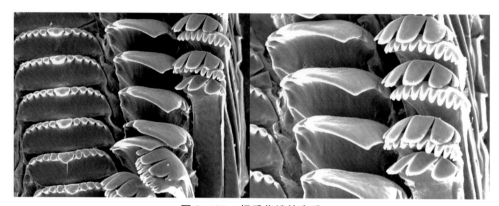

图 2-120　杨氏华蜒的齿舌
Fig. 2-120　Radulae of *Hua yangi*

（4）分布与生境：贵州省贞丰县大田河和广西壮族自治区百色市凌云县伶站乡，属于南盘江水系（图 2-121）。河水清澈，水深小于 50 cm，底质多为大的石头、鹅卵

图 2-121　杨氏华蜒的分布点
Fig. 2-121　Known distribution of *Hua yangi*

石和细沙，杨氏华蜷吸附在水流较缓的石头上（图2-122）。周边生境较好，有少量村庄，居民在河水中洗菜。在水深超过50 cm的区域，有越南沟蜷和石田螺分布。

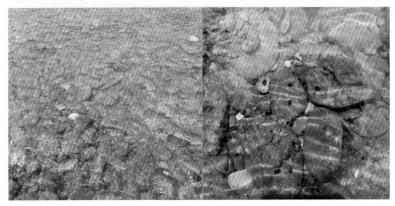

图2-122　杨氏华蜷的生境

Fig. 2-122　Habitat of *Hua yangi*

（5）命名：物种名"*yangi*"来源于杨君兴研究员的姓氏，感谢导师对笔者的鼓励和指导。

（6）讨论：杨氏华蜷与尖华蜷、开远华蜷、渝华蜷、曲靖华蜷、师宗华蜷和圆华蜷都是壳面光滑，雌性在右侧触角下具产道。但是，杨氏华蜷可以通过外缘齿由11～12个小齿组成的性状，与其他种类相区别。

（二）韩蜷属 *Koreoleptoxis* Burch & Jung，1988

Koreoleptoxis Burch & Jung，1988：187-192（模式种：*Koreoleptoxis globus ovalis* Burch & Jung，1988，韩国）.

Koreanomelania Burch & Jung，1988：191-192（模式种：*Melania nodifila* von Martens，1984，韩国）.

Parajuga Starobogatov，2004：9-491；Strong & Köhler，2009：483-502.

鉴别特征：贝壳从卵圆形到圆锥形，壳面光滑或具有壳饰。卵生，雌性无育仔囊，但在右侧触角下方同时具有产卵口和产道（图2-123）。

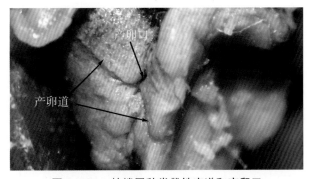

图2-123　韩蜷属种类雌性产道和产卵口

Fig. 2-123　Egg-laying groove and ovipositor pore on side

of neck below right cephalic tentacle of *Koreoleptoxis*

分布：国内分布于黑龙江、吉林、湖南、安徽、江西、浙江、福建、广东等省（区），国外分布于韩国、朝鲜、俄罗斯。

中国韩蜷属分种检索表

1. 壳面光滑 ··· 2
   壳面具有螺棱或纵肋 ·· 9
2. 贝壳有 7~9 个螺层 ······························· 阿波斯韩蜷 *K. theaepotes*
   贝壳有 3~6 个螺层 ·· 3
3. 倒数第二螺层宽小于贝壳宽 1/2 ··············· 弗里尼韩蜷 *K. friniana*
   倒数第二螺层宽大于贝壳宽 1/2 ·· 4
4. 各螺层不膨胀 ······································· 大卫韩蜷 *K. davidi*
   各螺层膨胀 ·· 5
5. 贝壳具有 5~6 个螺层 ····························· 细韩蜷 *K. joretiana*
   贝壳具有 3~5 个螺层 ·· 6
6. 体螺层高小于贝壳高的 80% ··················· 图氏韩蜷 *K. toucheana*
   体螺层高大于贝壳高的 80% ·· 7
7. 内外缘齿数相同 ·································· 双带韩蜷 *K. bicintus*
   内外缘齿数不相同 ··· 8
8. 各螺层均匀膨胀，体螺层宽不及倒数第二螺层宽的 1.6 倍 ··············
   ··· 长口韩蜷 *K. dolichostoma*
   体螺层明显膨胀，体螺层宽超过倒数第二螺层宽的 1.8 倍 ··············
   ··· 梯状韩蜷 *K. terminalis*
9. 体螺层高大于贝壳高的 80% ··················· 太平韩蜷 *K. pacificans*
   体螺层高小于贝壳高的 80% ·· 10
10. 贝壳具有 5~7 个螺层 ························· 黑龙江韩蜷 *K. amurensis*
    贝壳具有 4~5 个螺层 ··· 11
11. 体螺层具有明显的螺棱或纵肋 ············· 多瘤韩蜷 *K. peregrinorum*
    体螺层光滑 ····································· 湖南韩蜷 *K. praenotata*

1. 黑龙江韩蜷 *Koreoleptoxis amurensis*（Gerstfeldt，1859）

Melania amurensis Gerstfeldt, 1859：512, pl. 1, fig. 14-24（Amur）.

Semisulcospira amurensis, Yen, 1939：52, pl. 4, fig. 59；刘月英等，1979：44, fig. 43.

Parajuga amurensis, Starobogatov, 2004：9-491.

Koreoleptoxis amurensis, Köhler, 2017：249-268.

（1）检视材料：KIZ005485-005648，于 2014 年 6 月采自黑龙江省牡丹江市镜泊湖，贝壳高 22.7~35.0 mm；KIZ006845-006920，于 2015 年 8 月采自吉林省延吉市二道白河与两江，贝壳高 19.5~25.4 mm；KIZ006361-006513，于 2014 年 6 月采自黑龙江省伊春市北大桥，贝壳高 18.6~30.0 mm。另有 1616 号采自黑龙江省双鸭山市饶河县、牡丹江市宁安市卧龙乡、伊春市嘉荫县和哈尔滨市，采集人：杜丽娜、杜春升

（表2-38）。

表2-38　黑龙江韩螺测量表
Table 2-38　Shell measurements of Koreoleptoxis amurensis

	贝壳高/mm	贝壳宽/mm	体螺层宽/mm	壳口长/mm	壳口宽/mm	螺层数/个
最小值	22.7	11.2	14.2	9.3	5.2	5
最大值	35.0	14.7	22.8	14.5	7.9	7
标准差	2.5	0.9	1.6	1.0	0.6	0.6
KIZ005485	22.7	10.6	14.2	9.3	5.2	7
KIZ005487	28.8	12.4	17.8	11.7	5.8	5
KIZ005501	34.0	13.7	20.1	12.7	7.5	6
KIZ005503	35.0	14.6	22.8	14.5	7.9	7
KIZ005506	31.4	12.7	18.8	12.5	6.4	7
KIZ005509	28.6	12.9	17.9	12.2	6.5	6
KIZ005512	30.3	13.5	19.0	12.5	6.7	6
KIZ005610	31.1	13.0	18.6	12.4	6.6	6
KIZ005612	32.4	13.3	19.8	13.0	6.7	6
KIZ005613	29.0	12.5	18.0	12.2	6.2	6
KIZ005614	32.0	13.7	19.7	12.9	6.8	7
KIZ005616	33.1	14.7	20.7	13.4	7.4	6
KIZ005617	32.2	13.3	20.2	13.1	6.4	7
KIZ005624	28.9	11.2	17.5	11.1	5.7	7
KIZ005628	30.1	13.6	19.6	13.2	6.8	6
KIZ005630	28.6	11.9	17.4	11.2	5.7	6
KIZ005631	32.4	13.7	19.3	12.6	6.6	6
KIZ005635	31.5	11.9	17.7	11.4	6.0	7
KIZ005638	29.4	12.9	18.6	12.0	6.2	5
KIZ005641	32.1	13.8	19.4	13.0	6.9	7
KIZ005642	30.8	13.7	19.1	12.5	6.7	6
KIZ005644	26.6	11.6	17.0	11.2	5.3	6
KIZ005647	31.0	12.8	19.1	12.8	6.7	7
KIZ005648	29.3	11.7	18.8	12.2	6.2	6

（2）特征描述：贝壳中等大小，最大贝壳高约35.0 mm。壳质厚、坚固。壳顶钝，有5~7个螺层，体螺层略膨胀，其他各层均匀生长。壳面呈深褐色，体螺层上有2条不太明显的褐色条带；壳面上具有由瘤状结节连接而成的粗纵肋，在体螺层底部有2~3条明显的螺棱。厣核偏向内下缘，位于厣的下1/3处（图2-124）。中央齿由1个大

的三角形的中间齿和两侧各有 3 个小齿组成，中央齿的下缘中间具 1 颗小齿；侧齿由 1 个三角形的中间齿和两侧各有 2~3 个小齿组成，两侧小齿在长度上约为中间齿的 1/2；内缘齿和外缘齿在形状及数量上相似，由 5 个大小相似的小齿组成，齿式 3（1）3／2-3（1）2-3／5／5（图 2-125）。雌性在右侧触角下方具产道和产卵口。外套膜边缘光滑。

图 2-124　黑龙江韩蜷的贝壳和厣

贝壳：A. KIZ006485　　B. KIZ006917

C. KIZ005635　厣：D. KIZ005501

Fig. 2-124　Shell and operculum of *Koreoleptoxis amurensis*

Shell：A. KIZ006485　　B. KIZ006917

C. KIZ005635　Operculum：D. KIZ005501

（3）分布与生境：分布于我国黑龙江省和吉林省境内的黑龙江、松花江、牡丹江、乌苏里江流域以及黑龙江的镜泊湖和兴凯湖等湖泊内（图 2-126）。国外在俄罗斯东部有分布。栖息于底质多为泥沙的湖泊和河流中。在清晨，黑龙江韩蜷多聚集在岸边水线附近，随着气温的升高而逐渐回到水中，大约在上午 11 时，黑龙江韩蜷回到水深约 50 cm 处或更深处（图 2-127）。

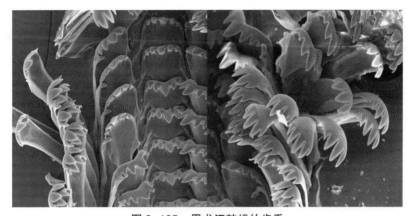

图 2-125　黑龙江韩蜷的齿舌

Fig. 2-125　Radulae of *Koreoleptoxis amurensis*

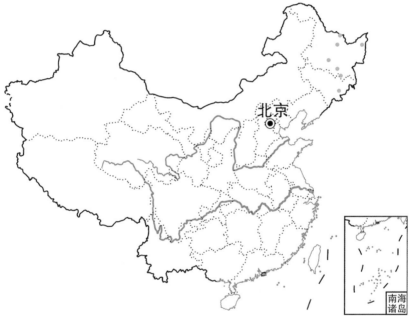

图 2-126　黑龙江韩蜷的分布点

Fig. 2-126　Known distribution of *Koreoleptoxis amurensis*

（4）讨论：黑龙江韩蜷广泛分布在我国的黑龙江和吉林两省，其在壳饰及壳形上略有变异，如在吉林省白山市所采集的标本，体螺层膨胀较在黑龙江采集到的标本明显。壳饰上的变异较小，都是由明显的纵肋组成。黑龙江韩蜷可以根据贝壳长圆锥形、壳面具有明显纵肋而与韩蜷属的其他种类相区别。

图 2-127　黑龙江韩蜷的生境

A. 牡丹江市卧龙乡卧龙河　B. 饶河县乌苏里江

Fig. 2-127　Habitat of *Koreoleptoxis amurensis*

A. Wolong River, Wolong Town, Mudanjiang City　B. Wusuli River, Raohe County

2. 双带韩蜷 *Koreoleptoxis bicintus*（Gan，2007）

Hua bicintus Gan，2007：35，pl. 1，fig. 15（Wuyuan County，Jiangxi Province）.

（1）检视材料：GXNU00022935 - 00022965，GXNU00000234 - 00000237，00000238 - 00000240，于 2019 年 9 月采自江西省上饶市婺源县清华镇，贝壳高 12.6~16.7 mm，采集人：杜丽娜、余国华（表 2-39）。

表 2-39　双带韩蜷测量表

Table 2-39　Shell measurements of *Koreoleptoxis bicintus*

	贝壳高/mm	贝壳宽/mm	体螺层高/mm	壳口长/mm	壳口宽/mm	螺层数/个
最小值	12.6	7.7	10.3	7.7	3.6	3
最大值	16.7	10.8	14.0	10.5	5.9	5
标准差	1.1	0.6	0.9	0.7	0.4	0.5
GXNU00022935	12.9	8.3	12.2	8.9	4.3	3
GXNU00022936	15.0	8.1	12.2	8.7	4.5	5
GXNU00022937	15.0	9.2	12.4	9.5	4.7	4
GXNU00022938	12.8	7.7	10.4	7.7	3.6	4
GXNU00022939	16.0	10.8	14.0	10.5	5.9	3
GXNU00022940	15.7	9.1	12.6	9.5	4.4	4
GXNU00022941	13.6	8.0	11.3	8.3	4.5	4
GXNU00022942	13.1	8.0	11.0	8.3	4.1	4
GXNU00022943	12.8	8.2	11.2	7.7	4.0	3

	贝壳高/mm	贝壳宽/mm	体螺层高/mm	壳口长/mm	壳口宽/mm	螺层数/个
GXNU00022944	14.0	8.4	11.6	8.2	4.1	4
GXNU00022945	13.2	8.1	10.8	7.7	4.2	4
GXNU00022946	16.7	10.0	13.5	10.2	4.7	4
GXNU00022947	13.4	8.6	11.8	8.4	4.0	3
GXNU00022948	14.5	9.4	12.6	9.2	4.2	3
GXNU00022949	13.1	8.3	11.4	8.9	4.3	3
GXNU00022950	14.0	8.5	11.9	8.8	4.2	4
GXNU00022951	13.3	8.2	11.1	8.2	4.3	4
GXNU00022952	13.3	8.3	11.4	8.2	4.3	4
GXNU00022953	12.6	8.5	10.9	7.9	3.7	3
GXNU00022954	13.3	8.2	11.4	8.4	4.2	4
GXNU00022955	12.7	8.1	10.3	7.8	4.1	4
GXNU00022956	14.6	8.4	12.7	9.4	4.3	3
GXNU00022957	14.2	8.8	12.2	8.9	4.5	4
GXNU00022958	13.5	8.5	11.6	8.6	4.5	3
GXNU00022959	15.1	9.2	12.9	9.0	4.6	4
GXNU00022960	13.0	8.3	11.0	8.1	3.9	4
GXNU00022961	14.1	8.6	11.8	8.6	4.3	4
GXNU00022962	13.4	8.3	11.4	8.7	4.2	4
GXNU00022963	14.2	8.9	11.8	8.7	4.3	4
GXNU00022964	15.5	9.2	12.9	9.8	4.5	4
GXNU00022965	14.0	8.5	11.6	8.6	4.5	4

　　（2）特征描述：贝壳卵圆形，壳顶常被腐蚀，留有 3~5 个螺层。壳面光滑，除生长线外无明显的壳饰，体螺层膨胀，具 3 条窄的褐色条带或无（图 2-128）。壳口呈梨形。厣卵圆形，具有 3~5 层螺旋生长纹。齿舌的中央齿由 1 个三角形的中间齿和每侧 3~4 个小齿组成，在中央齿下缘的中间具 1 个小齿；侧齿由 1 个舌形的中间齿和每侧 3~4 个小齿组成；内缘齿和外缘齿在形态及数量上相似，都由 4 个小齿组成，其中中间的 2 个小齿较宽大，两侧小齿较细小，齿式 3-4（1）3-4 / 3-4（1）3-4 / 4 / 4（图 2-129）。成熟雌性在右侧触角下方具产道和产卵口，卵生，雌雄性别比为 2：2。

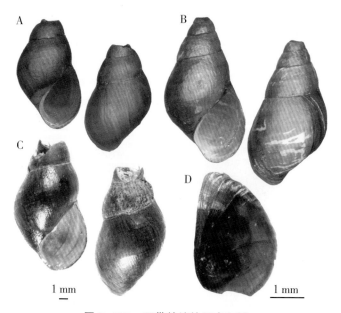

1 mm   1 mm

图 2-128 　双带韩蜷的贝壳和厣

贝壳：A. GXNU00000240　B. GXNU00000238

C. GXNU00000234　厣：D. GXNU00022958

Fig. 2-128　Shell and operculum of *Koreoleptoxis bicintus*

Shell：A. GXNU00000240　B. GXNU00000238

C. GXNU00000234　Operculum：D. GXNU00022958

图 2-129 　双带韩蜷的齿舌

Fig. 2-129　Radulae of *Koreoleptoxis bicintus*

（3）分布与生境：目前仅分布于江西省上饶市婺源县（图2-130）。栖息于底质多为石头、水质清澈的溪流中，双带韩蜷吸附在石头上（图2-131）。溪流周边生境较好，有少量农田，无明显的污染源。

图2-130 双带韩蜷的分布点

Fig. 2-130 Known distribution of *Koreoleptoxis bicintus*

图2-131 双带韩蜷的生境

Fig. 2-131 Habitat of *Koreoleptoxis bicintus*

（4）讨论：双带韩蜷与太平韩蜷和梯状韩蜷都是贝壳圆卵形，太平韩蜷壳质较厚，贝壳的肧胝部明显外翻的性状可以与双带韩蜷相区别。双带韩蜷齿舌的内、外缘齿由形状相似、数量相同的小齿组成，可以根据此性状与梯状韩蜷相区别。

3. 大卫韩蜷 *Koreoleptoxis davidi* (Brot，1874)

Melania davidi Brot，1874：62，taf. 7，fig. 3，3a（Kiangsi ＝ Jiangxi Province）.

Melania resinacea Heude，1888：307；Heude，1889：164，pl. 41，fig. 13.

Semisulcospira davidi，Yen，1939：53，taf. 4，fig. 62.

（1）检视材料：模式标本 USNM471915 照片从美国自然历史博物馆网站下载。GX-NU00000101-00000112，00022982，GXNU00000241，00000245，于 2019 年 9 月采自江西省上饶市婺源县洪村，贝壳高 13.6~18.8 mm，采集人：杜丽娜、余国华（表 2-40）。

表 2-40 大卫韩蜷测量表

Table 2-40 Shell measurements of *Koreoleptoxis davidi*

	贝壳高/mm	贝壳宽/mm	体螺层高/mm	壳口长/mm	壳口宽/mm	螺层数/个
最小值	13.6	7.1	10.7	7.4	3.4	4
最大值	18.8	9.5	13.7	9.5	4.6	6
标准差	1.5	0.7	1.0	0.7	0.3	0.7
GXNU00000101	18.8	9.5	13.7	9.4	4.6	5
GXNU00000102	15.2	7.1	10.7	7.4	3.7	6
GXNU00000103	16.1	8.3	12.0	9.1	4.1	5
GXNU00000104	17.2	8.5	13.0	9.2	4.4	5
GXNU00000105	16.1	7.9	12.7	8.8	4.3	4
GXNU00000106	18.8	8.9	13.6	9.2	4.1	5
GXNU00000107	17.2	9.4	13.3	9.5	4.3	4
GXNU00000108	15.8	7.7	12.0	8.3	3.9	4
GXNU00000109	13.6	7.9	10.7	7.6	3.4	4
GXNU00000110	15.4	8.1	11.9	8.7	3.8	4
GXNU00000111	17.3	8.6	12.7	9.1	3.8	5
GXNU00000112	17.5	8.8	12.9	9.4	4.1	5

（2）特征描述：贝壳呈圆锥形，壳顶常被腐蚀，留有 4~6 个螺层。壳面光滑，除生长线外无明显的壳饰。壳口呈梨形。厣卵圆形，具有 3~5 层螺旋生长纹（图 2-132）。齿舌的中央齿由 1 个三角形的中间齿和每侧 3~4 个小齿组成；侧齿由 1 个舌形的中间齿和每侧 3 个小齿组成；内缘齿和外缘齿均由 5 个小齿组成，齿式 3~4（1）3-4 / 3（1）3 / 5 / 5（图 2-133）。成熟雌性在触角右侧同时具有产卵口和产道，卵生，雌雄性别比为 1：3。

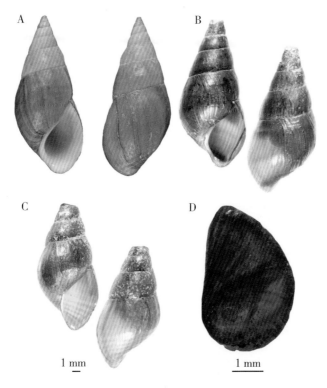

图 2-132　大卫韩螺的贝壳和厣

贝壳：A. *Melania resinacea*，模式 USNM471915　B. GXNU00000245

C. GXNU00000241　厣：D. GXNU00022982

Fig. 2-132　Shell and operculum of *Koreoleptoxis davidi*

Shell：A. *Melania resinacea*，Syntype，USNM471915　B. GXNU00000245

C. GXNU00000241　Operculum：D. GXNU00022982

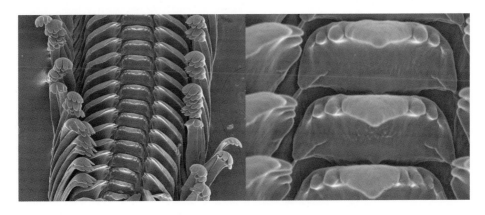

图 2-133　大卫韩螺的齿舌

Fig. 2-133　Radulae of *Koreoleptoxis davidi*

（3）分布与生境：分布于江西省上饶市婺源洪村（图2-134），生境与双带韩蜷相似。

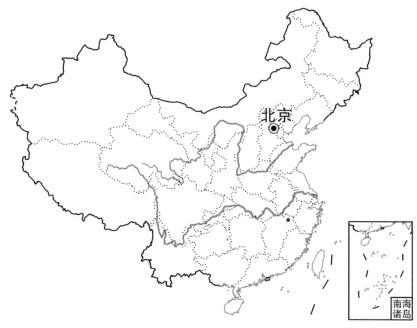

图2-134　大卫韩蜷的分布点

Fig. 2-134　Known distribution of *Koreoleptoxis davidi*

（4）讨论：大卫韩蜷与双带韩蜷、弗里尼韩蜷、太平韩蜷和梯状韩蜷都采自江西省上饶市婺源县的溪流中。大卫韩蜷贝壳呈圆锥形、壳面光滑，可以根据此性状与太平韩蜷和梯状韩蜷相区别。

4. 长口韩蜷 *Koreoleptoxis dolichostoma*（Annandale，1925）

Semisulcospira dolichostoma Annandale，1925：32（Chekiang = Zhejiang province）；Yen，1939：53，taf. 4，fig. 65；Yen，1942：205；刘月英，等，1991：1-14.

（1）检视材料：KIZ000654-000761，GXNU00000814-00000818，于2012年9月采自浙江省丽水市庆元县合湖乡，贝壳高11.5~20.2 mm，采集人：陆红法（表2-41）。

表2-41　长口韩蜷测量表

Table 2-41　Shell measurements of *Koreoleptoxis dolichostoma*

	贝壳高/mm	贝壳宽/mm	体螺层高/mm	壳口长/mm	壳口宽/mm	螺层数/个
最小值	11.5	6.3	9.0	6.6	3.0	3
最大值	20.2	10.3	14.8	10.2	5.1	5
标准差	2.2	1.1	1.5	1.0	0.6	0.6
KIZ000761	17.3	8.4	12.7	8.8	4.1	5
KIZ000760	20.2	10.3	14.8	10.2	5.1	5

续表

	贝壳高/mm	贝壳宽/mm	体螺层高/mm	壳口长/mm	壳口宽/mm	螺层数/个
KIZ000707	15.5	9.1	13.7	9.4	4.7	3
KIZ000733	17.8	9.3	13.6	9.7	4.7	4
KIZ000693	11.5	6.3	9.0	6.6	3.0	4
KIZ000750	14.9	8.1	12.0	8.7	4.1	4
KIZ000675	14.9	7.8	11.7	7.8	3.9	4
KIZ000684	14.2	7.2	11.4	8.1	3.7	4
KIZ000734	16.2	8.2	11.9	8.6	3.8	5
KIZ000685	15.6	8.1	11.6	8.3	4.3	5
KIZ000744	18.4	9.5	13.8	9.5	4.4	4
KIZ000695	13.4	7.1	10.6	7.4	3.5	4
KIZ000757	18.2	9.5	14.0	9.5	5.0	4
KIZ000755	17.6	9.7	13.9	9.8	4.9	4
KIZ000676	16.5	8.3	12.3	8.6	4.0	4

（2）特征描述：贝壳呈圆锥形，壳顶常被腐蚀，留有 3~5 个螺层。壳面光滑，除生长线外无明显的壳饰，体螺层上常见 3 条窄的褐色条带。壳口呈梨形。厣卵圆形，具有 3~5 层螺旋生长纹（图 2-135）。齿舌的中央齿由 1 个三角形的中间齿和每侧 2~4 个小齿组成；侧齿由 1 个舌形的中间齿和每侧 2~3 个小齿组成；内缘齿由 4 个卵圆形小齿组成；外缘齿有与内缘齿相同的，也有部分由 5 个小齿组成的，齿式 2-4（1）2-

图 2-135　长口韩蜷的贝壳和厣

贝壳：A. GXNU00000817　厣：B. KIZ000761

Fig. 2-135　Shell and operculum of *Koreoleptoxis dolichostoma*

Shell：A. GXNU00000817　Operculum：B. KIZ000761

4／2-3（1）2-3／4／4 或 5（图 2-136）。卵生，雌雄性别比为 1∶2。

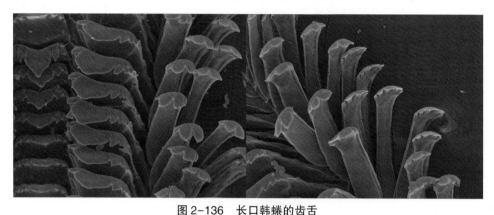

图 2-136　长口韩蜒的齿舌

Fig. 2-136　Radulae of *Koreoleptoxis dolichostoma*

（3）分布与生境：分布于浙江省丽水市庆元县合湖乡和浙江省泰顺县司前里光村叶山桥（图 2-137）。栖息于水质较为清澈的溪流中，底质多为大石头和细沙，周边无农田，生境较好。长口韩蜒常吸附在石头的背水面（图 2-138）。

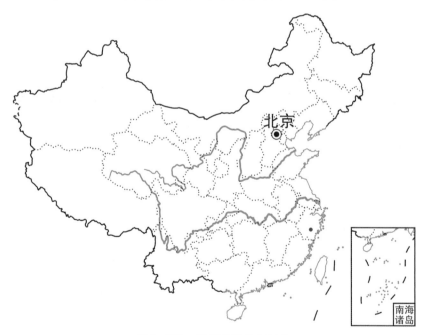

图 2-137　长口韩蜒的分布点

Fig. 2-137　Known distribution of *Koreoleptoxis dolichostoma*

（4）讨论：Yen（1948）记录在浙江有大卫韩蜒的分布，并在描述浙江的大卫韩蜒时特别提到其壳上具有色带。在壳形结构上，长口韩蜒与大卫韩蜒比较接近，贝壳圆锥形，壳面光滑，具有 4~6 个螺层。但是，长口韩蜒的齿舌内、外缘齿数量不同可以与大卫韩蜒相区别。因此，我们认为，Yen（1948）记录于浙江的大卫韩蜒应为长口

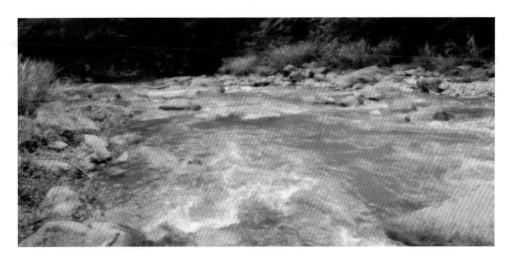

图 2-138　长口韩蜷的生境

Fig. 2-138　Habitat of *Koreoleptoxis dolichostoma*

韩蜷。在系统发育树上，长口韩蜷和大卫韩蜷分别形成一个单系，并且具有高的支持率，但因为大支上的支持率较低，2 个种间的系统发育关系尚不明确。

5. 弗里尼韩蜷 *Koreoleptoxis friniana*（Heude，1888）

Melania friniana Heude，1888：307（Ou-yuan，Kiangxi = Wuyuan County，Jiangxi Province）；Heude，1889：163，pl. 41，fig. 11.

Hua friniana，Chen，1943：21.

（1）检视材料：模式标本 USNM471919 照片从美国自然历史博物馆网站下载。GX-NU00000113-00000117，GXNU00000247-00000251，于 2019 年 9 月采自江西省上饶市婺源县清华镇，贝壳高 14.6~26.5 mm，采集人：杜丽娜、余国华（表 2-42）。

表 2-42　弗里尼韩蜷测量表

Table 2-42　Shell measurements of *Koreoleptoxis friniana*

	贝壳高/mm	贝壳宽/mm	体螺层高/mm	壳口长/mm	壳口宽/mm	螺层数/个
最小值	14.6	8.3	10.9	8.3	3.9	5
最大值	26.5	12.1	19.0	13.2	5.7	5
标准差	4.6	1.5	3.0	1.9	0.8	0.0
GXNU00000113	22.2	10.9	16.2	10.8	5.6	5
GXNU00000114	18.7	9.8	14.4	10.3	4.7	5
GXNU00000115	17.7	9.2	13.1	8.8	4.3	5
GXNU00000116	14.8	8.3	10.9	8.3	3.9	5
GXNU00000117	14.6	8.3	11.5	8.3	3.9	5
GXNU00000247	26.5	12.1	19.0	13.2	5.7	5

（2）特征描述：贝壳呈圆锥形，壳顶钝，常被腐蚀，留有 5~7 个螺层。壳面光滑，除生长线外无明显的壳饰，体螺层不膨胀（图 2-139）。壳口呈梨形。厣卵圆形，具有 3~5 层螺旋生长纹。齿舌的中央齿由 1 个三角形的中间齿和每侧 3~4 个小齿组成；侧齿由 1 个舌形的中间齿和每侧 3 个小齿组成；内外缘齿均由 5 个小齿组成，齿式 3-4（1）3-4 / 3（1）3 / 5 / 5（图 2-140）。卵生，雌雄性别比为 1 : 1。

图 2-139　弗里尼韩蜷的贝壳和厣
贝壳：A. 模式 USNM471919　B. GXNU00000249　厣：C. GXNU00000247
Fig. 2-139　Shell and operculum of *Koreoleptoxis friniana*
Shell：A. Syntype，USNM471919　B. GXNU00000249　Operculum：C. GXNU00000247

图 2-140　弗里尼韩蜷的齿舌
Fig. 2-140　Radulae of *Koreoleptoxis friniana*

（3）分布：江西省上饶市婺源县清华镇（图 2-141），与双带韩蜷同域分布。

（4）中文名来源：根据 "frini" 的发音直译。

（5）讨论：Heude（1888）在描述该种时提及该种的模式产地在江西婺源（Ou-yuan, Kiangxi），将我们在江西省上饶市婺源县清华镇采集到的标本与模式标本相比较，除模式标本壳顶钝，而我们采集到的标本壳顶腐蚀外，其他壳形性状都比较相似，如壳面光滑，除生长线外无明显的壳饰，体螺层不膨胀。因此，认为在婺源县清华镇采集到的标本为 Heude（1888）所记述的弗里尼黑蜷，有效种名为弗里尼韩蜷。弗里尼韩蜷可以根据贝壳圆锥形、壳面光滑、内外缘齿由相同数量小齿组成，以及体螺层

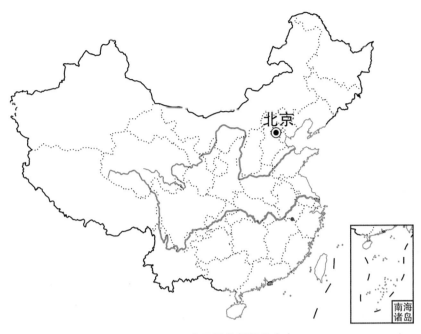

图 2-141　弗里尼韩蜷的分布点

Fig. 2-141　Known distribution of *Koreoleptoxis friniana*

不膨胀的性状与韩蜷属其他种相区别。

6. 细韩蜷 *Koreoleptoxis joretiana*（Heude，1890）

Melania joretiana，Heude，1889：166，taf. 41，fig. 20（Ngan-houé = Anhui Province）.

Hua joretiana，Chen，1943：21.

（1）检视材料：模式标本 USNM471934 照片从美国自然历史博物馆网站下载。GX-NU00000132-00000147，采自浙江省泰顺县司前里光村叶山桥，贝壳高 15.9 ~ 24.3 mm，采集人：杜丽娜、王桂芳（表 2-43）。

表 2-43　细韩蜷测量表

Table 2-43　Shell measurements of *Koreoleptoxis joretiana*

	贝壳高/mm	贝壳宽/mm	体螺层高/mm	壳口长/mm	壳口宽/mm	螺层数/个
最小值	15.9	8.0	11.3	8.1	3.5	5
最大值	24.3	10.3	16.6	11.2	5.3	6
标准差	2.5	0.8	1.6	1.1	0.5	0.3
GXNU00000132	24.3	10.3	16.6	11.2	4.8	5
GXNU00000133	22.6	9.9	15.6	10.9	5.1	6

	贝壳高/mm	贝壳宽/mm	体螺层高/mm	壳口长/mm	壳口宽/mm	螺层数/个
GXNU00000134	17.8	8.1	12.1	8.1	4.0	5
GXNU00000135	20.7	9.9	14.0	9.7	4.5	5
GXNU00000136	18.9	9.2	13.7	9.4	4.4	5
GXNU00000137	18.7	9.4	13.9	9.2	4.7	5
GXNU00000138	18.9	8.7	13.1	9.1	4.2	5
GXNU00000139	22.0	9.8	15.3	10.8	5.3	5
GXNU00000140	16.2	8.2	11.9	8.4	4.2	5
GXNU00000141	19.7	9.7	15.2	10.1	4.7	5
GXNU00000142	18.6	8.8	12.9	9.0	4.0	5
GXNU00000143	15.9	8.0	11.3	8.2	3.5	5

（2）特征描述：贝壳呈圆锥形，壳质较薄，壳顶常被腐蚀，留有5~6个螺层。壳面光滑，黄褐色，体螺层和第一螺旋层具有2条明显的深褐色色带，体螺层膨胀。壳口呈梨形。厣卵圆形，具有3~5层螺旋生长纹（图2-142）。齿舌的中央齿由1个三角形的中间齿和每侧2~3个小齿组成；侧齿由1个舌形的中间齿和每侧2~3个小齿组成；内缘齿由5个小齿组成；外缘齿由4个小齿组成，齿式2-3（1）2-3／2-3（1）2-3／5／4（图2-143）。卵生，雌性在右侧触角下方具有产道和产卵口，雌雄性别比为1∶3。

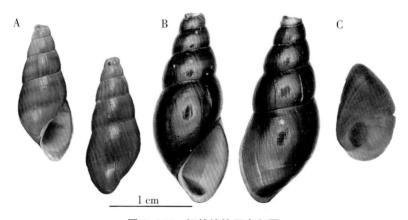

图2-142　细韩蜷的贝壳和厣
贝壳：A. 模式 USNM471934　B. GXNU00000132　厣：C. GXNU00000147
Fig. 2-142　Shell and operculum of *Koreoleptoxis joretiana*
Shell：A. Syntype，USNM471934　B. GXNU00000132　Operculum：C. GXNU00000147

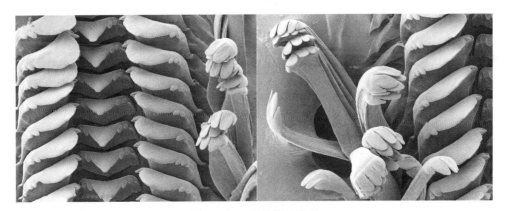

图 2-143 细韩蜷的齿舌

Fig. 2-143 Radulae of *Koreoleptoxis joretiana*

（3）分布：分布于浙江省泰顺县司前里光村叶山桥（图 2-144）。

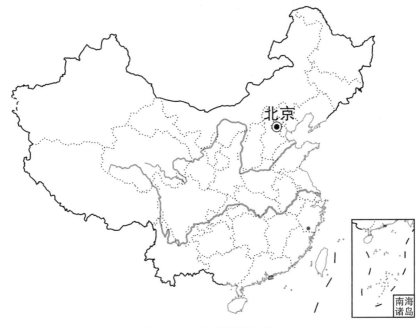

图 2-144 细韩蜷的分布点

Fig. 2-144 Known distribution of *Koreoleptoxis joretiana*

（4）讨论：细韩蜷与大卫韩蜷在形态上较为相似，如壳面光滑，具有 5~6 个螺层，但是细韩蜷可以通过以下联合特征与大卫韩蜷相区别：细韩蜷各螺层均有膨胀，倒数第二螺层宽约为贝壳宽的 60.7%~70.5%，而大卫韩蜷的螺旋层不膨胀，倒数第二螺层宽明显为贝壳宽的 59.3%~65.4%；细韩蜷壳面具有明显的色带，体螺层上具 2 条深褐色的色带，而大卫韩蜷壳面无色带或体螺层具 3 条深褐色的色带。

7. 太平韩蜷 *Koreoleptoxis pacificans*（Heude，1888）

Melania pacificans Heude，1888：306（Ning-Kouo，Ngan-houé = Ningguo City，

Anhui Province）；Heude，1889：164，taf. 41，fig. 22，22a.

Semisulcospira pacificans，Yen，1939：54，taf. 4，fig. 66；Yen，1948：81（Zhejiang Province）；Xu，2007：27，pl. 1，fig. 22.

Paludomus minbeiensis Cai et al.，2017：134-137（福建）.

（1）检视材料：模式标本 USNM471929 照片从美国自然历史博物馆网站下载。KIZ022988-023007，GXNU00000252，00000260，于 2020 年 5 月采自安徽省宁国市西津河，贝壳高 15.8～19.7 mm，采集人：杜丽娜、王桂芳；KIZ023008-023020，GX-NU00000261，00000266，00000279，于 2016 年 9 月采自江西省上饶市婺源县清华镇，贝壳高 13.9～18.8 mm；KIZ023021-023040，于 2016 年 9 月采自江西省上饶市婺源县晓起村，贝壳高 10.9～15.7 mm，采集人：杜丽娜、余国华（表 2-44）。

表 2-44　太平韩蜷测量表

Table 2-44　Shell measurements of *Koreoleptoxis pacificans*

	贝壳高/mm	贝壳宽/mm	体螺层高/mm	壳口长/mm	壳口宽/mm	螺层数/个
最小值	15.8	11.0	13.7	10.3	4.6	2
最大值	19.7	14.0	17.4	13.7	7.1	4
标准差	1.3	0.7	1.0	0.9	0.5	0.4
KIZ022988	16.7	11.6	14.9	10.8	5.4	3
KIZ022989	18.1	12.5	16.1	11.8	6.3	3
KIZ022990	15.8	11.5	13.7	10.8	5.4	3
KIZ022991	16.5	12.1	15.1	11.2	4.6	3
KIZ022992	19.7	13.0	17.3	12.8	6.1	3
KIZ022993	18.6	13.1	16.2	11.5	5.8	3
KIZ022994	19.4	12.6	16.9	12.8	6.3	3
KIZ022995	16.5	12.5	15.6	11.2	6.3	2
KIZ022996	16.0	13.0	15.6	11.8	6.2	2
KIZ022997	18.3	12.2	15.4	11.5	5.6	3
KIZ022998	17.5	11.8	15.2	10.3	5.8	4
KIZ022999	16.5	11.0	14.8	11.3	5.4	3
KIZ023000	17.0	11.1	16.0	11.4	5.6	3
KIZ023001	18.4	12.0	16.6	12.3	5.8	3
KIZ023002	19.4	14.0	17.4	13.7	7.1	3
KIZ023003	19.3	12.8	17.0	12.4	6.4	3
KIZ023004	17.8	12.2	16.0	12.2	5.8	3
KIZ023005	16.1	11.9	14.8	11.1	5.4	2
KIZ023006	16.9	11.6	15.2	10.8	6.0	3
KIZ023007	17.2	11.8	15.3	10.8	5.9	3

（2）特征描述：贝壳呈卵圆形，壳质较厚，壳顶常被腐蚀，留有1.5~4个螺层。壳面光滑或具有明显的螺棱，体螺层膨胀。壳口呈梨形。厣卵圆形，具有3~5层螺旋生长纹（图2-145）。齿舌的中央齿由1个三角形的中间齿和每侧2~3个小齿组成；侧齿由1个舌形的中间齿和每侧2个小齿组成；内缘齿和外缘齿均由5个小齿组成，齿式2-3（1）2-3／2（1）2／5／5（图2-146）。卵生，雌雄性别比为2∶1。

图2-145　太平韩蜷的贝壳和厣

贝壳：A. 模式 USNM471929　B. GXNU00000260　C. GXNU00000261

D. GXNU00000279　E. GXNU00000266　厣：F. GXNU00000252

Fig. 2-145　Shell and operculum of *Koreoleptoxis pacificans*

Shell：A. Syntype，USNM471929　B. GXNU00000260　C. GXNU00000261

D. GXNU00000279　E. GXNU00000266　Operculum：F. GXNU00000252

图2-146　太平韩蜷的齿舌

Fig. 2-146　Radulae of *Koreoleptoxis pacificans*

（3）分布与生境：分布于安徽省宁国市西津河，浙江省龙泉市八都镇龙泉溪和江西省上饶市婺源县，以及福建北部（图2-147）。栖息于底质多为大石头和细沙的河流或溪水中，在安徽省宁国市西津河有部分生活垃圾，居民会在河边洗菜，浙江龙泉市龙泉溪和江西婺源水质较好，周边无农田，生境较好。太平韩蜷常吸附在石头的背水面（图2-148）。

图 2-147　太平韩蜷的分布点

Fig. 2-147　Known distribution of *Koreoleptoxis pacificans*

图 2-148　太平韩蜷的生境

A. 安徽省宁国市西津河　B. 江西省婺源县

Fig. 2-148　Habitat of *Koreoleptoxis pacificans*

A. Xijin River，Ningguo City，Anhui Province　B. Wuyuan County，Jiangxi Province

（4）讨论：Heude（1888）记录该种的模式产地在"Ning-Kouo，Ngan-houé"，利用 FuzzyG 对地名进行模糊查找，该地点与安徽省宁国市较为接近。在安徽省宁国市西津河采集到部分标本（图 2-145B）与 Heude（1888）描述的太平黑蜷（图 2-145A）在壳形上较为相似。因此，我们认为采自安徽省宁国市西津河的样本为太平黑蜷，有效种名为太平韩蜷。该种广泛分布在安徽省、浙江省和江西省的溪流中，在壳形上有较大的差异，部分样本壳顶被腐蚀，仅残留 1 个体螺层，部分样本壳面具有明显的螺棱。蔡茂荣等（2017）年描述了沼蜷属一新种，命名为闽北沼蜷（*Paludomus minbeiensis* Cai et al.，2017），模式产地在福建北部，从形态及齿舌的结构上来看，该种为太平韩蜷的同物异名。在系统发育树上，太平韩蜷与梯状韩蜷交互在一起，相互之间没有形成很好的单系，并且，两个种在分布区上也是同域分布。但是在形态结构上，太平韩蜷与梯状韩蜷具有明显的差异，如太平韩蜷壳质较厚，壳面光滑或具有明显的螺棱，其壳口的胼胝部外翻明显，齿舌的内外缘齿由相同数量的小齿组成，而梯状韩蜷贝壳壳质较薄，壳面光滑，壳口的胼胝部仅下半部外翻，齿舌的内外缘齿由不同数量的小齿组成。

8. 湖南韩蜷 *Koreoleptoxis praenotata*（Gredler，1884）

Melania praenotata Gredler，1884：278，taf. 19，fig. 10.

Melania（? *Sulcospira*）*schmackeri* Boettger，1886：3（Hunan Province）.

Melania diminuta Gredler，1887：288（Ngan-houé = Anhui Province）.

Melania oreadarum Heude，1888：307；Heude，1889：163，taf. 41，fig. 12（Ngan-houé = Anhui Province）.

Melania jacquetiana Heude，1889：163，pl. 41，fig. 7，8，8a，9（Ngan-houé = Anhui Province）.

Semisulcospira diminuta，Yen，1939：55，taf. 4，fig. 71.

Semisulcospira praenotata schmackeri，Yen，1939：54，taf. 4，fig. 70.

Semisulcospira praenotata praenotata，Yen，1939：54，taf. 4，fig. 66；Yen，1948：80.

Hua praenotata，Chen，1943：21.

Hua praenotata schmackeri，Chen，1943：21.

Hua diminuta，Chen，1943：21.

（1）检视材料：模式标本多棱黑蜷 USNM471932 和山黑蜷 USNM471933 照片从美国自然历史博物馆网站下载。KIZ007859-008013，贝壳高 16.7~19.6 mm，于 2014 年 5 月采自浙江省衢州市开化县；GXNU00007855-00007860，贝壳高 16.3~17.6 mm，于 2020 年 5 月采自安徽省宁国市西津河，采集人：王桂芳；KIZ012114-012147，GX-NU00022932，贝壳高 18.9~25.5 mm，于 2017 年 4 月采自湖南省浏阳市大围山朱家坪；KIZ009424-009427，于 2017 年 4 月采自湖南省浏阳市龙伏镇，采集人：杜丽娜、杜春升（表 2-45）。

表 2-45　湖南韩蜷测量表

Table 2-45　Shell measurements of *Koreoleptoxis praenotata*

	贝壳高/mm	贝壳宽/mm	体螺层高/mm	壳口长/mm	壳口宽/mm	螺层数/个
最小值	18.9	9.9	13.2	9.5	4.8	4
最大值	25.5	13.1	19.2	13.4	7.0	5
标准差	2.0	0.9	1.6	1.1	0.6	0.5
KIZ012127	23.9	11.7	17.6	12.0	6.1	4
KIZ012118	23.6	11.4	17.0	11.3	5.6	5
KIZ012138	25.1	13.1	19.2	13.4	7.0	4
KIZ012121	22.7	11.4	16.2	11.2	5.5	5
KIZ012129	23.7	11.1	16.8	11.9	5.6	5
KIZ012137	22.3	11.1	16.3	11.6	5.5	5
KIZ012117	23.4	11.4	17.1	12.1	6.4	5
KIZ012123	19.4	9.9	13.2	9.5	4.8	5
KIZ012116	24.8	11.8	18.2	13.0	6.1	4
KIZ012114	25.5	12.1	17.2	11.8	6.1	5
KIZ012122	21.2	11.1	15.8	11.0	5.7	5
KIZ012146	20.0	9.9	14.4	9.8	5.0	5
KIZ012125	18.9	9.9	13.7	9.9	4.8	5
KIZ012135	22.9	11.3	17.1	11.7	5.3	4
KIZ012144	21.7	11.4	16.0	11.0	5.7	4

（2）特征描述：贝壳呈圆锥形，壳顶钝，常被腐蚀，留有 4~7 个螺层。壳面光滑或螺旋层有不显的纵肋，体螺层不膨胀。壳口呈梨形。厣卵圆形，具有 3~5 层螺旋生长纹（图 2-149）。齿舌的中央齿由 1 个三角形的中间齿和每侧 3~4 个小齿组成；侧齿由 1 个舌形的中间齿和每侧 3 个小齿组成；内缘齿和外缘齿均由 5 个小齿组成，齿式 3-4（1）3-4／3（1）3/5／5（图 2-150）。卵生，雌雄性别比为 4：1。

（3）分布与生境：在湖南省、安徽省、福建省和江西省均较常见（图 2-151）。栖息于水质清澈的河流中，水底多为细沙或泥，有少量卵石（图 2-152）。

（4）讨论：Gredler（1884）描述了湖南黑蜷（*Melania praenotata*），其模式产地在湖南的湘阴县，但保存于德国自然历史博物馆的模式标本已在第二次世界大战中丢失。将采自湖南省浏阳市大围山的标本与湖南黑蜷模式标本图片相比较，在外壳的形态结构上比较相似：壳面光滑，体螺层不膨胀，具有 5~7 个螺层。因此，我们认为采自湖南省大围山的标本为湖南黑蜷，有效种名为湖南韩蜷。

Boettger（1886）将采自湖南的标本描述为斯氏黑蜷（*Melania schmackeri*），Gredler

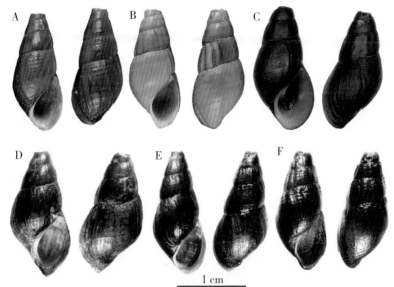

图 2-149　湖南韩蜷的贝壳

A. *Melania jacquetiana*，模式 USNM471932　B. *Melania oreadarum*，
模式 USNM471933　C. KIZ012138　D. GXNU00007857
E. GXNU00022932　F. KIZ007969

Fig. 2-149　Shell of *Koreoleptoxis praenotata*

A. *Melania jacquetiana*，Syntype，USNM471932　B. *Melania oreadarum*，Syntype，USNM471933
C. KIZ012138　D. GXNU00007857　E. GXNU00022932　F. KIZ007969

图 2-150　湖南韩蜷的齿舌

Fig. 2-150　Radulae of *Koreoleptoxis praenotata*

（1887）将采自安徽的标本描述为微小黑蜷（*Melania diminuta*），Heude 分别在 1888 年和 1889 年描述了山黑蜷（*Melania oreadarum* Heude，1888）和多棱黑蜷（*Melania jacquetiana* Heude，1889）。对比这些种类的模式标本图片，无明显的壳形上的差异。因此，我们认为湖南黑蜷、微小黑蜷、多棱黑蜷、山黑蜷和斯氏黑蜷为同物异名，根据《国际动物命名法规》，湖南黑蜷优先发表，因此，有效种名为湖南韩蜷。

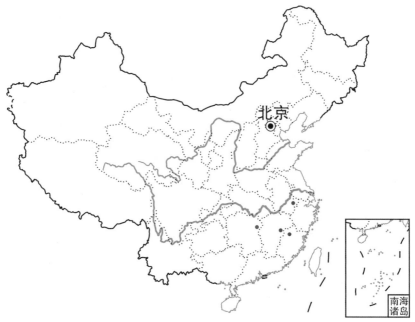

图 2-151　湖南韩蜷的分布点

Fig. 2-151　Known distribution of *Koreoleptoxis praenotata*

图 2-152　湖南韩蜷的生境（湖南省浏阳市大围山）

Fig. 2-152　Habitat of *Koreoleptoxis praenotata*（Daweishan，Liuyang City，Hunan）

9. 多瘤韩蜷 *Koreoleptoxis peregrinorum*（Heude，1888）

Melania peregrinorum Heude，1889：164，pl. 41，fig. 14（Ngan‑houé = Anhui Province）.

Melania dolium Heude，1889：166，pl. 41，fig. 24，24a，25。

Melania moutoniana Heude，1889：164，pl. 41，fig. 15（Ngan‑houé = Anhui Province）.

Semisulcospira peregrinorum，Liu，1991：1–14.

Semisulcospira dolium，Yen，1948：81（Zhejiang Province）.

（1）检视材料：模式标本多瘤黑蜷 USNM471931，*Melania dolium* USNM471930 和 *Melania moutoniana* USNM471920 从美国自然历史博物馆网站下载。KIZ007670-008056，GXNU00000280-00000284，于 2014 年 5 月和 2020 年 7 月采自浙江省衢州市开化县高岭村，贝壳高 20.9~31.7 mm；另有 20 号未编号标本，于 2015 年 5 月采自安徽省宁国市西津河，采集人：杜丽娜、王桂芳（表 2-46）。

表 2-46　多瘤韩蜷测量表

Table 2-46　Shell measurements of *Koreoleptoxis peregrinorum*

	贝壳高/mm	贝壳宽/mm	体螺层高/mm	壳口长/mm	壳口宽/mm	螺层数/个
最小值	20.9	9.8	14.4	10.1	4.9	4
最大值	31.7	14.8	22.4	15.8	7.6	5
标准差	3.0	1.4	2.3	1.8	0.9	0.5
KIZ008001	26.6	13.3	21.2	14.6	7.5	4
KIZ008002	27.6	12.9	19.8	13.9	6.1	5
KIZ008013	29.3	14.4	22.0	15.8	6.9	4
KIZ007969	26.0	11.7	18.9	12.9	5.4	5
KIZ007925	28.7	13.1	20.8	15.3	6.9	5
KIZ007959	20.9	9.8	14.4	10.1	4.9	5
KIZ007963	27.1	12.1	18.3	12.5	5.9	5
KIZ008010	31.7	14.8	22.4	15.5	7.6	5
KIZ007989	26.0	11.7	18.3	13.1	5.8	5
KIZ007960	21.5	11.1	16.4	10.3	5.5	4
KIZ007887	27.7	12.9	19.8	13.9	5.9	5
KIZ007924	25.6	12.3	19.8	13.3	6.7	4

（2）特征描述：贝壳呈圆锥形，壳顶钝，常被腐蚀，留有 4~7 个螺层。壳面具有明显的螺棱，螺旋层上具有明显的纵肋，部分个体螺棱与纵肋交叉形成网格状壳饰。体螺层略膨胀。壳口呈梨形。厣卵圆形，具有 3~5 层螺旋生长纹（图 2-153）。齿舌的中央齿由 1 个三角形的中间齿和每侧 3~4 个小齿组成；侧齿由 1 个舌形的中间齿和每侧 3 个小齿组成；内缘齿和外缘齿均由 6 个小齿组成，齿式 3-4（1）3-4／3（1）3／

6／6（图 2-154）。卵生，雌雄性别比为 1：1。

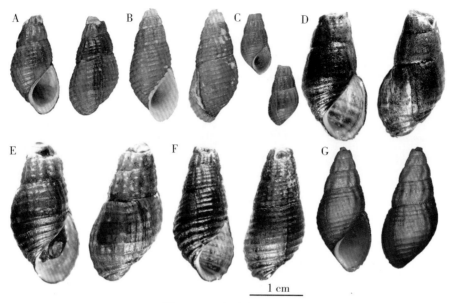

图 2-153　多瘤韩蜒的贝壳

A. *Melania peregrinorum*，模式 USNM471931　B. *Melania dolium*，模式 USNM471930

C. *Melania moutoniana*，模式 USNM471920　D. KIZ008001　E. KIZ008013

F. KIZ008002　G. GXNU00000282

Fig. 2-153　Shell of *Koreoleptoxis peregrinorum*

A. *Melania peregrinorum*，Syntype，USNM471931　B. *Melania dolium*，Syntype，USNM471930

C. *Melania moutoniana*，Syntype，USNM471920

D. KIZ008001　E. KIZ008013　F. KIZ008002　G. GXNU00000282

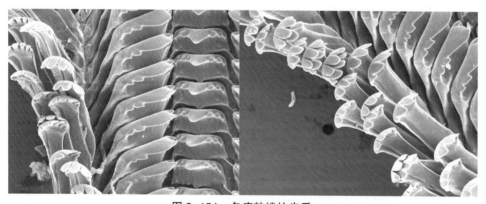

图 2-154　多瘤韩蜒的齿舌

Fig. 2-154　Radulae of *Koreoleptoxis peregrinorum*

（3）分布与生境：分布于安徽省和浙江省的溪流中（图 2-155）。

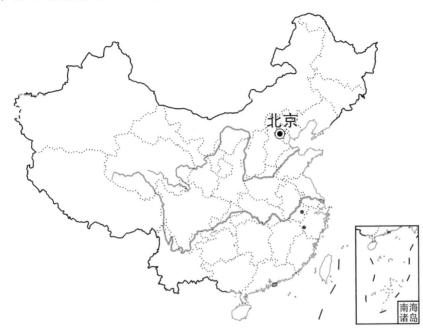

图 2-155 多瘤韩螺的分布点

Fig. 2-155 Known distribution of *Koreoleptoxis peregrinorum*

（4）讨论：Heude（1889）同时描述了多瘤黑螺（图 2-153A），*M. dolium*（图 2-153B）和 *M. moutoniana*（图 2-153C），从模式标本的图片上来看，3 种在壳形上的差异并不明显，仅是 *M. dolium* 具有 5 个螺层，其他 2 种具有 4 个螺层，而仅差 1 个螺层并不能作为有效的分类特征，因此，认为该 3 种为同物异名，而且系统发育及形态结果认为该种隶属于韩螺属，其有效种名应为多瘤韩螺。

10. 梯状韩螺 *Koreoleptoxis terminalis*（Heude，1889）

Melania terminalis Heude，1889：166，taf. 41，fig. 21（Tchang-tchou）.

Melania naiadarum Heude，1889：166，taf. 41，fig. 18（Zhejiang Province）.

Hemimitra tangi Chen，1943：19，pl. 6，fig. 4（northern Fukien Province = Fujian Province）.

Semisulcospira terminalis，Xu，2007：16.

（1）检视材料：模式标本 USNM471923 照片从美国自然历史博物馆网站下载。KIZ023041-023060，GXNU00000292-00000293，于 2015 年 5 月采自安徽省黄山市休宁县蓝田镇，贝壳高 13.8~16.8 mm，采集人：杜丽娜、王桂芳；KIZ023061-023070，于 2016 年 9 月采自江西省上饶市婺源县晓起村，贝壳高 9.2~12.4 mm，采集人：杜丽娜、余国华；KIZ023071-023091，GXNU00000829，于 2015 年 5 月和 2020 年 7 月采自浙江省宁波市奉化区溪口镇，贝壳高 13.5~18.4 mm，采集人：杜丽娜、王桂芳。另有 35号标本，于 2018 年 10 月 20 日采自福建省漳州市南靖县（表 2-47）。

表2-47 梯状韩蜷测量表

Table 2-47 Shell measurements of *Koreoleptoxis terminalis*

	贝壳高/mm	贝壳宽/mm	体螺层高/mm	壳口长/mm	壳口宽/mm	螺层数/个
最小值	13.8	9.0	11.6	9.3	4.4	3
最大值	16.8	10.5	14.0	10.8	5.8	5
标准差	0.9	0.4	0.7	0.5	0.4	0.7
KIZ023041	15.6	10.0	12.8	10.0	5.1	5
KIZ023042	15.1	10.5	13.6	10.6	5.5	3
KIZ023043	14.0	9.6	12.6	9.5	5.0	3
KIZ023044	15.9	10.1	12.6	9.6	5.1	5
KIZ023045	15.6	9.9	13.4	10.5	5.6	4
KIZ023046	15.8	9.5	12.3	9.5	5.1	5
KIZ023047	13.8	9.4	12.1	9.5	5.0	4
KIZ023048	14.4	9.7	11.6	9.3	4.5	5
KIZ023049	15.0	10.2	12.8	9.8	5.4	4
KIZ023050	15.9	9.4	13.3	9.9	4.9	5
KIZ023051	14.9	10.5	13.0	9.9	5.7	4
KIZ023052	15.2	10.1	12.8	9.6	5.1	4
KIZ023053	14.0	9.6	12.3	9.3	5.0	4
KIZ023054	15.5	9.8	13.1	9.7	5.3	5
KIZ023055	16.6	10.0	14.0	10.4	5.5	5
KIZ023056	16.6	10.5	13.8	10.8	5.3	5
KIZ023057	16.8	10.3	14.0	10.4	5.8	5
KIZ023058	14.6	9.0	12.0	9.7	4.4	5
KIZ023059	15.1	9.5	12.6	9.5	5.1	3
KIZ023060	15.0	9.7	12.3	9.4	4.7	4

（2）特征描述：贝壳呈卵圆形，壳顶钝，常被腐蚀，留有2~5个螺层。壳质薄，壳面光滑或具有弱的螺棱，体螺层膨胀。壳口呈梨形。厣卵圆形，具有3~5层螺旋生长纹（图2-156）。齿舌的中央齿由1个三角形的中间齿和每侧3~4个小齿组成；侧齿由1个舌形的中间齿和每侧2个小齿组成；内缘齿由4个小齿组成；外缘齿由7个小齿组成，齿式3-4（1）3-4/2（1）2/4/7（图2-157）。卵生，雌雄性别比为2:3。

（3）分布与生境：分布于安徽省黄山市休宁县、浙江省宁波市奉化区、江西省上饶市婺源县和福建省漳州市南靖县（图2-158）。

（4）讨论：Heude（1889）描述了仙女黑蜷（*Melania naiadarum*），其模式产地在浙江绍兴，但仙女黑蜷的模式保藏地不详。我们将浙江宁波所采集到的标本（图2-156C）与Heude（1889）提供的仙女黑蜷的图片进行比对发现，在壳形上两者较为相似，如个体较小、壳面光滑、体螺层膨胀、具有5~6个螺层。Heude（1889）也描述

图 2-156　梯状韩蜷的贝壳和厣

贝壳：A. 模式 USNM471923　B. GXNU00000292

C. GXNU00000829　厣：D. GXNU00000293

Fig. 2-156　Shell and operculum of *Koreoleptoxis terminalis*

Shell：A. Syntype，USNM471923　B. GXNU00000292　C. GXNU00000829

Operculum：D. GXNU00000293

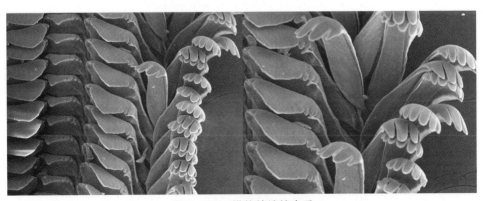

图 2-157　梯状韩蜷的齿舌

Fig. 2-157　Radulae of *Koreoleptoxis terminalis*

了梯状黑蜷，其模式产地在安徽省，将采自安徽黄山的标本（图 2-156B）与梯状黑蜷
的模式标本（图 2-156A）进行比较，在壳形结构上极为相似，且在体螺层上均有 2 条
色带，其他螺层有 1 条色带，因此，我们认为采自安徽黄山的标本应为梯状黑蜷。系
统发育树支持采自安徽黄山和浙江宁波的标本为同一种类，因此，我们认为仙女黑蜷

图 2-158　梯状韩蜑的分布点

Fig. 2-158　Known distribution of *Koreoleptoxis terminalis*

与梯状黑蜑为同物异名，有效种名为梯状韩蜑。

11. 阿波斯韩蜑 *Koreoleptoxis theaepotes*（Heude，1888）

Melania theaepotes Heude，1888：307；Heude，1889：163，pl. 41，fig. 10（Nganhoué＝Anhui Province）.

Semisulcospira theaepotes，Yen，1948：80（Zhejiang Province）.

（1）检视材料：模式标本 USNM471927 照片从美国自然历史博物馆网站下载。GXNU-DLN20190005-20190007，于 2019 年 5 月采自浙江，贝壳高 21.1~26.1 mm（表 2-48）。

表 2-48　阿波斯韩蜑测量表

Table 2-48　Shell measurements of *Koreoleptoxis theaepotes*

	贝壳高/mm	贝壳宽/mm	体螺层高/mm	壳口长/mm	壳口宽/mm	螺层数/个
最小值	21.1	9.3	13.8	9.3	3.8	7
最大值	26.1	12.2	18.3	11.7	6.0	9
标准差	2.5	1.6	2.5	1.3	1.1	1.2
GXNU-DLN20190005	22.8	9.5	14.3	9.6	4.4	9
GXNU-DLN20190006	21.1	9.3	13.8	9.3	3.8	7
GXNU-DLN20190007	26.1	12.2	18.3	11.7	6.0	7

（2）特征描述：贝壳呈圆锥形，壳顶钝，常被腐蚀，留有7~9个螺层。壳质薄，壳面光滑或具有弱的螺棱，体螺层和螺旋层不膨胀。壳面为黄褐色，有1条深褐色的粗色带或无色带。壳口呈梨形（图2-159）。齿舌的中央齿由1个三角形的中间齿和每侧3~4个小齿组成；侧齿由1个舌形的中间齿和每侧2~3个小齿组成；内缘齿由4个小齿组成；外缘齿由6个小齿组成，齿式3-4（1）3-4／2-3（1）2-3／4／6（图2-160）。卵生，雌雄性别比为2∶1。

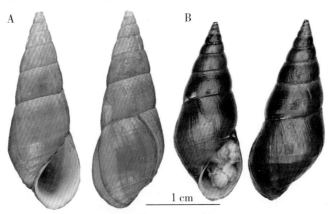

图2-159　阿波斯韩蜷的贝壳

A. 模式 USNM471927　B. GXNU-DLN20190005

Fig. 2-159　Shell of *Koreoleptoxis theaepotes*

A. Syntype，USNM471927　B. GXNU-DLN20190005

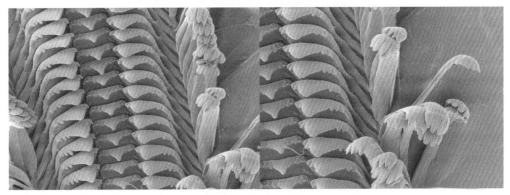

图2-160　阿波斯韩蜷的齿舌

Fig. 2-160　Radulae of *Koreoleptoxis theaepotes*

（3）分布与生境：仅在浙江收集到少量标本（图2-161）。

（4）讨论：在壳形上，阿波斯韩蜷与大卫韩蜷较为相似，但是，阿波斯韩蜷的体螺层膨胀没有大卫韩蜷明显，倒数第二螺层的宽度明显大于贝壳宽的1/2。此外，阿波斯韩蜷可以依据壳面光滑、具有7~9个螺层的性状与韩蜷属其他种类相区别。

图 2-161　阿波斯韩蜷的分布点

Fig. 2-161　Known distribution of *Koreoleptoxis theaepotes*

12. 图氏韩蜷 *Koreoleptoxis toucheana*（Heude，1888）

Melania toucheana Heude，1888：308（Fou-kien ＝ Fujian Province）；Heude，1889：165，taf. 41，fig. 17.

Hua toucheana，Chen，1943：21.

（1）检视材料：模式标本 USNM471925 照片从美国自然历史博物馆网站下载。GXNU00000118-00000131，于 2018 年 10 月采自福建省漳州市南靖县，贝壳高 15.8 ～ 20.7 mm（表 2-49）。

表 2-49　图氏韩蜷测量表

Table 2-49　Shell measurements of *Koreoleptoxis toucheana*

	贝壳高/mm	贝壳宽/mm	体螺层高/mm	壳口长/mm	壳口宽/mm	螺层数/个
最小值	15.8	8.3	11.7	8.4	3.9	4
最大值	20.7	10.6	15.3	10.8	5.5	5
标准差	1.2	0.7	1.0	0.8	0.5	0.4
GXNU00000118	20.7	10.6	15.3	10.8	5.4	5
GXNU00000119	18.7	9.8	14.2	10.1	5.1	5
GXNU00000120	18.0	9.5	13.7	10.1	5.1	5
GXNU00000121	18.8	10.0	14.5	10.7	4.6	5

续表

	贝壳高/mm	贝壳宽/mm	体螺层高/mm	壳口长/mm	壳口宽/mm	螺层数/个
GXNU00000122	18.2	9.5	13.6	9.8	4.8	5
GXNU00000123	17.5	9.6	13.6	10.2	4.3	4
GXNU00000124	17.4	9.0	12.4	9.0	4.3	5
GXNU00000125	19.0	10.3	14.6	10.5	5.5	4
GXNU00000126	17.5	9.3	13.1	9.1	4.6	5
GXNU00000127	18.7	9.8	13.9	9.3	4.9	5
GXNU00000128	17.2	9.2	13.0	9.3	4.3	4
GXNU00000129	17.0	8.4	12.6	8.9	3.9	5
GXNU00000130	15.8	8.3	11.7	8.4	3.9	5
GXNU00000131	16.5	8.6	12.3	8.8	4.3	5

（2）特征描述：贝壳呈圆锥形，壳顶钝，常被腐蚀，留有 4~5 个螺层。壳质薄，壳面光滑，螺层略膨胀。壳面为黄褐色，有 2~3 条深褐色的粗色带或无色带。壳口呈梨形（图 2-162）。齿舌的中央齿由 1 个三角形的中间齿和每侧 3~4 个小齿组成；侧齿

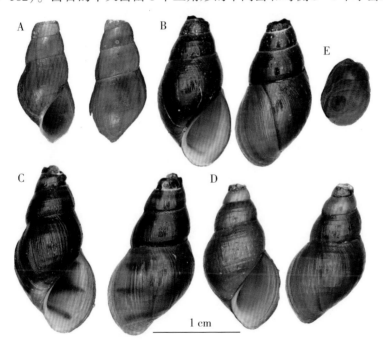

1 cm

图 2-162　图氏韩螔的贝壳和厣

贝壳：A. 模式 USNM471925　B. GXNU00000119　C. GXNU00000118

D. GXNU00000120　厣：E. GXNU00000131

Fig. 2-162　Shell and operculum of *Koreoleptoxis toucheana*

Shell：A. Syntype，USNM471925　B. GXNU00000119　C. GXNU00000118

D. GXNU00000120　Operculum：E. GXNU00000131

由1个舌形的中间齿和每侧3~4个小齿组成；内缘齿由5个小齿组成；外缘齿由5个小齿组成，齿式3-4（1）3-4／3-4（1）3-4／5／5（图2-163）。卵生，雌雄性别比为2：1。

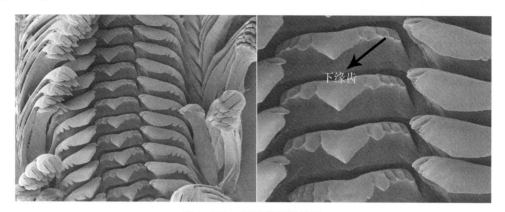

图2-163　图氏韩蜷的齿舌

Fig. 2-163　Radulae of *Koreoleptoxis toucheana*

（3）分布与生境：在福建和浙江等地均有分布（图2-164）。

图2-164　图氏韩蜷的分布点

Fig. 2-164　Known distribution of *Koreoleptoxis toucheana*

（4）讨论：图氏韩蜷在壳形上与长口韩蜷较为相似，壳面光滑，体螺层具2~3条色带，壳顶被腐蚀，留有3~5个螺层，并且，长口韩蜷在福建也有分布。但是，图氏韩蜷的体螺层较长口韩蜷膨胀的更明显些，图氏韩蜷倒数第二螺层宽大于贝壳宽的60%，而长口韩蜷的倒数第二螺层宽小于贝壳宽的60%。

（三）短沟蜷属 *Semisulcospira* Boettger，1886

Semisulcospira Boettger，1886：4〔type species：*Melania libertina* Gould，1859，by subsequent designation of Wenz，1939（in 1938–1942：701）〕.

Senckenbergia Yen，1939：44（type species：*Melania pleuroceroides* Bavay & Dautzenberg，1910，by original designation）.

Namrutua Abbott，1948：296（type species：*Melania ningpoensis* Lea，1856，by original designation）.

鉴别特征：贝壳呈圆锥形或长圆形，壳面光滑或具壳饰。壳口卵圆形。雌雄异体，卵胎生，成熟雌性在右侧触角下方无产道或产卵口。胚胎贝壳光滑或有纵肋，具有1.5~4个螺层。

分布：国内分布于辽宁、四川、云南、贵州、广西、安徽、湖南、湖北、浙江、江西等省（区），国外见于日本和韩国。

中国短沟蜷属分种检索表

1. 壳面具有壳饰 ……………………………………………………… 2
   壳面光滑 …………………………………………………………… 5
2. 壳面无明显的色带 ………………………………………………… 3
   壳面具有深褐色的色带 …………………………………………… 4
3. 壳质薄，体螺层具有明显的纵肋 ………………… 宁波短沟蜷 *S. ningpoensis*
   壳质厚，体螺层无明显的纵肋，仅有一些弱的螺纵或螺棱与纵肋交叉形成的网格
   ………………………………………………………… 肉桂短沟蜷 *S. cinnamomea*
4. 壳面具有粗壮的纵肋，体螺层膨胀 ……………… 格氏短沟蜷 *S. gredleri*
   壳面具有细弱的、较密集的纵肋，体螺层膨胀不明显 ……………………
   ………………………………………………………… 红带短沟蜷 *S. erythrozona*
5. 具有10~11个螺层 ……………………………… 腊皮短沟蜷 *S. pleuroceroides*
   具有5~7个螺层 …………………………………………………… 6
6. 体螺层膨胀 ……………………………………… 细石短沟蜷 *S. calculus*
   体螺层不膨胀 …………………………………… 长短沟蜷 *S. longa*

1. 细石短沟蜷 *Semisulcospira calculus*（Reeve，1860）

Melania paucicincta Martens，1894：213（Yalu River，North Korea）；Martens，1905：46–47，pl. 2，fig. 7；Köhler，2017：265，fig. 4Q，R.

Melania calculus Reeve，1860：pl. 17，fig. 117（North China）.

（1）检视材料：模式标本 ZMB38460，ZMB55611 照片来源于 Köhler，2017，标本保存于柏林自然博物馆软体动物标本馆（ZMB，the Malacological Collection of the Museum für Naturkunde，Berlin）。GXNU00000149–00000180，于2019年9月采自辽宁省宽甸县太平哨，贝壳高13.0~23.8 mm，采集人：杜丽娜、杜春升、成孝喜（表2-50）。

表 2-50　细石短沟蜷测量表

Table 2-50　Shell measurements of *Semisulcospira calculus*

	贝壳高/mm	贝壳宽/mm	体螺层高/mm	壳口长/mm	壳口宽/mm	螺层数/个
最小值	13.0	7.0	9.4	7.0	3.5	5
最大值	23.8	11.9	16.3	11.0	5.6	7
标准差	2.5	1.2	1.7	1.0	0.6	0.7
GXNU00000149	16.9	9.0	12.3	8.9	4.4	5
GXNU00000150	23.8	11.9	16.3	11.0	5.6	5
GXNU00000151	17.1	8.9	11.7	8.4	4.4	6
GXNU00000152	19.6	10.1	13.9	9.6	5.4	6
GXNU00000153	20.1	11.1	14.3	10.4	5.5	6
GXNU00000154	13.9	7.7	9.7	7.1	3.7	6
GXNU00000155	17.1	8.3	12.0	8.7	4.3	7
GXNU00000156	15.6	8.4	11.3	8.2	4.3	7
GXNU00000157	15.5	8.5	10.9	8.2	4.1	6
GXNU00000158	15.6	7.8	10.7	7.6	3.9	7
GXNU00000159	16.0	9.0	11.2	8.4	4.4	7
GXNU00000160	15.8	8.0	10.8	7.8	4.2	7
GXNU00000161	17.3	9.2	11.9	8.8	4.5	7
GXNU00000162	17.0	9.1	11.6	8.4	4.8	6
GXNU00000163	14.8	8.1	10.6	8.0	3.9	6
GXNU00000164	16.4	8.9	11.5	8.3	4.2	7
GXNU00000165	15.2	8.3	10.7	7.7	4.3	7
GXNU00000166	13.4	7.4	9.6	7.2	3.7	6
GXNU00000167	14.3	7.9	10.2	7.4	3.7	6
GXNU00000168	13.0	7.0	9.5	7.0	3.6	7
GXNU00000169	13.3	7.4	9.4	7.2	3.5	6

（2）特征描述：壳面光滑，壳顶尖或被腐蚀，留有 5~7 个螺层，各螺层均匀膨胀。体螺层上有 2~3 条细的褐色条带或无。头背、触角背及外套膜被金黄色的色素，雌性在右侧触角下方无产卵口或产道。胃与华蜷属相似。在一雌性个体的子宫内发现 6 个直径约 0.4 mm 的胚胎和处于不同发育阶段的卵块 15 个，雄性性腺的后 1/2 为淡金黄色。厣薄，淡黄色，具有 4 层螺旋生长纹，厣核靠近厣下缘（图 2-165）。齿舌的中央齿由 1 个三角形的中间齿和每侧 2~3 个小齿组成，在中央齿的基部无小齿；侧齿由 1 个舌形的中间齿和每侧 3 个小齿组成；内缘齿和外缘齿均由 6 个卵圆形齿组成，内缘

图 2-165 细石短沟蜷的贝壳和厣

贝壳：A. 选模 ZMB55611 B、C. 副模 ZMB38460

D. GXNU00000149 厣：E. GXNU00000169［A~C 来源于 Köhler（2017）］

Fig. 2-165 Shell and operculum of *Semisulcospira calculus*

Shell：A. Lectotype，ZMB55611 B、C. Paralecotoypes，ZMB38460

D. GXNU00000149 Operculum：E. GXNU00000169［A~C from Köhler（2017）］

齿与外缘齿形状相似，齿式 2-3（1）2-3／3（1）3／6／6（图 2-166）。

图 2-166 细石短沟蜷的齿舌

Fig. 2-166 Radulae of *Semisulcospira calculus*

（3）分布与生境：分布于辽宁省宽甸县太平哨（图 2-167）。栖息于河水流动缓慢，底质为大的鹅卵石和细石，石头上面覆满青苔，水深 0.5~2 m，河道宽约 5 m 的河中。细石短沟蜷常吸附在石头的背面，种群数量非常低，在约 2 km 长的河道内，用时 4 h，仅采集到 36 号样本。

图 2-167　细石短沟蜷的分布点

Fig. 2-167　Known distribution of *Semisulcospira calculus*

（4）讨论：Reeve（1860）将采自中国北方的标本描述为细石黑蜷（*Melania calculus*），Martens（1894）将采自朝鲜的标本描述为少带黑蜷（*Melania paucicincta*）。在随后的 100 多年内，这两个种都几乎未被提及。直到 Köhler（2017）在对韩国的短沟蜷科种类进行整理时提到少带黑蜷，但由于缺少标本，承认该种为有效种，隶属于短沟蜷科，但属级地位不明确。对比细石黑蜷与少带黑蜷的模式标本照片，我们认为 2 个种为同物异名，因细石黑蜷发表的时间早于少带黑蜷，根据《国际动物命名法规》（ICZN，1999）的第 68.4 条规定，细石黑蜷为有效种名。2017 年在中国辽宁省宽甸县采集到部分标本，经过与模式标本照片比对（图 2-165A~C），采自宽甸的标本在壳形结构及色带的有无上与模式标本相接近，因此，在宽甸所采集到的标本应为细石黑蜷。此外，形态及系统发育结果暗示，细石黑蜷应隶属于短沟蜷属，有效种名为细石短沟蜷。

2. 肉桂短沟蜷 *Semisulcospira cinnamomea*（Gredler，1887）

Melania gredleri var. *cinnamomea* Gredler，1887：287，taf. 11，fig. 27.

（1）检视材料：KIZ004411-004458，于 2015 年 2 月采自江西省樟树市昌傅镇下余村，贝壳高 19.3~29.3 mm，采集人：杜丽娜、余国华（表 2-51）。

表 2-51 肉桂短沟蜷测量表

Table 2-51 Shell measurements of *Semisulcospira cinnamomea*

	贝壳高/mm	贝壳宽/mm	体螺层高/mm	壳口长/mm	壳口宽/mm	螺层数/个
最小值	19.3	8.7	13.4	8.7	3.8	5
最大值	29.3	12.1	18.2	12.1	5.3	7
标准差	2.8	0.8	1.3	0.9	0.4	0.5
KIZ004451	25.9	10.7	16.5	11.8	5.0	6
KIZ004416	26.1	9.6	16.0	10.8	4.8	6
KIZ004421	28.5	10.6	16.3	10.9	4.8	6
KIZ004436	29.3	10.8	17.9	11.5	5.1	7
KIZ004445	28.7	12.1	18.2	12.1	5.3	6
KIZ004412	20.2	8.7	13.4	9.5	3.8	6
KIZ004424	24.3	10.5	15.1	10.2	4.3	6
KIZ004453	27.1	11.3	16.1	11.1	5.1	6
KIZ004447	22.5	9.2	14.3	9.4	4.1	6
KIZ004455	21.7	9.3	14.6	10.1	4.4	5
KIZ004457	19.3	9.0	13.6	8.7	4.2	5
KIZ004452	22.5	9.5	15.1	9.7	4.2	5
KIZ004454	24.8	10.0	16.1	11.4	4.6	6
KIZ004420	25.0	10.4	16.1	10.8	4.6	6
KIZ004411	24.7	10.3	16.4	10.6	5.1	6
KIZ004449	27.9	11.0	17.4	11.8	5.0	6
KIZ004456	22.9	9.8	16.1	10.8	4.7	5
KIZ004450	24.8	10.3	16.4	11.6	5.1	6
KIZ004434	24.6	10.4	15.8	10.7	4.8	6
KIZ004444	24.1	10.1	15.5	9.6	4.6	5
KIZ004458	22.1	9.7	14.7	9.9	4.5	5

(2) 特征描述：贝壳呈长圆锥形，具有 6~9 个螺层。各螺层不膨胀，壳口处具有 3 个螺棱，纵肋不明显。螺旋层上的纵肋较明显。厣卵圆形，具有 5 层螺旋生长纹（图 2-168）。中央齿由 1 个三角形的中间齿和每侧 2 个小齿组成；侧齿由 1 个舌形的中间齿和每侧 3 个小齿组成；内缘齿由 4 个卵圆形齿组成；外缘齿由 5 个小齿组成，齿式 2 (1) 2／3 (1) 3／4／5（图 2-169）。雌性在右侧触角下方无产卵口或产道，卵胎生，1 个雌性育仔囊内有 73 个胚胎，胚胎壳高约 0.4 mm，雌雄性别比为 4：5。

(3) 分布与生境：分布于江西省樟树市昌傅镇下余村，赣江支流（图 2-170）。采样是在 2 月份，水位下落后在河边形成一个约 10 m² 的小水洼，水深约 30 cm，底质多为细沙或泥，在同一水洼里还有宁波短沟蜷、格氏短沟蜷和石田螺（图 2-171）。

图 2-168　肉桂短沟蜷的贝壳和厣（KIZ004421）

Fig. 2-168　Shell and operculum of *Semisulcospira cinnamomea*（KIZ004421）

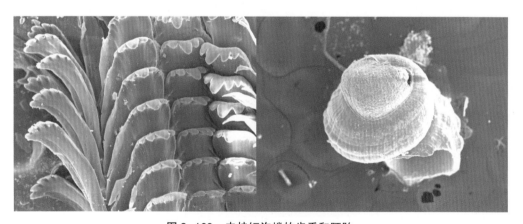

图 2-169　肉桂短沟蜷的齿舌和胚胎

Fig. 2-169　Radulae and embryo of *Semisulcospira cinnamomea*

（4）中文名来源："*cinnamome*"来源于新拉丁语，意思是肉桂，直接将该种中文名译为肉桂短沟蜷。

（5）讨论：Gredler（1887）将肉桂短沟蜷作为格氏短沟蜷的亚种描述。但是，分子和形态的结果都暗示，肉桂短沟蜷是一个有效种。肉桂短沟蜷可以通过体螺层不膨胀，具有 6~9 个螺层和体螺层上的纵肋不明显等性状与格氏短沟蜷相区别。

图 2-170 肉桂短沟蜷的分布点

Fig. 2-170 Known distribution of *Semisulcospira cinnamomea*

图 2-171 肉桂短沟蜷的生境（江西省樟树市昌傅镇）

Fig. 2-171 Habitat of *Semisulcospira cinnamomea*

（Changfu Town，Zhangshu City，Jiangxi）

3. 格氏短沟蜷 *Semisulcospira gredleri*（Boettger，1886）

Melania gredleri Boettger，1886：10，pl. 6，fig. 9（Hunan Province，China）；Gredler，1887：287，taf. 11，fig. 28（Yün-tscheu-fu，Hunan Province，China）；Boettger，1887：108-112（Hunan Province）；Heude，1889：167，pl. 41，fig. 30（Tchang-cha fou，Hunan Province）.

Semisulcospira gredleri，Yen，1939：52，taf. 4，fig. 56-57. Type specimens preserved in the Naturmuseum Senckenberg，Frankfurt/Main，Germany（SMF）were lost during World War II（Brandt，1974；R. Janssen，pers. comm. ）.

Semisulcospira crassicosta Li，Wang et Duan，1994：28-29，fig. 5（贵州省江口县）.

（1）检测材料：格氏短沟蜷副模标本 NHMB1177，采自湖南，标本保存于瑞士自然历史博物馆（NHMB，Naturhistorisches Museum，Basel，Switzerland），照片由瑞士自然历史博物馆 Dr. A. Hänggi 提供。粗肋短沟蜷副模标本 IZCAS-FG000637，保存于中国科学院动物研究所；KIZ007373-007416，于 2016 年 3 月采自广西壮族自治区柳城市凤山镇码头村，贝壳高 17.9~24.6 mm；KIZ002136-002158，于 2011 年 9 月采自湖南省怀化市辰溪县县城大桥下，贝壳高 13.6~22.1 mm，采集人：蒋万胜；KIZ009418，于 2017 年 4 月采自贵州省铜仁市江口县，采集人：杜春升；KIZ007524-007528，于 2009 年 10 月采自湖南省益阳市市郊溪流湾，采集人：蒋万胜；KIZ011936-011952，于 2017 年 4 月采自湖南省常德市沅水干流，采集人：杜春升（表 2-52）。

表 2-52　格氏短沟蜷测量表

Table 2-52　Shell measurements of *Semisulcospira gredleri*

	贝壳高/mm	贝壳宽/mm	体螺层高/mm	壳口长/mm	壳口宽/mm	螺层数/个
最小值	17.9	6.9	10.4	6.7	3.2	6
最大值	24.6	9.2	13.6	9.2	4.1	9
标准差	1.8	0.5	0.8	0.7	0.3	1.1
KIZ007409	22.2	9.2	13.3	8.9	3.9	6
KIZ007395	19.1	8.5	11.4	7.8	3.7	6
KIZ007415	21.6	8.8	12.5	8.2	4.1	6
KIZ007401	21.3	8.7	12.6	9.2	3.7	7
KIZ007416	19.1	7.7	12.2	6.7	3.2	7
KIZ007390	18.1	7.6	10.9	7.2	3.3	7
KIZ007396	18.4	8.7	12.1	8.3	3.9	6
KIZ007411	20.9	8.5	12.3	7.9	3.9	9
KIZ007393	18.9	8.4	12.1	8.1	4.1	6
KIZ007406	20.8	8.1	11.5	8.0	3.6	7
KIZ007394	18.7	6.9	10.4	6.7	3.4	8
KIZ007407	21.3	8.7	12.9	8.5	4.0	6
KIZ007384	17.9	7.9	11.0	7.3	3.4	6
KIZ007387	19.5	8.4	11.6	8.0	3.6	9

续表

	贝壳高/mm	贝壳宽/mm	体螺层高/mm	壳口长/mm	壳口宽/mm	螺层数/个
KIZ007414	20.8	8.4	12.6	8.2	4.0	7
KIZ007404	24.6	8.9	13.6	9.1	3.9	9
KIZ007398	23.7	8.9	13.1	8.2	3.7	8
KIZ007386	21.4	8.7	12.1	7.9	3.7	7
KIZ007400	19.4	8.3	11.6	7.8	3.8	7
KIZ007413	20.1	8.1	11.5	7.8	3.5	9

（2）特征描述：贝壳中等大小，外形呈长圆锥形，具有5~9个螺层。壳面具有变异较大的壳饰，一般有纵肋，体螺层下1/3有3~4条螺棱（图2-172）。卵胎生。胚胎壳面具有纵肋或瘤状结节，有3个螺层（图2-173A~C）。齿舌较长，中央齿由1个三角形的中间齿和每侧3个小齿组成，在中央齿的基部无小齿；侧齿由1个舌形的中间齿和每侧3个小齿组成；内缘齿由4个大小相似的卵圆形齿组成；外缘齿由5个大小相似的卵圆形齿组成，齿式3（1）3／3（1）3／4／5（图2-173D）。

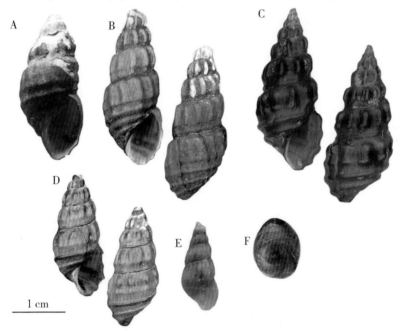

1 cm

图2-172 格氏短沟蜷的贝壳和厣

贝壳：A. 副模 NHMB1177 B. KIZ007525 C. KIZ009418

D. KIZ002147 E. 粗肋短沟蜷，副模 IZCAS-FG000637

厣：F. KIZ011940

Fig. 2-172 Shell and operculum of *Semisulcospira gredleri*

Shell：A. Paratype，NHMB1177 B. KIZ007525 C. KIZ009418 D. KIZ002147

E. *Semisulcospira crassicosta*，Paratype，IZCAS-FG000637

Operculum：F. KIZ011940

图 2-173 格氏短沟蜷的胚胎和齿舌

A~C. 胚胎 D. 齿舌

Fig. 2-173 Embryo and radulae of *Semisulcospira gredleri*

A~C. embryos D. radulae

（3）分布：广泛分布在长江中下游，以及漓江，2019 年在云南省昆明市盘龙江被记录（图 2-174）。

图 2-174 格氏短沟蜷的分布点

Fig. 2-174 Known distribution of *Semisulcospira gredleri*

（4）讨论：Yen（1939）对德国森根堡自然博物馆馆藏的中国螺类进行整理时，记录了模式标本共6号，但这些标本在第二次世界大战中遗失。格氏短沟蜷的原始描述中并未对模式标本数量进行详细的记录，因此，是否有其他模式标本及其编号不是很明确。瑞士自然历史博物馆的格氏短沟蜷NHMB1177照片由Dr. A. Hänggi提供，在标本下所附的信息中注明该号标本为副模标本。经Dr. A. Hänggi回复，该标本由Mieg收藏，并在1911年赠予瑞士自然历史博物馆，所附标本信息上注释了"typ"，Hänggi提及Mieg是非常富有的标本收藏者，特别热衷螺类标本的收集，并与多个博物馆有着密切联系。因此，Hänggi认为该号标本NHMB1177即是格氏短沟蜷的副模标本。与副模照片及原始描述的图片比对，采自于湖南的标本在外壳形态上与格氏黑蜷一致。另外，在原始描述中，模式产地在湖南省的"Yün-tscheu-fu"，利用FuzzyG软件查找该地名，结果显示与"Yunshuipu, Hunan Sheng, 27. 2001° N, 111. 5335° E"（湖南省邵阳市邵水）相似度最高，该区域为格氏黑蜷的模式产地。因此，认为我们所采集到的标本为格氏黑蜷。刘月英等（1994）将采自贵州省铜仁市江口县的标本描述为粗肋短沟蜷（图2-172E）。2017年4月在贵州省铜仁市采集到少量个体较大、壳面纵肋较明显的格氏短沟蜷（图2-172C），经过与粗肋短沟蜷模式标本及原始描述相比对，粗肋短沟蜷与格氏短沟蜷的壳形、壳饰、厣的形态均较相似，因此，我们认为粗肋短沟蜷是格氏短沟蜷的幼体阶段，即粗肋短沟蜷是格氏短沟蜷的同物异名。格氏短沟蜷在长江和漓江有较广泛的分布，它在壳饰及壳形的变异较大，有些种类壳面的纵肋非常明显，而有些种类的纵肋却不太明显，更接近于瘤状。

4. 红带短沟蜷 *Semisulcospira erythrozona*（Heude，1888）

Melania erythrozona，Heude，1888：167，pl. 41，fig. 29（Yangtze River）.

Semisulcospira erythrozona，Zhang et al.，1988：15-26；徐霞峰，2008：21（江西鄱阳湖）.

（1）检视材料：模式标本USNM471916照片从美国自然历史博物馆网站下载。GXNU20200520001-20200520010，贝壳高15.6~19.5 mm，于2020年5月采自四川成都，采集人：陈重光（表2-53）。

表2-53　红带短沟蜷测量表

Table 2-53　Shell measurements of *Semisulcospira erythrozona*

	贝壳高/mm	贝壳宽/mm	体螺层高/mm	壳口长/mm	壳口宽/mm	螺层数/个
最小值	15.6	6.6	9.1	6.0	3.0	7
最大值	19.5	7.8	10.4	7.0	3.5	8
标准差	1.2	0.4	0.5	0.3	0.2	0.5
GXNU20200520001	19.2	7.5	10.3	6.6	3.5	8
GXNU20200520002	19.5	7.8	10.4	7.0	3.5	8
GXNU20200520003	18.2	7.5	10.2	6.7	3.1	8

	贝壳高/mm	贝壳宽/mm	体螺层高/mm	壳口长/mm	壳口宽/mm	螺层数/个
GXNU20200520004	18.0	7.6	10.2	6.6	3.4	8
GXNU20200520005	17.7	7.7	10.2	6.6	3.2	8
GXNU20200520006	17.1	7.3	10.0	6.4	3.3	7
GXNU20200520007	16.5	6.9	9.3	6.1	3.0	7
GXNU20200520008	15.6	6.6	9.1	6.0	3.0	7
GXNU20200520009	18.6	7.2	10.1	6.7	3.2	8
GXNU20200520010	18.2	7.4	10.3	6.4	3.2	7

（2）特征描述：贝壳中等大小，壳质薄，具有7~8个螺层。壳面浅黄色或浅褐色，体螺层的上2/3和螺旋层具有明显的纵肋。体螺层具有2~3条明显的色带。厣角质，卵圆形，较薄，具有4~5层螺旋生长纹，螺厣核位于厣的下1/3处（图2-175）。齿舌的中央齿由1个三角形的中间齿和每侧3~4个小齿组成，在中央齿的基部无小齿；侧齿由1个舌形的中间齿和每侧3个小齿组成；内缘齿由4个卵圆形齿组成；外缘齿由8个大小基本一致的小齿组成，齿式3-4（1）3-4／3（1）3／4／8（图2-176D、E）。雌性的育仔囊位于身体的右侧，里面有70余个发育完成的胚胎和卵块若干。胚胎具有2~3个螺层，壳面具有明显的纵肋，壳顶膨胀（图2-176A~C）。雌雄比例为3∶2。

图2-175　红带短沟蜷的贝壳
A. 模式 USNM471916　B. GXNU20200520003
Fig. 2-175　Shell of *Semisulcospira erythrozona*
A. Syntype，USNM471916　B. GXNU20200520003

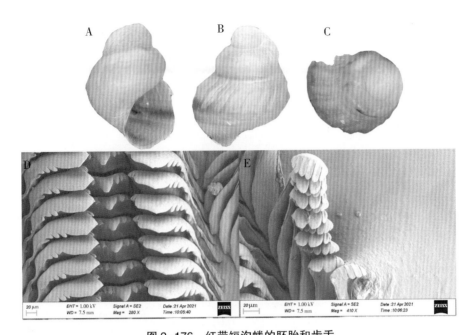

图 2-176　红带短沟蜷的胚胎和齿舌

胚胎（A~C）：A. 正面照　B. 背面照　C. 壳顶照　齿舌：D、E

Fig. 2-176　Embryo and radulae of *Semisulcospira erythrozona*

Embryo（A~C）：A. front view　B. dorsal view　C. apex view　Radulae：D、E

（3）分布与生境：分布于四川省成都市、江西省鄱阳湖，栖息于河流或湖泊中，底质以细沙为主（图 2-177）。

图 2-177　红带短沟蜷的分布点

Fig. 2-177　Known distribution of *Semisulcospira erythrozona*

（4）讨论：从贝壳外形上来看，红带短沟蜷与腊皮短沟蜷较相似，但是，红带短沟蜷壳面具有明显的纵肋可与腊皮短沟蜷相区别。在短沟蜷属，红带短沟蜷、格氏短沟蜷和宁波短沟蜷壳面具有明显的纵肋，红带短沟蜷较格氏短沟蜷和宁波短沟蜷的纵肋更细弱、更细密。此外，模式标本的体螺层上具有明显的纵肋，而在四川采集到的标本，体螺层上纵肋不明显或趋于光滑，2019 年查看中国科学院动物研究所馆藏红带短沟蜷标本，体螺层同时具有纵肋和光滑两种形态，并且，在两种形态间有过渡的弱纵肋，因此，在本研究中将体螺层光滑或有弱纵肋个体归为红带短沟蜷。

5. 宁波短沟蜷 *Semisulcospira ningpoensis*（I. Lea，1856）

Melania cancellata Benson，1842：488（Chou－shan，Zhejiang Province）；Heude，1889：167，pl. 41，fig. 31；Boettger，1886：9-10（Yangtze River）（not *Melania cancellata* Say，1829）.

Melania ningpoensis I. Lea，1856：144（Ningbo，Chekiang＝Zhejiang Province）.

Melania bensoni Reeve，1859（in 1859—1861：pl. 14，species 96）（replacement name for *Melania cancellata* Benson，1842 nec Say，1829）.

Melania fortunei Reeve，1859（in 1859—1861：pl. 14，species 97）（Shanghai）.

Melania suifuensis Chen，1937：444.

Semisulcospira cancellata，Yen，1939：51-52，pl. 4，fig. 55（Hebei，Shanghai，Zhejiang，Hubei，Jiangxi and Hunan）；Yen，1942：204（Zhejiang and Shanghai）.

Melanoides ningpoensis，Yen，1948：79（Chekiang＝Zhejiang Province）.

Hua（*Namrutua*）*ningpoensis*，Abbott，1948：297，pl. 3，fig. 8.

（1）检视材料：模式标本 *Melanoides ningpoensis*，USNM119626 照片由 F. Köhler 提供。KIZ000558-000564，于 2006 年 10 月采自江西省新干县石口村，贝壳高 15.4～17.9 mm；KIZ007184-007249，于 2016 年 3 月采自广西壮族自治区河池市拉浪乡九路村，贝壳高 21.6～28.1 mm；KIZ008601-008617，于 2017 年 4 月采自湖南省冷水江市，贝壳高 14.1～28.8 mm；KIZ004485-004496，于 2015 年 4 月采自江苏省太湖流域，贝壳高 11.9～25.2 mm（表 2-54）。

表 2-54　宁波短沟蜷测量表
Table 2-54　Shell measurements of *Semisulcospira ningpoensis*

	贝壳高/mm	贝壳宽/mm	体螺层高/mm	壳口长/mm	壳口宽/mm	螺层数/个
最小值	14.1	6.2	8.1	5.2	2.9	9
最大值	28.8	10.2	13.8	9.6	5.1	11
标准差	4.5	1.3	1.8	1.4	0.7	0.7
KIZ008613	23.6	9.0	12.5	7.8	4.3	10
KIZ008610	25.8	9.4	12.1	8.0	4.4	10
KIZ008608	28.8	9.8	13.4	9.2	4.9	11
KIZ008602	19.5	7.2	9.4	6.5	3.4	10

	贝壳高/mm	贝壳宽/mm	体螺层高/mm	壳口长/mm	壳口宽/mm	螺层数/个
KIZ008616	26.9	9.9	13.8	9.6	4.6	10
KIZ008611	17.7	8.1	10.8	7.4	3.4	9
KIZ008615	14.1	6.2	8.1	5.2	2.9	9
KIZ008606	23.3	8.0	10.7	6.8	3.8	11
KIZ008612	21.9	9.4	12.1	8.2	4.1	10
KIZ008607	24.6	10.2	13.1	9.1	5.1	9

（2）特征描述：贝壳中等大小，壳质薄，具有7~14个螺层。壳面浅黄色或浅褐色，体螺层的上2/3和螺旋层具有明显的纵肋，体螺层有7~14条纵肋。壳口上缘以下的体螺层具有2~3条明显的螺棱。壳口长为贝壳高的1/4~1/3。厣角质，卵圆形，较薄，具有4~5层螺旋生长纹，厣核位于厣的下1/3处（图2-178）。齿舌长2.76~5.87 mm（$N=5$），中央齿由1个三角形的中间齿和每侧2~3个小齿组成，在中央齿的基部无小齿；侧齿由1个舌形的中间齿和每侧2个小齿组成；内缘齿由4个卵圆形齿组成；外缘齿由6个大小基本一致的小齿组成，齿式2-3（1）2-3／2（1）2／4／6（图2-179D）。雌性的育仔囊位于身体的右侧，里面有23~36个发育完成的胚胎和卵块若干（$N=4$）。蛋白腺位于育仔囊的后端、肾的前端，贝壳腺位于蛋白腺的前端，长度与蛋白腺相似。在外套腔性腺右侧有1个细小的开口，育仔囊通过该开口将胚胎产出。在开口上端有1个由中间薄膜围成的输精管，输精管向后开口于精囊，精囊继续向后形成1个膨大的圆形的受精囊。胚胎具有4个螺层，壳面具有明显的纵肋，壳顶膨胀（图2-179A~C）。雌雄性别比为5：2。

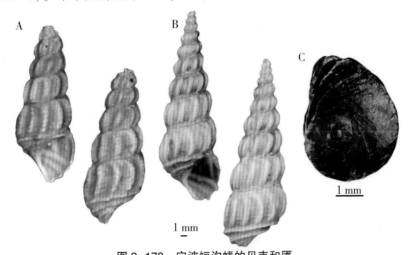

图2-178　宁波短沟蜷的贝壳和厣
贝壳：A. 模式 USNM119626　B. KIZ007209　厣：C. KIZ007224
Fig. 2-178　Shell and operculum of *Semisulcospira ningpoensis*
Shell：A. Type，USNM119626　B. KIZ007209　Operculum：C. KIZ007224

图2-179　宁波短沟蜷的胚胎和齿舌

胚胎（A~C）：A. 正面照　B. 背面照　C. 壳顶照　齿舌：D

Fig. 2-179　Embryo and radulae of *Semisulcospira ningpoensis*

Embryo（A~C）：A. front view　B. dorsal view　C. apex view　Radulae：D

（3）分布与生境：最西分布在云南省昆明市盘龙江，沿长江向东分布至广州，向南可以分布到广西的漓江，向北经浙江、江苏、山东、河南、河北、天津，最北分布到北京（图2-180）。它对水质的耐受力较大，一般栖息在水质营养较丰富、底质为泥底、缓流的河道内。

图2-180　宁波短沟蜷的分布点

Fig. 2-180　Known distribution of *Semisulcospira ningpoensis*

（4）讨论：Brot（1875, in 1874—1879：82）和 Yen（1939）提及方格黑蜷（*Melania cancellata*）的原始描述在杂志 *Journal of Asiatic Society of Bengal*，1833, volume 2 and page 119 被描述。但是，笔者查找了相关文献，在该页无任何与方格黑蜷相关的信息被提及。Benson（1842）第一次描述方格黑蜷在 *The Annals and Magazine of Natural*

History Zoology，page 488，但是该种名已经被 Say（1829）使用，因此，方格黑蜒是无效的种名，并且，Reeve（1859）用 *Melania bensoni* 替代了方格黑蜒。但是，宁波黑蜒的描述时间是 1856 年，优先于 *Melania bensoni*，根据《国际动物命名法规》（ICZN，1999）的第 68.4 条规定，宁波黑蜒为有效种，其有效种名应为宁波短沟蜒。Chen（1937）在云南省水富市记录了水富黑蜒（*Melania suifuensis* Chen，1937），其形态结构除体螺层上的螺棱不明显外，其他性状与方格短沟蜒非常相似，而壳形上的差异受生境影响较大，因此，水富黑蜒可能是宁波短沟蜒的同物异名。刘月英等（1993）提及宁波短沟蜒也分布在黑龙江、吉林和辽宁三省，但是，根据笔者的野外调查及对中科院动物研究所标本的查看，记录于东北三省的实为黑龙江韩蜒。另外，张迺光（1997）记录该种分布在云南滇池，但在 2004—2014 年对滇池流域的多次采集中并未采集到该种标本，直至 2018 年，有少量标本采自昆明盘龙江，我们认为该种在盘龙江的分布与滇中引水工程有关，而非早有分布。

6. 腊皮短沟蜒 *Semisulcospira pleuroceroides*（**Bavay & Dautzenberg，1910**）

Melania pleuroceroides，Bavay & Dautzenberg，1910：12-13，pl. 1，fig. 5-6.

Senckenbergia pleuroceroides，Yen，1939：56，taf. 4，fig. 74.

Semisulcospira pleuroceroides，徐霞锋，2007：29，taf. 1，fig. 25.

（1）检视材料：模式标本 MNHN21289 的照片由法国自然历史博物馆的 Virginie Héros 提供，标本保存于法国自然历史博物馆（MNHN，Muséum National d'Histoire Naturelle，Pairs，France）。KIZ007133-007175，于 2016 年 5 月采自重庆市渝中区长江干流，贝壳高 22.6~35.4 mm，采集人：杜丽娜（表 2-55）。

表 2-55　腊皮短沟蜒测量表
Table 2-55　Shell measurements of Semisulcospira pleuroceroides

	贝壳高/mm	贝壳宽/mm	体螺层高/mm	壳口长/mm	壳口宽/mm	螺层数/个
最小值	22.6	8.3	11.9	8.2	3.9	10
最大值	33.8	10.8	16.1	10.6	5.0	11
标准差	3.0	0.8	1.3	0.8	0.3	0.5
KIZ007158	29.3	9.9	14.2	9.7	4.7	11
KIZ007140	33.8	10.8	16.1	10.6	5.0	11
KIZ007170	29.2	10.0	14.7	9.7	4.7	11
KIZ007154	25.0	8.3	11.9	8.2	3.9	10
KIZ007171	22.6	8.7	12.0	8.4	4.2	10
KIZ007164	28.4	8.9	13.3	8.7	4.3	11
KIZ007141	28.6	9.0	13.5	8.8	4.4	11
KIZ007160	29.7	9.8	14.8	9.8	4.6	10
KIZ007167	28.7	9.6	14.2	9.5	4.4	11
KIZ007168	26.0	8.5	12.4	8.2	4.2	11

（2）特征描述：贝壳壳面光滑，在缝合线下有 1 条黑褐色的色带。壳顶尖，有 10~11 个螺层。厣卵圆形，具有 4~5 层螺旋生长纹（图 2-181）。育仔囊在直肠的右侧，受精囊不膨胀，大小与精囊相似。卵胎生，雌性育仔囊内有 117~120 个胚胎（$N=$ 2）。胚胎壳面光滑，壳顶膨胀，具有 2 个螺层（图 2-182B）。齿舌的中央齿由 1 个三角形的中间齿和每侧 2~3 个小齿组成，在中央齿的下缘无小齿；侧齿由 1 个舌形的中间齿和每侧 3 个小齿组成；内外缘齿均由 4 个卵圆形齿组成，齿式 2-3（1）2-3 / 3（1）3 / 4 / 4（图 2-182A）。雌雄性别比为 2∶3。

图 2-181 腊皮短沟蜷的贝壳和厣

贝壳：A. 模式 MNHN21289 B. KIZ007158 厣：C. KIZ007134

Fig. 2-181 Shell and operculum of *Semisulcospira pleuroceroides*

Shell：A. Type，MNHN21289 B. KIZ007158 Operculum：C. KIZ007134

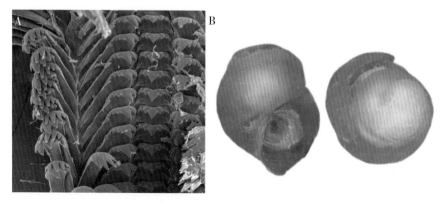

图 2-182 腊皮短沟蜷的齿舌和胚胎

A. 齿舌 B. 胚胎

Fig. 2-182 Radulae and embryo of *Semisulcospira pleuroceroides*

A. radulae B. embryo

（3）分布：广泛分布于长江中下游干流（图2-183）。

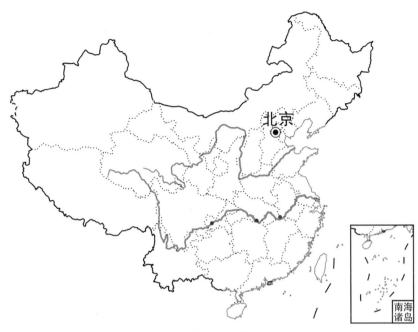

图2-183　腊皮短沟蜷的分布点

Fig. 2-183　Known distribution of *Semisulcospira pleuroceroides*

（4）讨论：与模式标本照片比对，所采集的标本应为腊皮黑蜷。Yen（1939）以腊皮黑蜷为模式种建立了森根堡蜷属（*Senckenbergia*）。Brandt（1974）认为森根堡蜷属是川蜷属的一个亚属。在随后的30多年，这个属一直未被提及。2009年以后随着越南、日本和韩国的短沟蜷被研究，森根堡蜷属才再次被提及（Strong & Köhler, 2009；Köhler, 2017）。但是，因为缺少材料，该种的分类地位一直没有解决。本研究中，分子和形态的研究结果认为，森根堡蜷属模式种腊皮森根堡蜷应隶属于短沟蜷属，有效种名为腊皮短沟蜷，因此，森根堡蜷属被认为是短沟蜷属的同物异名。

7. 长短沟蜷 *Semisulcospira longa* Du，Yang & Chen n. sp.

（1）检视材料：

1）正模：GXNU00000822，贝壳高20.1 mm，于2020年7月采自浙江省宁波市奉化区溪口镇，采集人：杜丽娜、王桂芳。

2）副模：26个，GXNU00000192-00000217，贝壳高18.0～26.1 mm，采集时间和采集地点同正模（表2-56）。

表 2-56　长短沟蜷测量表

Table 2-56　Shell measurements of *Semisulcospira longa*

	贝壳高/mm	贝壳宽/mm	体螺层高/mm	壳口长/mm	壳口宽/mm	螺层数/个
最小值	18.0	8.1	11.6	7.9	3.4	5
最大值	26.1	10.2	15.5	10.1	4.8	7
标准差	2.0	0.6	1.0	0.6	0.3	0.5
GXNU00000192	26.1	10.2	15.5	10.1	4.5	7
GXNU00000193	25.0	9.9	14.7	9.8	4.8	6
GXNU00000194	22.2	8.8	13.5	9.1	4.3	6
GXNU00000195	20.3	8.8	12.9	9.0	4.3	6
GXNU00000196	23.4	10.0	14.7	9.8	4.7	5
GXNU00000197	21.3	8.9	13.5	8.4	3.8	6
GXNU00000198	20.3	8.7	13.2	8.7	4.3	6
GXNU00000199	19.5	8.7	12.2	8.2	3.7	6
GXNU00000200	24.8	9.9	14.6	9.5	4.2	7
GXNU00000201	21.0	8.8	13.0	8.6	3.9	6
GXNU00000202	19.3	8.5	12.7	8.4	3.8	6
GXNU00000203	20.3	8.5	12.7	8.6	4.2	6
GXNU00000204	20.0	8.6	12.3	8.3	3.8	6
GXNU00000205	20.1	8.1	12.5	8.6	3.8	6
GXNU00000206	20.4	8.8	13.5	8.6	3.9	5
GXNU00000207	18.2	8.5	11.6	8.4	3.9	6
GXNU00000208	18.0	8.2	11.6	7.9	3.9	6
GXNU00000209	21.1	8.9	13.0	8.9	4.3	6
GXNU00000210	20.3	8.7	12.7	8.6	4.2	6
GXNU00000211	20.6	9.2	12.3	8.3	4.3	6
GXNU00000212	20.8	9.3	13.6	9.1	4.6	6
GXNU00000213	20.6	8.5	12.6	8.4	3.4	6
GXNU00000214	21.3	8.9	12.4	8.8	4.0	7
GXNU00000215	23.1	9.4	14.0	9.4	4.0	6
GXNU00000216	19.4	9.0	12.2	7.9	4.1	6

（2）特征描述：贝壳中等大小，最大贝壳高 26.1 mm。壳顶常被腐蚀，有 5~7 个螺层。体螺层不膨胀，其他螺层均匀增长。壳面光滑，除生长纹外无其他明显壳饰。体螺层在壳口上面有 1 条明显的褐色条带，螺旋层在缝合线处有 1 条褐色条带。厣核偏向内下缘，位于厣的下 1/3 处（图 2-184）。成熟雌性在右侧触角下方无产道或产卵口。卵胎生，雌性子宫内具有 24~37 个胚胎，胚胎具有 3~4 个螺层，壳面光滑。齿舌的中央齿由 1 个三角形的中间齿和每侧 3~4 个小齿组成，在中央齿的下缘无小齿；侧齿由 1 个舌形的中间齿和每侧 4 个小齿组成；内外缘齿均由 6 个卵圆形齿组成，齿式

3-4（1）3-4／4（1）4／6／6（图 2-185）。雌雄性别比为 3∶1。

图 2-184　长短沟蜷的贝壳和厣

贝壳：A. 正模 GXNU00000822　厣：B. GXNU00000217

Fig. 2-184　Shell and operculum of *Semisulcospira longa*

Shell：A. Holotype，GXNU00000822　Operculum：B. GXNU00000217

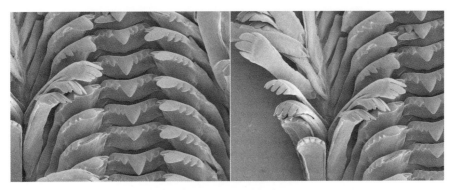

图 2-185　长短沟蜷的齿舌

Fig. 2-185　Radulae of *Semisulcospira longa*

（3）分布：分布于浙江省宁波市奉化区溪口镇（图 2-186）。

（4）命名："long"来源于拉丁语，意为长的，该种贝壳呈长圆锥形，以此性状将其命名为长短沟蜷，*longa* 表示阴性。

（5）讨论：Yen（1943）记录在浙江有细韩蜷的分布，虽然长短沟蜷在壳形性状上与细韩蜷非常相似（贝壳细长，壳面具有 1 条褐色的条纹），但是细韩蜷的模式产地在安徽，为卵生种类，雌性在右侧触角下方具产道，而长短沟蜷是卵胎生种类，雌性在右侧触角下方无产道和产卵口。此外，系统发育结果也不支持该种与细韩蜷为同一种。因此，记录于浙江的种类并非细韩蜷。根据其卵胎生、雌性右侧触角下方无产道和产卵口等特征，将该种归为短沟蜷属，并命名为长短沟蜷。

图 2-186　长短沟蜷的分布点

Fig. 2-186　Known distribution of *Semisulcospira longa*

第三节　跑螺科 Thiaridae Gill，1871

鉴别特征：贝壳中等大小，外形呈长圆锥形、塔锥形、卵圆锥形。壳面光滑或具有螺棱、瘤状结节、纵肋及棘。壳口卵圆形，厣角质，具有螺旋生长纹。外套膜边缘具有指状突起。跑螺科种类在食道的背方具有 1 个育仔囊，孤雌生殖，具有胎生和卵胎生两种繁殖方式。

分布：广泛分布于热带和亚热带的东南亚和澳大利亚区域，栖息于淡水河流、溪流、湖泊、池塘等和咸淡水的水体中。

一、分子学研究结果

利用线粒体基因 COI 所构建的贝叶斯树并没有解决跑螺科各种间的系统发育关系问题（图 2-187）。首先，拟黑螺属没有形成一个单系，部分个体与斜肋齿蜷构成姐妹群，部分个体与 *Stenomelania denisoniensis* 形成姐妹群；其次，粗糙米氏蜷没有形成一个单系，部分个体与斜肋齿蜷和瘤拟黑螺形成姐妹群后，又与粗糙米氏蜷的其他个体聚成一个单系；最后，斜粒粒蜷与线粒蜷交互在一起，没有形成各自的单系。由于仅用 COI 一个基因片段，部分分支上的支持率较低，不能很好地反映跑螺科各属间的系统发育关系，对于分类地位的厘定也有待进一步研究。

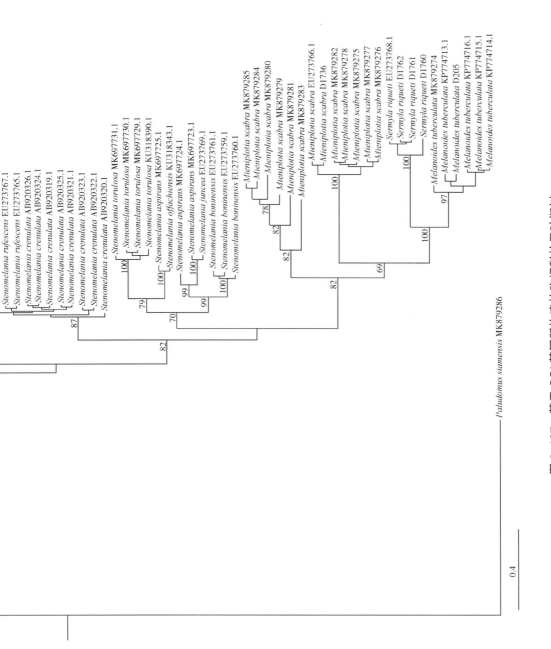

图 2-187　基于 COI 基因所构建的跑螺科的贝叶斯树
支上的数值代表 BI 的支持率（%）
Fig.2-187　Bayesian phylogram for the concatenated mitochondrial
cytochrome oxidase subunit I data of Thiaridae.
Numbers above branches are Bayesian posterior probabilities (BPP)（%）

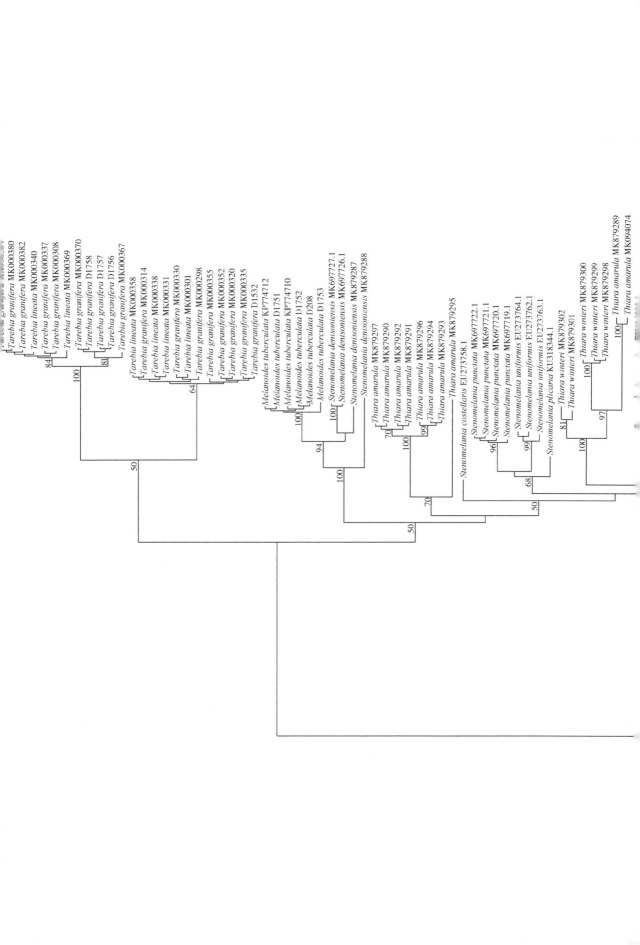

二、物种分述

跑螺科分属检索表

1. 贝壳呈尖圆锥形，具有 8~12 个螺层，壳面具有弱的螺棱和纵肋 ················
·· 拟黑螺属 *Melanoides*
　贝壳呈宽圆锥形，具有 5~7 个螺层，壳面具有粗的螺棱、纵肋、棘或瘤状结节
··· 2
2. 壳面具有明显的棘状突起 ····················· 米氏蜷属 *Mieniplotia*
　壳面无棘状突起 ································· 3
3. 壳面具有斜形排列的颗粒状结节或瘤状结节 ·············· 粒蜷属 *Tarebia*
　壳面具有粗的纵肋，且纵肋下方向左侧扭转 ·············· 齿蜷属 *Sermyla*

（一）拟黑螺属 *Melanoides* Olivier，1804

Melanoides Olivier，1804：40（模式种：*Nerita tuberculata* Müller，印度）；Yen，1939：56；Liu et al.，1993：57.

Thiara（*Melanoides*），Abbott，1948：289.

Melanoides，Annandale & Prashad，1921：558-559.

鉴别特征：贝壳呈长圆锥形，具有螺棱或纵肋。外套膜边缘具指状突起。孤雌生殖，雌性的育仔囊位于颈部背侧，育仔囊内无隔膜，颈部右侧具有生殖孔。

分布：广泛分布于温带、亚热带和热带的淡水及半咸水中，在我国分布于云南、广西、广东、江苏、福建、海南、台湾、香港等省（区）。

1. 瘤拟黑螺 *Melanoides tuberculata*（Müller，1774）

Nerita tuberculata Müller，1774：378，S. 191（模式产地：印度）.

Thiara（*Melanoides*）*tuberculata*，Abbott，1948：289，pl. 3，fig. 13（印度、菲律宾、中国）.

Melanoides tuberculata formosana Smith，1878：728，pl. 41，fig. 4-5；Chen，2011：151（中国台湾）.

Melanoides tuberculata，Annandale & Prashad，1921：559；Yen，1939：56，taf. 5，fig. 1-2（福建、广东、香港、澳门、海南）；刘月英等，1993：57-58（浙江、四川、台湾、福建、广东、广西、海南、贵州、云南）.

（1）检视材料：GXNU00000011-00000016，贝壳高 22.3~25.3 mm，采自广东省广州市增城区；GXNU-DLN20190039-20190044，贝壳高 17.3~27.7 mm，采自广西壮族自治区来宾市围村，采集人：杜丽娜；GXNU00000298-00000300，贝壳高 24.4~25.3 mm，采自广西壮族自治区崇左市大新县下雷镇，采集人：杜丽娜；GXNU00000296-00000297，贝壳高 29.8~32.0 mm，采自广西壮族自治区崇左市扶绥县东门镇三份，采集人：杜丽娜（表 2-57）。

表 2-57   瘤拟黑螺测量表

Table 2-57   Shell measurements of *Melanoides tuberculata*

	贝壳高/mm	贝壳宽/mm	体螺层高/mm	壳口长/mm	壳口宽/mm	螺层数/个
最小值	22.3	7.6	11.3	7.4	3.7	8
最大值	25.3	8.5	12.5	8.7	4.1	11
标准差	1.1	0.3	0.4	0.4	0.2	1.0
GXNU00000011	22.3	8.3	12.4	8.4	3.7	8
GXNU00000012	25.3	8.2	12.5	8.7	4.1	11
GXNU00000013	22.6	7.6	11.3	7.4	3.7	10
GXNU00000014	22.7	8.1	12.1	8.0	3.8	9
GXNU00000015	23.5	8.5	12.1	8.2	4.1	9
GXNU00000016	22.7	8.5	11.9	8.3	3.9	9

（2）特征描述：贝壳中等大小或大型。壳质略厚，坚固，外形呈圆锥形。有 8~12 个螺层，各层略外凸，螺层在长度上缓慢均匀增长。缝合线深。壳面呈红褐色、棕褐色或绿褐色，有红色的色斑及色带。该种在贝壳上的花纹变异较大，有的个体接近光滑，有的个体具有明显的螺棱和纵肋。壳口呈梨形。厣为角质的黄褐色薄片，具有螺旋生长纹，厣核位于内下缘处，形状与壳口相同（图 2-188）。齿舌的中央齿由 1 个三角形的中间齿和每侧 4 个小齿组成；侧齿由 1 个三角形的中间齿和每侧 4 个小齿组成；

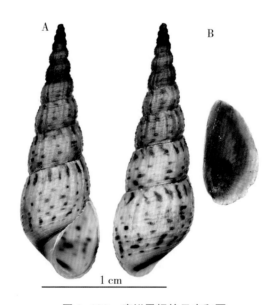

图 2-188   瘤拟黑螺的贝壳和厣

贝壳：A. GXNU00000014   厣：B. GXNU00000014

Fig. 2-188   Shell and operculum of *Melanoides tuberculata*

Shell：A. GXNU00000014   Operculum：B. GXNU00000014

内外缘齿均由 8~10 个大小相似的三角形小齿组成，齿式 4（1）4/4（1）4/8-10/8-10（图 2-189D、E）。外套膜边缘具有 10~14 个指状突起。雌性的育仔囊位于颈部背侧，颈部右侧具有生殖孔。胚胎有 4 个螺层，螺壳具有明显的螺棱和纵肋，并具有深褐色的斑点（图 2-189A~C）。

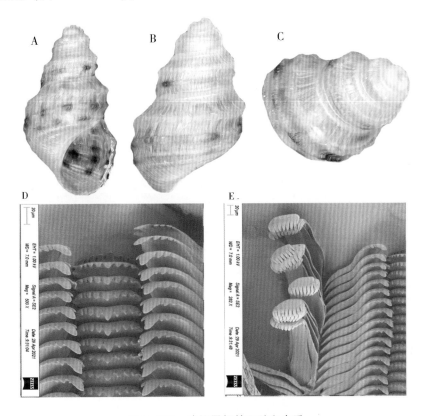

图 2-189 瘤拟黑螺的胚胎和齿舌

胚胎（A~C）：A. 正面照 B. 背面照 C. 壳顶照 齿舌：D、E

Fig. 2-189 Embryo and radulae of *Melanoides tuberculata*

Embryo（A~C）：A. front view B. dorsal view C. apex view Radulae：D、E

（3）分布：分布于浙江、四川、台湾、福建、广东、广西、海南及云南（图 2-190）。

（4）讨论：利用 COI 所构建的贝叶斯树暗示，分布于中国的瘤拟黑螺没有构成一个单系，来自广西德保样品所在分支与斜肋齿蜷构成姐妹群，采自广东的样品与 *Stenomelania denisoniensis* 构成姐妹群。狭蜷属 *Stenomelania* 种类在形态上与拟黑螺属种类较为相似，两个属间的典型区别在于育仔囊内是否有分隔，拟黑螺的胚胎间有隔膜，而狭蜷属种类的胚胎间无隔膜（Bandel et al.，1997）。在广西和广东采集到的标本，其育仔囊内均有隔膜将胚胎分隔，无明显的形态差别，因此，在本研究中，将不同采集地的标本均归为瘤拟黑螺。

图 2-190　瘤拟黑螺的分布点

Fig. 2-190　Known distribution of *Melanoides tuberculata*

（二）米氏蜷属 *Mieniplotia* Low & Tan，2014

Pseudoplotia Forcart，1950：77-87（模式种：*Buccinum scabrum* O. F. Müller，1774）.

Mieniplotia Low & Tan，2014：15-17（模式种：*Buccinum scabrum* O. F. Müller，1774）.

鉴别特征：贝壳小型，贝壳高 10~30 mm，外形呈卵圆柱形，各螺层在高度上增长较明显，体螺层明显膨大。壳顶常被腐蚀。各螺层常具有明显的纵肋，在纵肋的顶部向外突出形成棘状，在不同的生境下，棘的数目略有差异。壳面呈黄褐色或绿褐色，常具有一些深褐色或红棕色的斑点。壳口呈椭圆形。厣角质，具有螺旋生长纹，厣核位于厣下缘。

中文名来源："*Mieni*" 是贝类学家 Henk K. Mienis 的姓氏，译为米氏，"*Plotia*" 译为蜷，因此，*Mieniplotia* 译为米氏蜷属。

分布：本属已知仅 1 种，广泛分布于南亚、东南亚，印度、澳大利亚、美国等地，在我国分布于云南的西双版纳和个旧、广西、广东、海南、香港、台湾。

1. 粗糙米氏蜷 *Mieniplotia scabra*（Müller，1774）

Buccinum scabrum Müller，1774：136（印度）.

Helix aspera Gmelin，1791：3656（印度）.

Melania acanthica I. Lea & H. C. Lea，1851：194（菲律宾）.

Melania bockii Brot，1881：157，pl. 6，fig. 3（苏门答腊岛）.

Melania cochlea I. Lea & H. C. Lea，1851：196（不详）.

Melania denticulata I. Lea & H. C. Lea，1851：195（菲律宾）.

Melania intrepida Fulton，1914：163（爪哇）。

Melania keiensis Preston，1911：229（马来群岛）。

Melania pagoda I. Lea & H. C. Lea，1851：197（菲律宾）。

Plotia scabra，Yen，1939：57，taf. 5，fig. 8；Liu et al.，1993：107（海南）；Glaubrecht et al.，2009：199-275（澳大利亚）；Glaubrecht & Podlaka，2010：185-211（法国）；Bogan，2012：11-12。

Melania pugilis Hinds，1844：10（巴布亚新几内亚北部）。

Melania scabrella Philippi，1847：172，pl. 4，fig. 13（爪哇）。

Melania varia Bullen，1904：110，pl. 6，fig. 1-2（印度尼西亚）。

Plotia bloyeti Bourguignat，1890：186（坦桑尼亚）。

Plotia leroyi Bourguignat，1890：185（坦桑尼亚）。

Thiara（*Plotia*）*scabra*，Abbott，1948：291-292，pl. 3，fig. 12（马里亚纳群岛，菲律宾）；Roll et al.，2009：1963-1972（以色列）。

Thiara scabra，Thompson，Heyn，Campbell，2007：21-22（南亚、东南亚、中国南部、澳大利亚、美国佛罗里达州等）。

Pseudoplotia scabra，Mienis & Rittner，2013：37-38（以色列）；Nasarat et al.，2014：46-49（约旦）。

Mieniplotia scabra，Low & Tan，2014：15-17。

（1）检视材料：GXNU00000083-00000090，贝壳高 11.0~19.7 mm，采自海南省儋州市，采集人：刘春（表 2-58）。

表 2-58　粗糙米氏蜷测量表

Table 2-58　Shell measurements of *Mieniplotia scabra*

	贝壳高/mm	贝壳宽/mm	体螺层高/mm	壳口长/mm	壳口宽/mm	螺层数/个
最小值	11.0	5.8	7.8	5.6	2.4	5
最大值	19.7	9.9	13.6	9.8	4.3	6
标准差	2.9	1.3	1.9	1.4	0.6	0.5
GXNU00000083	19.7	9.9	13.6	9.8	4.3	6
GXNU00000084	11.2	5.8	8.0	5.6	2.4	6
GXNU00000085	12.5	6.2	8.5	6.0	2.6	6
GXNU00000086	11.0	6.1	7.8	5.9	2.6	5
GXNU00000087	11.9	6.4	8.6	6.2	2.7	5
GXNU00000088	11.4	6.3	8.6	5.7	3.0	6
GXNU00000089	11.6	6.2	8.3	6.3	2.8	6
GXNU00000090	11.7	6.1	8.2	5.8	2.7	6

（2）特征描述：贝壳小型，贝壳高 10~30 mm，外形呈卵圆柱形，各螺层在高度上增长较明显，体螺层明显膨大。壳顶常被腐蚀。各螺层常具有明显的纵肋，在纵肋的顶部向外突出形成棘状，在不同的生境下，棘的数目略有差异，体螺层一般具有 8~10

个棘。壳面呈黄褐色或绿褐色，常具有一些深褐色或红棕色的斑点。壳口呈椭圆形。厣角质，具有螺旋生长纹，厣核位于厣下缘（图 2-191）。齿舌的中央齿由 1 个大三角形的中间齿和每侧 3~4 个小齿组成，两侧小齿的高度约为中间齿的 1/2；侧齿由 1 个三角形的中间齿和每侧 2~3 个小齿组成；内缘齿由 6 个三角形齿组成；外缘齿由 8 个大小基本一致的三角形小齿组成，齿式 3-4（1）3-4／2-3（1）2-3／6／8（图 2-192D、E）。卵胎生，胚胎具有 3~4 个螺层，壳面具有明显的螺棱，体螺层有 3 条螺棱，其他螺层 2 条，体螺层和倒数第二螺层具有褐色斑块（图 2-192A~C）。

图 2-191　粗糙米氏螺的贝壳（GXNU00000083）

Fig. 2-191　Shell of *Mieniplotia scabra*（GXNU00000083）

（3）分布：广泛分布于南亚、东南亚，印度、澳大利亚、美国等地，在我国主要分布于云南的西双版纳和个旧、广西崇左、广东广州、海南、香港、台湾（图 2-193）。2019 年 3 月在云南西双版纳望天树景区溪流中采集到粗糙米氏螺，为该种首次在云南被记录，疑为入侵种，但入侵途径不详。同年，在个旧的红水河中也采集到部分标本。

（4）讨论：该种首次描述为粗糙峨螺（*Buccinum scabrum* Müller，1774），Abbott（1948）将它归到锥螺属（*Thiara*）、*plotiopsis* 亚属。Glaubrecht et al.（2009）根据形态特征认为粗糙峨螺既不属于 *plotiopsis* Brot，1874（模式种：*Melania balonnensis* Conrad，1850）也不属于锥螺属（模式种：*Helix amarula* Linnaeus，1758）。Yen（1939）将该种归为帆螺属（*Plotia* Roding，1798），刘月英等（1993）也沿用该分类地位。但是，Mienis（2012）讨论帆螺属不适合作为粗糙帆螺和其他该属淡水螺的属名，因为它是海洋螺类 *Pyramidella* Lamarck，1799 的同物异名。正因如此，Mienis（2012）提议将粗糙峨螺（*Buccinum scabrum* O. F. Müller）放到拟帆螺属（*Pseudoplotia* Forcart，1950）。但是，根据《国际动物命名法规》，Forcart（1950）并未对该属的特征进行描述，拟帆螺属不是一个有效的属名。Brot（1870）以 *Melania winteri* Philippi 为模式种建立了 *Tiaropsis* 属，并将除模式种以外的 13 种同归于该亚属（Brot，1874）（*Melania orientalis* A. Adams 1853，*M. winteri* Busch，*M. collistricta* Reeve，*M. dimidiata* Menke，*M. herklotzi*

图 2-192 粗糙米氏螺的胚胎和齿舌

胚胎（A~C）：A. 正面照 B. 背面照 C. 壳顶照 齿舌：D、E

Fig. 2-192 Embryo and radulae of *Mieniplotia scabra*

Embryo（A~C）：A. front view B. dorsal view C. apex view Radulae：D、E

图 2-193 粗糙米氏螺的分布点

Fig. 2-193 Known distribution of *Mieniplotia scabra*

Petit，*M. broti* Dohrn，*M. rudis* Lea，*M. aspera* Lesson，*M. hybrida* Reeve，*M. semicostata* Philippi，*M. armillata* Lea，*M. plumbea* Brot，*M. pallens* Reeve），但是，该属名为刺细胞动物门 *Tiaropsis* L. Agassiz，1850 的同物异名。Low & Tan（2014）以粗糙峨蜷为模式种建立米氏蜷属。

陈文德（2011）记述分布于台湾的粗糙米氏蜷可以分为无棘型、短棘型和长棘型 3 种，无棘型主要分布于台湾屏东满州，壳面具有细弱的螺棱，螺旋层上有细弱的纵肋，但是，纵肋并未向外突出成棘。

（三）粒蜷属 *Tarebia* H. Adams & A. Adams，1854

Vibex（*Tarebia*）H. Adams & A. Adams，1854：304.

Melanoides（*Tarebia*），Wenz，1939：714（模式种：*Melania granifera* Lamark）.

Thiara（*Tarebia*），Abbott，1948：290（模式种：*Melania granifera* Lamark）.

Tarebia Starmühler，1976：571（模式种：*Melania granifera* Lamark）.

鉴别特征： 贝壳中等大小。壳质厚，坚固，外形呈宽塔锥形。有 6~10 个螺层，各螺层不明显外凸，缓慢均匀增长，呈阶梯状排列。壳顶常损蚀。各螺层表面有由瘤状结节连成的纵肋及螺棱。壳面无明显的色带或部分个体环列瘤状结节上有深褐色的线形色带。壳口细长呈梨形，上方狭窄，下方逐渐宽大。厣为黄褐色角质的薄片，半透明，生长纹为螺旋形，厣核位于内下缘处。外套膜边缘具有指状突起。在食道上方具有 1 个育仔囊，孤雌生殖，卵胎生。右侧触角下方具 1 个产仔口。育仔囊内有处于不同发育阶段的胚胎，雌性每 12 h 可生产 1 个幼仔。

分布： 本属有 6 种，从印度大陆和东南亚的一些岛屿，向北分布到中国南部和台湾，向东分布到菲律宾群岛，再向南和向东分布到印尼群岛和新几内亚岛。在我国仅 1 种被记录，分布于广西恩城自然保护区、广东、台湾及海南。

1. 斜粒粒蜷 *Tarebia granifera*（Larmarck，1822）

Melania granifera Lamarck，1822：167（帝汶岛）；Brot，1874：321-322（帝汶岛）.

Helix lineata Gray，1828：24，fig. 68（恒河）.

Melania lirata Benson，1836：782（恒河）.

Melania lineata Troschel，1837：176（印度）.

Melania coffea Philippi，1843：60，taf. 2，fig. 4（爪哇）.

Melania batana Gould，1943：144（缅甸）.

Melania flavida Dunker，1844：164，taf. 3，fig. 15.

Melania verrucose Hinds，1844：9（巴布亚新几内亚）.

Melania lateritia I. Lea & H. C. Lea，1851：184（菲律宾）.

Melania luzoniensis I. Lea & H. C. Lea，1851：188（菲律宾）.

Melania crenifera I. Lea & H. C. Lea，1851：192（爪哇）.

Vibex（*Tarebia*）*granifera*，H. Adams & A. Adams，1854：304.

Melania obliquegranosa E. A. Smith，1878：729，pl. 46，fig. 7-8（中国台湾）.

Thiara（*Tarebia*）*granifera*，Abbott，1948：290-291，taf. 3，fig. 4（菲律宾、中国

台湾).

Melanoides graniferus graniferus，Benthen-Jutting，1963：468-469（新几内亚岛）.

Melanoides graniferus laevis，Benthen-Jutting，1963：468-469（新几内亚岛）.

Melanoides graniferus kampeni，Benthen-Jutting，1963：468-469（新几内亚岛）.

Tarebia granifera，Abbott，1952：71-116，taf. 1-2，fig. 32-40；Starmühler，1976：571-573（马来西亚、印度、中国台湾等）；刘月英等，1993：58-59（中国台湾和海南）.

（1）检视材料：GXNU00000026-00000035，贝壳高 15.9~20.6 mm，采自广东省深圳市（表 2-59）.

表 2-59　斜粒粒蜷测量表

Table 2-59　Shell measurements of *Tarebia granifera*

	贝壳高/mm	贝壳宽/mm	体螺层高/mm	壳口长/mm	壳口宽/mm	螺层数/个
最小值	15.9	7.6	11.4	8.6	3.7	5
最大值	20.6	9.8	14.4	10.4	4.8	8
标准差	1.3	0.6	0.8	0.5	0.4	0.8
GXNU00000026	20.6	9.8	14.4	10.4	4.8	7
GXNU00000027	19.6	8.9	13.1	9.4	4.6	7
GXNU00000028	18.7	8.2	12.9	9.0	3.7	7
GXNU00000029	19.3	8.7	13.6	9.6	4.3	7
GXNU00000030	18.6	8.4	12.7	8.8	3.8	7
GXNU00000031	17.7	8.4	12.0	9.3	3.9	7
GXNU00000032	19.0	8.2	12.2	8.6	3.9	8
GXNU00000033	17.3	7.6	11.4	8.7	3.8	8
GXNU00000034	17.9	8.3	12.3	8.9	4.0	7
GXNU00000035	15.9	8.0	12.5	8.8	4.3	5

（2）特征描述：贝壳中等大小，最大壳高约 30 mm，壳宽 11 mm。壳质厚，坚固，外形呈宽塔锥形。有 6~10 个螺层，各螺层不明显外凸，缓慢均匀增长，呈阶梯状排列。壳顶常损蚀。壳面呈黄褐色或深褐色，各螺层表面有由瘤状结节连成的纵肋及螺棱。纵肋呈斜形排列，各螺层上有 4~5 条环列瘤状结节，体螺层上有 7~8 条，体螺层下部具有 5~6 条螺棱。壳面无明显的色带或部分个体环列瘤状结节上有深褐色的线形色带。壳口细长呈梨形，上方狭窄，下方逐渐宽大。厣为黄褐色角质的薄片，半透明，生长纹为螺旋形，厣核位于内下缘处（图 2-194）。吻短，被浸泡标本的触角大约 2 mm，外套膜边缘具有指状突起。齿舌中央齿由 1 个大三角形的中间齿和每侧 3~4 个小齿组成，两侧小齿的高度约为中间齿的 1/2；侧齿由 1 个三角形的中间齿和每侧 3 个小齿组成；内外缘齿均由 8~10 个大小相似的三角形齿组成，齿式 3-4（1）3-4 / 3（1）3 / 8-10 / 8-10（图 2-195D、E）.

图 2-194　斜粒粒蜷的贝壳和厣
贝壳：A. GXNU00000026　厣：B. GXNU00000034
Fig. 2-194　Shell and operculum of *Tarebia granifera*
Shell：A. GXNU00000026　Operculum：B. GXNU00000034

图 2-195　斜粒粒蜷的胚胎和齿舌
胚胎（A~C）：A. 正面照　B. 背面照　C. 壳顶照　齿舌：D、E
Fig. 2-195　Embryo and radulae of *Tarebia granifera*
Embryo（A~C）：A. front view　B. dorsal view　C. apex view　Radulae：D、E

在食道上方具有 1 个育仔囊，孤雌生殖，卵胎生。右侧触角下方具有 1 个产仔口。胚胎具有 3 个螺层，体螺层上具有 3 条螺棱，其他螺层具有 1~2 条螺棱，壳面有棕褐色的色带（图 2-195A~C）。育仔囊内有处于不同发育阶段的胚胎，雌性每 12 h 可生产 1 个幼仔（Abbott，1952）。所产出的幼体，最大贝壳高可达到 6 mm，具有 5 个螺层（Isnaningsih et al.，2017）。

（3）分布与生境：在我国分布于广西、广东、香港、海南及台湾（图 2-196）。原产于东南亚和大洋洲地区，从印度大陆和东南亚的一些岛屿，向北分布到中国南部和台湾，向东分布到菲律宾群岛，再向南和向东分布到印尼群岛和新几内亚岛。目前已入侵到南非，美国的佛罗里达州、得克萨斯州等，墨西哥，古巴，以及亚洲的以色列（Fernández et al.，1992；Gutierrez et al.，1997；Appleton，2002；Appleton et al.，2009）。栖息于热带和亚热带地区的河流、湖泊和池塘内。可以生活的水温在 6~38 ℃，具有一定的耐污性和耐盐性（Benthen-Jutting，1956；Kartayev et al.，2009）。除了主动扩散以外，它还可以借助水草、水鸟等被动扩散，此外，斜粒粒蜷是比较受欢迎的水族物种，从水族箱逃逸到自然水体也是它的扩散方式之一。

图 2-196　斜粒粒蜷的分布点

Fig. 2-196　Known distribution of *Tarebia granifera*

（4）讨论：所收集的标本中，具有 2 种不同的形态变异，一种是与 Lamarck（1822）所描述的斜粒粒蜷相似，壳面呈浅棕色或深褐色，具有由瘤状结节组成的壳饰，无明显的色带；另一种是与 Gray（1828）所描述的线粒蜷（*Tarebia lineata*）相似，壳面具有明显的黑褐色的环形条纹。斜粒粒蜷壳形变异在泰国分布的种群中也有发现（Jena & Srirama，2017）。形态和分子结果均不支持线粒蜷为独立的物种，因此，支持将线粒蜷作为斜粒粒蜷的同物异名。

（四）齿蜷属 *Sermyla* H. Adams & A. Adams，1854

Sermyla，H. Adams & A. Adams，1854：296；Yen，1939：57；刘月英，1993：59（模式种：*Melania tornatella* Lea）。

Thiara（*Sermyla*），Abbott，1948：292；Rao，1989：102。

1. 斜肋齿蜷 *Sermyla riqueti*（Grateloup，1840）

Melania riqueti Grateloup，1840：433，pl. 3，fig. 28（模式产地：孟买）。

Thiara（*Melanoides*）*riqueti*，Pace，1973：64，pl. 12，fig. 4；Abbott，1948：292（印度、菲律宾）；Rao，1989：102，fig. 190（印度）。

Sermyla tornatella，Yen，1939：57，taf. 5，fig. 6（海南）。

Sermyla sculpta，Yen，1939：57，taf. 5，fig. 7（广东、澳门、香港、海南）。

Sermyla riqueti，刘月英等，1993：59，fig. 2-54（台湾、广东、海南）。

（1）检视材料：GXNU00000048-00000049，贝壳高 11.6~12.0 mm，来自广东省深圳市（表 2-60）。

表 2-60　斜肋齿蜷测量表
Table 2-60　Shell measurements of *Sermyla riqueti*

	贝壳高/mm	贝壳宽/mm	体螺层高/mm	壳口长/mm	壳口宽/mm	螺层数/个
最小值	11.6	4.4	6.8	4.6	1.6	7
最大值	12.0	4.9	7.2	5.0	1.8	7
标准差	0.2	0.3	0.2	0.3	0.1	0.0
GXNU00000048	12.0	4.9	7.2	5.0	1.8	7
GXNU00000049	11.6	4.4	6.8	4.6	1.6	7

（2）特征描述：贝壳中等大小。壳质厚，坚固，外形呈圆锥形。有 7 个螺层，各螺层均匀增长。壳顶常被损蚀。壳面呈黄褐色，并有红褐色色带或斑点，壳面具有纵肋，纵肋下方向左稍扭转，体螺层具有 12~14 条纵肋，壳口处有 2~4 条螺棱。无脐孔。厣为半透明的黄褐色角质薄片，厣核位于内下缘处，具螺旋生长纹（图 2-197）。外套膜边缘具有 10~11 个指状突起。齿舌中央齿由 1 个大三角形的中间齿和每侧 4~5 个小齿组成，两侧小齿的高度约为中间齿的 1/2；侧齿由 1 个三角形的中间齿和每侧 3 个小齿组成；内外缘齿均由 8~10 个大小相似的三角形齿组成；齿式 4-5（1）4-5 / 3（1）3 / 8-10 / 8-10（图 2-198D、E）。育仔囊位于颈背部，卵胎生（图 2-198A~C），育仔囊具有 4 个螺层的胚胎 5 个，贝壳高 1.0~1.4 mm；具有 3 个螺层的胚胎 7 个，贝壳高 0.5 mm。

（3）分布：分布于我国台湾及广东、海南等省。印度洋西岸、菲律宾、日本皆有分布（图 2-199）。

图 2-197 斜肋齿蜷的贝壳和厣
贝壳：A. GXNU00000048 厣：B. GXNU00000048
Fig. 2-197 Shell and operculum of *Sermyla riqueti*
Shell：A. GXNU00000048 Operculum：B. GXNU00000048

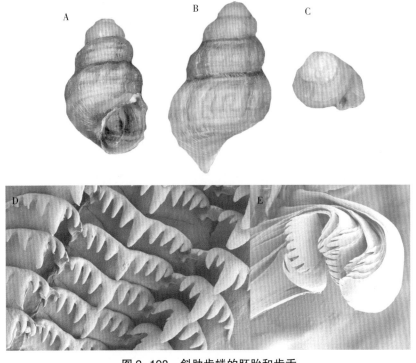

图 2-198 斜肋齿蜷的胚胎和齿舌
胚胎（A~C）：A. 正面照 B. 背面照 C. 壳顶照 齿舌：D、E
Fig. 2-198 Embryo and radulae of *Sermyla riqueti*
Embryo（A~C）：A. front view B. dorsal view C. apex view Radulae：D、E

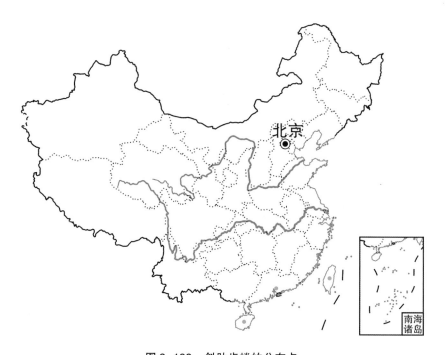

图 2-199　斜肋齿蜷的分布点

Fig. 2-199　Known distribution of *Sermyla riqueti*

参考文献

蔡茂荣，罗鋆，林国华，等，2017. 沼蜷属螺一新种记述（腹足纲：黑贝科）[J]. 海洋科学，41：134-137.

陈宝建，裴振义，李友松，2008. 建瓯市并殖吸虫种质资源及感染情况的调查 [J]. 热带医学杂志，2（8）：150-151.

戴友芝，唐受印，张建波，2000. 洞庭湖底栖动物种类分布及水质生物学评价 [J]. 生态学报，20（2）：277-282.

董晓晓，星亚敏，舒凤月，2017. 广东中山市的淡水贝类调查初报 [J]. 曲阜师范大学学报，43（1）：76-80.

段学花，王兆印，徐梦珍，2010. 底栖动物与河流生态评价 [M]. 北京：清华大学出版社.

甘武，2007. 江西及其周边地区肋蜷科（Pleuroceridae）分类及生物学研究 [D]. 南昌大学：1-67.

胡宝清，刘顺生，王世杰，2003. 秦岭—大别山造山带的盆—山体系演化及其区域环境效应 [J]. 长江流域资源与环境，12（5）：450-456.

胡自强，刘俊，傅秀芹，等，2007. 湘江干流软体动物的研究 [J]. 水生生物学报，31（4）：524-531.

李恒德，吕代钧，1985. 洪湖底栖动物调查报告 [J]. 淡水渔业（3）：25-29.

李友松，林金祥，1994. 放逸短沟蜷体内并殖吸虫尾蚴、子雷蚴与类似吸虫幼虫的比较 [J]. 中国人兽共患病杂志，10（5）：15-18.

李友松，曾森平，张世阳，等，2004. 福建省并殖吸虫第1中间宿主种类、分布及感染率的调查 [J]. 海峡预防医学杂志，10（6）：1-3.

林本翔，魏焕旺，李友松，等，2016. 福建省政和县东部并殖吸虫病疫源地调查 [J]. 中国血吸虫病防治杂志，28：418-421.

刘月英，王耀先，张文珍，1991. 三峡库区的淡水贝类 [J]. 动物分类学报，16（1）：1-14.

刘月英，张文珍，王耀先，1993. 医学贝类学 [M]. 北京：海洋出版社.

刘月英，张文珍，王耀先，等，1979. 中国经济动物志 淡水软体动物 [M]. 北京：科学出版社：1-64.

刘月英，张文珍，王耀先，等，1994. 中国西南地区淡水贝类八新种记述 [J]. 动物分类学报，19：25-35.

吕儒仁，李德基，2015. 青藏高原地表过程与地质构造基础［M］. 成都：四川科学技术出版社.

马维，王瑁，王文卿，等，2018. 海南岛西海岸红树林软体动物多样性［J］. 生物多样性，26（7）：707-716.

齐钟彦，马绣同，刘月英，等，1985. 中国动物图谱 软体动物 第四册［M］. 北京：科学出版社：4-22.

王才如，1988. 中国水生贝类原色图鉴［M］. 杭州：浙江科学技术出版社.

王国芝，王成善，曾允孚，等，2000. 滇西高原的隆升与莺歌海盆地的沉积响应［J］. 沉积学报，18（2）：234-240.

徐霞锋，2007. 长江中游部分地区肋蜷科（Pleuroceridae）分类及形态学研究［D］. 南昌大学.

张玺，齐钟彦，楼子康，等，1964. 中国动物图谱 软体动物 第一册［M］. 北京：科学出版社：47-64.

ABBOTT R T, 1948. Handbook of medically important molluscs of the Orient and the Western Pacific［J］. Bulletin of the Museum of Comparative Zoology, 100：245-328.

ABBOTT R T, 1952. A study of an intermediate snail host（*Tarebia granifera*）of the oriental lung fluken（Paragonimus）［J］. Proceedings of the United States National Museum, 102：71-115.

ADAMS H, 1866. Description of a new genus and a new species of Mollusks［J］. Proceedings of the Zoological Society of London, 1866：150-151.

ANNANDALE N, PRASHAD B, 1921. The aquatic and amphibious Mollusca of Manipur［J］. Records of the Indian Museum, 22：528-622.

ANNANDALE N, RAO H S, 1925. Further observations on the aquatic gastropods of the Inlé watershed［J］. Records of the Indian Museum, 27：101-127.

ANNANDALE N, SEWELL R B S, 1921. The banded pond-snail of India（Vivipara bengalensis）［J］. Records of the Indian Museum, 22：215-292.

ANNANDALE N, 1919. The gastropod fauna of old lake-beds in Upper Burma［J］. Records Geological Survey of Indian, 50：209-240.

ANNANDALE N, 1924. The evolution of the shell-sculpture in fresh-water snails of the family Viviparidae［J］. Proceedings of the Royal Society B, 96：60-76.

APPLETON C C, 2002. First report of *Tarebia granifera*（Lamarck, 1816）（Gastropoda：Thiaridae）from Africa［J］. Journal of Molluscan Studies, 68（4）：399-402.

APPLETON C C, FORBES A T, DEMETRIADES NT, 2009. The occurrence, bionomics and potential impacts of the invasive freshwater snail *Tarebia granifera*（Lamarck, 1822）（Gastropoda：Thiaridae）in South Africa［J］. Zoologische Mededelingen, 83：525-536.

BAVAY A, DAUTZENBERG P, 1910. Contributions à la faune fluviatile de l'extrème-Orient（Chine et Indo-Chine）［J］. Journal de Conchyliologie, 58：1-21.

BENSON W H, 1836. Description of the shell and animal of Nematura, a new genus of Mollusca, inhabiting situations subject to alternations of fresh and brackish water [J]. The Journal of the Asiatic Society of Bengal, 5 (60): 781-782.

BENSON W H, 1842. Mollusca, in Theodor Cantor's General Features of Chusan, with remarks on the flora and fauna of that island [J]. The annals and magazine of natural history Zoology, 9: 481-493.

BENTHEM-JUTTING W S S, 1963. Non-marine mollusca of West New Guinea, part 1, Mollusca from fresh and brackish waters [J]. Nova Guinea (Zoology), 20: 409.

BENTHEM-JUTTING W S S, 1956. Systematic studies on the non-marine mollusca of the Indo-Australian archipelago. V. Critical revision of the Javanese freshwater gastropods [J]. Treubia, 23: 259-477.

BOETTGER O, 1886. Zur Kenntniss der Malanien Chinas und Japans [J]. Jahrbücher der deutschen malakozoologischen Gesellschaft: 1-16.

BOETTGER O, 1887. Die ostasiatischen Vertreter der Gattung Rissoina [J]. Jahrbücher der deuschen malakologischen Gesellschaft, 125-135.

BOGAN A E, 2012. Review of the invasion and taxonomy of the Pagoda Tiara, Plotia scabra (Müller, 774) Gastropoda: Thiaridae [J]. Ellipsaria, 14 (1): 11-12.

BOONMEKAM D, KRAILAS D, GIMNICH F, et al., 2019. A glimpse in the dark? A first phylogenetic approach in a widespread freshwater snail from tropical Asia and northern Australia (Cerithioidea, Thiaridae) [J]. Zoosystematic Evolution, 95 (2): 373-390.

BOUCHET P, ROCROI J P, 2017. Revised classification, nomenclator and typification of gastropod and monoplacophoran families [J]. Malacologia, 61 (1-2): 1-526.

BOURGUIGNAT J R, 1890. Mollusques de l'Afrique équatoriale de Moguedouchou à Bagamoyo et de Bagamoyo au Tanganika [M]. Pairs: D. Dumoulin et cie, 1-229, 1-8.

BRANDT R A M, 1968. Description of new non-marine mollusks from Asia [J]. Achiv für Molluskenkunde, 98: 213-289.

BRANDT R A M, 1974. The non-marine aquatic Mollusca of Thailand [J]. Archiv für Molluskenkunde 105: 184-189.

BRIGGS J C, HOCUTT C H, WILEY E O, 1986. Introduction to the zoogeography of North American fishes, in the Zoogeography of North American Freshwater Fishes [M]. New York: Wiley-Interscienc, 1-16.

BROT A, 1862. Catalogue systématique des espèces qui composent la famille des Mélaniens [J]. Materiaux pour servir a l'étude de la famille des Mélaniens, 1: 6-72.

BROT A, 1868. Additions et corrections au catalogue systématique des espéces qui composent la famille des Mélaniens [J]. Materiaux pour servir a l'étude de la famille des Mélaniens, 2: 1-58.

BROT A, 1870. Catalogue of the recent species of the family Melanidae [J]. American Journal of Conchyology, 6: 271-325.

BROT A, 1872. Notices sur les Mélaniens de Lamarck conservées dans le Musee Delessert et Sûtquelques espèces nouvelles ou peu connues [J]. Materiaux pour server a l' étude de la famille des Mélaniens, 3: 1-55.

BROT A, 1874-1879. Die Melaniaceen (Melaniidae) in Abbildungen nach der Natur mit Beschreibungen [J]. Bauer & Raspe, Nürnberg: 1-488.

BROT A, 1881. Note sur quelques coquilles fluviatiles recoltées à Bornéo et à Sumatra par M. Carl Bock [J]. Journal de Conchyliologie, 29: 154-160.

BROT A, 1883. Über einige von Herrn Möllendorff in China gesammelte Melanien [J]. Nachrichtenblatt der deutschen Malakologischen Gesellschaft, 15: 80-86.

BROT A, 1886. Quelques espèces de mélanies nouvelles [J]. Recueil zoologique Suisse, 4: 89-109.

BROT A, 1887. Diagnose de deux espéces nouvelles de *Melania* de l' Annam [J]. Journal de Conchyliologie, 35: 32-35.

BROWN DS, 1994. Freshwater Snails of Africa and their Medical Importance (revised 2nd edn.) [M]. London: Taylor & Francis.

BULLEN R A, 1904. Description of new species of non-marineshells from Java, and a new species of *Corbicula* from New South Wales [J]. Proceedings of the Malacological Society of London, 6: 109-111.

BURCH J B, 1968. Cytotaxonomy of some Japanese *Semisulcospira* (Streptoneura: Pleuroceridae) [J]. Journal de Conchyliologie, 107: 3-51.

BURCH J B, JUNG Y, 1988. A new freshwater prosobranch snail (Mesogastropoda: Pleuroceridae) for Korea [J]. Walkerana, 2: 187-194.

BURCH J B, 1989. North American Freshwater Snails [M]. Hamburg, MI: Malacological Publications.

BYRNE M, PHELPS H, CHURCH T, et al., 2000. Reproduction and developments of the freshwater clam *Corbiculua australis* in Southeast Australia [J]. Hydrobiologia, 418: 185-197.

CHANG M M, MIAO D, CHEN Y Y, et al., 2001. Suckers (Fish, Catostomidae) from the Eocene of China account for the family' s current disjunct distributions [J]. Science in China, 44: 577-585.

CHANIOTIS B N, BUTLER J M, FERGUSON F F, et al., 1980. Bionomics of *Tarebia granifera* (Gastropoda: Thiaridae) in Puerto Rico, an Asian vector of *Paragonimiasis westermani* [J]. Caribbean Journal of Science, 16: 81-89.

CHEN S F, 1937. Four new species of freshwater molluscs from China [J]. Journal of the Washington Academy of Sciences, 27: 444-448.

CHEN S F, 1943. Two new genera, two new species and two new names of Chinese Melaniidae [J]. Nautilis, 57: 19-21.

COLGAN D J, PONDER W F, BEACHAM E, et al., 2003. Gastropod phylogeny based on six segments from four genes representing coding or non-coding and mitochondrial or nuclear DNA [J]. Molluscan Research, 23: 123-148.

COSSMANN M, 1900. Rectifications de nomenclature [J]. Revue critique de Palaeozoologie, 4: 42-46.

DANG N T, HO T H, 2007. Fresh water snail of Pachychilidae Troschel, 1857 (Gastropoda, Prosobranchia, Cerithioidea) in Vietnam [J]. Journal of Biology (Vietnamese Academy of Science and Technology), 6: 1-9 (in Vietnamese).

DARLINGTON P J J, 1957. Zoogeography: the Geographical Distribution of Animals [M]. New York: John Wiley & Sons, Inc., 33.

DAUTZENBERG P, FISCHER H, 1906. Contribution a la faune malacologique de l'Indo-Chine [J]. Journal de Conchyliologie, 54: 145-226.

DAUTZENBERG P, FISCHER H, 1908. Liste de mollusques récoltés par M. Mansuy en Indo-Chine et description d'espèces nouvelles [J]. Journal de Conchyliologie, 56: 169-217.

DAVIS G M, 1969. A taxonomic study of some species of Semisulcospira in Japan (Mesogastropoda: Pleuroceridae) [J]. Malacologia, 7: 211-294.

DONALD J C, WINSTON F P, PETER E E, 1999. Gastropod evolutionary rates and phylogenetic relationships assessed using partial 28S rDNA and histone H3 sequences [J]. Zoologica Scripta, 29: 29-63.

DU L N, CHEN J, YU G H, et al., 2019. Systematic relationships of Chinese freshwater semisulcospirids (Gastropoda, Cerithioidea) revealed by mitochondrial sequences [J]. Zoological Research, 40 (6): 541-551.

DU L N, CHEN X Y, YANG J X, 2017. Morphological redescription and neotype designation of *Sulcospira paludiformis* (Yen, 1939) from Hainan, China [J]. Molluscan Research, 37 (1): 66-71.

DU L N, KÖHLER F, YU G H, et al., 2019. Comparative morpho-anatomy and mitochondrial phylogeny of Semisulcospiridae in Yunnan, south-western China, with description of four new species (Gastropoda: Cerithioidea) [J]. Invertebrate Systematics, 33: 825-848.

DU L N, LI Y, CHEN X Y, et al., 2011. Effect of eutrophication on molluscan community compositin in the Lake Dianchi (China, Yunnan) [J]. Limnologica, 41: 213-219.

DU L N, YANG J X, 2019. A review of *Sulcospira* (Gastropoda: Pachychilidae) from China, with description of two new species [J]. Molluscan Research, 39 (3): 241-252.

DU L N, YANG J X, VON RINTELEN T, et al., 2013. Molecular Phylogenetic evidence that the Chinese Viviparid genus *Margarya* (Gastropoda: Viviparidae) is polyphyletic [J]. Chinese Science Bulletin, 58: 2154-2162.

DUDGEON D, 1982. The life history of *Brotia hainanensis* (Brot, 1872) (Gastropoda: Prosobranchia: Thiaridae) in a tropical forest stream [J]. Zoological Journal of the

Linnean Society, 76: 141-154.

FERNÁNDEZ L D, CASALIS A E, MASA A M, et al. , 1992. Estudio preliminar de la variación de *Tarebia granifera* (Lamarck), Río Hatibonico, Camagüey [J]. Revista Cubana de Medicina Tropica, l44: 66-70.

FISCHER H, DAUTZENBERG P, 1906. Liste des mollusques récoltés par M. le capitain de frigate Blaise au Tonkin, et description d' espèces nouvelles [J]. Journal de Conchyliologie, 53: 85-234.

FISCHER P, 1887. Manuel de conchyliologie et de paléontologie conchyliologique ou histoire naturelle des mollusques vivants et fossils suivi d' un appendice sure les brachipodes. Fascicule 9 [M]. Paris: Librairie F. Savy.

FISCHER P H, CROSSE J C H, 1891-92. Pour servir à l' histoire de la faune de l' Amerique centrale et du Mexique [M], Paris: Imprimerie Nationale, 7: 305-328.

FOLMER O, BLACK M, HOEH W, et al. , 1994. DNA primers for amplification of mitochondrial cytochrome coxidase subunit I from diverse metazoan invertebrates [J]. Molecular Marine Biology and Biotechnology, 3: 294-299.

FORCART L, 1950. Der Genotypus von *Plotia* Bolten & Röding 1798 [A]. Archiv für Molluskenkunde, 79 (1-3): 77-87.

FULTON H C, 1904. On some new species of *Melania* and *Jullienia* from Yunnan and Java [J]. Journal of Malacology, 11: 51-52.

FULTON H C, 1914. Descriptin of new species of *Melania* from Yunnan, Java, and the Tsushima Islands [J]. Journal of Mollusca Studies, 11: 163-164.

GLAUBRECHT M, KÖHLER F, 2004. Radiating in a river: systematics, molecular genetics and morphological differentiation of viviparous freshwater gastropods endemic to the Kaek River, central Thailand (Certhioidea, Pachychilidae) [J]. Biological Journal of the Linnean Society, 82: 275-311.

GLAUBRECHT M, VON RINTELEN T, 2003. Systematics and zoogeography of the pachychilid gastropod *Pseudopotamis* Martens, 1894 (Mollusca: Gastropoda: Cerithioidea): a limnic relict on the Torres Strait Islands, Australia [J]. Zoologica Scripta, 32: 415-435.

GLAUBRECHT M, 1995. Preadaptation and the evolution of ontogenetic strategies in freshwater Cerithioidea (Caenogastropoda): Implications from a comparison of Thiaridae and Melanopsidae [M] // GUERRA A, ROLAN E, ROCHA F. Abstracts of the 12th International Malacological Congress, 23.

GLAUBRECHT M, 1996. Evolutionsökologie und systematik am Beispiel von Süß–und Brackwasserschnecken (Mollusca: Caenogastropoda: Cerithioidea): Ontogenese – Strategien, paläontologische Befunde und Historische Zoogeographie [M]. Leiden: Backhuys Publishers.

GLAUBRECHT M, 1997. Lakustrine speziation bei viviparen Süßwasserschnecken (Caenogastropoda: Cerithioidea) am Beispiel von Seen in Ostafrika und Sulawesi [J]. Verhandlungen der Deutschen Zoologischen Gesellschaft, 90: 171.

GLAUBRECHT M, 1999. Systematics and the evolution of viviparity in tropical freshwater gastropods (Cerithioidea: Thiaridae sensu lato) —an overview [J]. Courier Forschungsinstitut Senckenberg, 125: 91-96.

GLAUBRECHT M, Podlaka K, 2010. Freshwater gastropods from early voyages into the Indo-West Pacific: the "Melaniids" (Cerithoidea, Thiaridae) from the French "La Coquille" circumnavigation, 1822-1825 [J]. Zoosystematics and Evolution, 86 (2): 185-211.

GLAUBRECHT M, BRINKMANN N, POPPE J, 2009. Diversity and disparity "down under" systematics, biogeography and reproductive modes of the "marsupial" freshwater Thiaridae in Australia [J]. Zoosystematics and Evolution, 85 (2): 199-275.

GMELIN J F, 1791. Caroli a Linnaei Systema Naturae per Regna Tria Naturae [M]. Lipsiae: impensis Georg. Emanuel. Beer. Tome, 1 (6): 3021-3910.

GOULD A A, 1843. Shells not long since announced as having been received from the Rev. Francis Mason, missionary at Tavoy, in British Burmah [J]. Proceedings of the Boston Society of Natural History. 1: 139-141, 144.

GRAF D L, O' FOIGHIL D, 2000. The evolution of brooding characters among the freshwater pearly mussels (Bivalvia: Unioniodea) of North America [J]. Journal of Mollusca Studies, 66: 157-170.

GRAF D L, 2001. The cleansing of the Augean Stables, or alexicon of the nominal species of the Pleuroceridae (Gastropoda: Prosobranchia) of recent North America, North of Mexico [J]. Walkerana 12: 1-124.

GREDLER P V, 1887. Zur Conchylien-Fauna von China [J]. Annalen des Naturhistorischen Museums in Wien, 2: 283-290.

GREDLER V, 1885. Zur Conchylien-Fauna von China. VII [J]. Stück. Jahrbücher der Deutschen Malakozoologischen Gesellschaft, 12: 219-235, 6.

GREDLER V, 1886. Zur Conchylien-Fauna von China. IX [J]. Stück. Malakozoologische Blätter. 9 (N. F.): 1-20.

GREDLER V, 1889. Zur Conchylien-Fauna von China. XIV. [J] Stück. Nachrichtsblatt der Deutschen malakozoologischen Gesellschaft, 21: 155-163.

GUTIERREZ A, PERERA G, YONG M, et al., 1997. Relationships of the Prosobranch snails Pomacea paludosa, Tarebia granifera and Melanoides tuberculata with the abiotic environment and freshwater snail diversity in the central region of Cuba [J]. Malacologial Review, 30: 39-44.

HEARD W H, 1997. Reproduction of fingernail clams (Sphaeriidae: Sphaerium and Musculium) [J]. Malacologia, 16: 421-455.

HEUDE P M, 1882-1890. Mémoires concernant l' histoire naturelle de l' empire chinois par des pères de la Compagnie de Jésus. Notes sur les Mollusques terrestres de la vallée du

Fleuve Bleu [M]. Chang-Hai: Mission Catholique, 188.

HEUDE P M, 1888. Diagnoses molluscorum novarum in Sinis [J]. Journal de Conchyliologie: 305-309.

HINDS R B, 1844. Descriptions of new species of Melania collected during the voyage of H. M. S. Sulphur [J]. The Annals and Magazine of Natural History, 14 (88): 8-11.

ICZN (International Commission on Zoological Nomenclature), 1999. International Code of Zoological Nomenclature. Fourth edition [M]. London: International Trust for Zoological Nomenclature.

JENA C, SRIRAMA K, 2017. Molecular phylogenetic relationship of Thiaridean genus *Tarebia lineate* (Gastropoda: Cerithioide) as determined by partial COI sequences [J]. Journal fo Entomology and Zoology Studies, 5: 1489-1492.

JOHNSON P D, BOGAN A E, LYDEARD C E, et al., 2005. Development of an initial conservation assessment for North American freshwater gastropods [M]. Freshwater Mollusk Conservation Society. 4th Biennial Symposium. Meeting Program and Abstracts: 35.

KARATYEV A Y, BURLAKOVA L E, KARATYEV V A, et al., 2009. Introduction, spread, and impacts of exotic freshwater gastropods in Texas [J]. Hydrobiologia, 619: 181-194.

KIM S S, KIM D C, CHUNG P R, et al., 1987. A cytological study on two species of the genus *Semisulcospira* (Gastropoda: Pleuroceridae) in Korea [J]. Korean Journal of Malacology, 420: 73-90.

KIM W J, KIM D H, LEE J S, et al., 2010. Systematic relationships of Korean freshwater snails of *Semisulcospira*, *Koreanomelania*, and *Koreoleptoxis* (Cerithioidea: Pleuroceridae) revealed by mitochondrial cytochrome oxidase I sequences [J]. The Korean Journal of Malacology, 26: 275-283.

KÖHLER F, DAMES C, 2009. Phylogeny and systematics of the Pachychilidae of mainland Southeast Asia-novel insights from morphology and mitochondrial DNA (Mollusca, Caenogastropoda, Cerithioidea) [J]. Zoological Journal of the Linnean Society, 157: 679-699.

KÖHLER F, GLAUBRECHT M, 2001. Toward a systematic revision of the Southeast Asian freshwater gastropod *Brotia* H. Adams, 1886 (Cerithioidea: Pachychilidae): an account of species from around the South China Sea [J]. Journal of Molluscan Studies, 67: 281 -318.

KÖHLER F, GLAUBRECHT M, 2002. Annotated catalogue of the nominal taxa of Southeast Asian freshwater gastropods, family Pachychilidae Troschel, 1857 (Mollusca, Caenogastropods, Cerithioidea), with an evaluation of the types [J]. Mitteilungen aus dem Museum für Naturkunde in Berlin Zoologische Reihe, 78: 121-156.

KÖHLER F, GLAUBRECHT M, 2005. Fallen into oblivion - the systematic affinities of the enigmatic *Sulcospira* Troschel, 1858 (Cerithioidea: Pachychilidae), a genus of viviparous freshwater gastropods from Java [J]. The Nautilus, 119: 15-26.

KÖHLER F, GLAUBRECHT M, 2006. A systematic revision of the Southeast Asian freshwater gastropod *Brotia* (Cerithioidea: Pachychilidae) [J]. Malacologia, 48: 159 -251.

KÖHLER F, 2008. Two new species of *Brotia* from Laos (Mollusca, Caenogaastropoda, Pachychilidae) [J]. Zoosystematics and Evolution, 84: 49-55.

KÖHLER F, 2016. Rampant taxonomic incongruence in a mitochondrial phylogeny of *Semisulcospira* freshwater snails from Japan (Gastropoda, Cerithioidea, Semisulcospiridae) [J]. Journal of Molluscan Studies, 82: 268-281.

KÖHLER F, 2017, Against the odds of unusual mtDNA inheritance, introgressive hybridization and phenotypic plasticity: systematic revision of Korean freshwater gastropods (Semisulcospiridae, Cerithioidea) [J]. Invertebrate Systematics, 31: 249-268.

KÖHLER F, DU L N, YANG J X, 2010. A new species of *Brotia* from Yunnan, China (Caenogastropoda, Pachychilidae) [J]. Zoosystematics and Evolution, 86: 295-300.

KÖHLER F, HOLFORD M, TU D V, et al. , 2009. Exploring a largely unknown fauna: on the diversity of pachychilid freshwater gastropods in Vietnam (Caenogastropoda: Cerithioidea) [J]. Molluscan Research, 29: 121-146.

KÖHLER F, VON RINTELEN T, MEYER A, et al. , 2004. Multiple origin of viviparity in southeast Asian gastropods (Cerithioidea: Pachychiidae) and its evolutionary implications [J]. Evolution, 58: 2215-2226.

KORNIUSHIN A, GLAUBRECHT M, 2002. Phylogenetic analysis based on the morphology of viviparous freshwater clams of the family Sphaeriidae (Mollusca, Bivalvia, Veneroida) [J]. Zooloigca Scripta, 31: 415-459.

KORNIUSHIN A, GLAUBRECHT M, 2003. Novel reproductive modes in freshwater clams: brooding and larval morphology in Southeast Asian taxa of *Corbicula* (Mollusca: Bivalvia: Corbiculidae) [J]. Acta Zoologica, 84: 293-315.

LAMARCK J B, 1822. Histoire naturelle des animaux sans vertèbres (vol. 6) [M]. Pairs: L' Auteur, Au Jardin Du Roi.

LEA I, LEA H C, 1851. Description of a new genus of the family Melaniana, and of many new species of the genus *Melania*, chiefly collected by Hugh Cuming, Esq. , during his zoological voyage in the East, and now first described [J]. Proceedings of the Zoological Society of London, 18: 179-197.

LEE J S, KO J H, KWON O K, 2001. Isozyme variation in two specis of freshwater pleurocerid snails in Korea: *Koreanomelania nodifila* and *Koreoleptoxis globus ovalis* [J]. Korean Journal of Malacology, 17: 117-123.

LEE T, HONG H C, KIM J J, et al. , 2007. Phylogenetic and taxonomic incongruence involving nuclear and mitochondrial markers in Korean populations of the freshwater snail genus *Semisulcospira* (Cerithioidea: Pleuroceridae) [J]. Molecular Phylogenetics and Evolution, 43: 386-397.

LIU H T, SU D C, 1962. Pliocene fishes from Yüshe Basin, Shansi. Vertebrata Palasiatica, 61: 1-47.

LIU Y Y, WANG Y X, ZHANG W Z, et al., 1993. The freshwater mollusca of tropical rainforests and their surroundings in Hainan Island and Xishuangbanna of Yunnan [J]. Sinozoologia, 10: 99-109.

LOW M E, TAN S K, 2014. *Mieniplotia* gen. nov. for *Buccinum scabrum* O. F. Muller, 1774, with comments on the nomenclature of *Pseudoplotia Forcart*, 1950, and *Tiaropsis Brot*, 1870 (Gastropoda: Caenogastropoda: Cerithioidea: Thiaridae) [J]. Occasional Molluscan Papers, 3: 15-17.

LU H F, DU L N, LI Z Q, et al., 2014. Morphological analysis of the Chinese *Cipangopaludina* species (Gastropoda: Caenogastropoda: Viviparidae) [J]. Zoological Research 35 (6): 510-527.

LYDEARD C, HOLZNAGEL W E, GARNER J, et al., 1997. A molecular phylogeny of Mobile River drainage basin pleurocerid snails (Caenogastropoda: Cerithioidea) [J]. Molecular Phylogenetics and Evolution, 7: 117-128.

LYDEARD C, HOLZNAGEL W E, GLAUBRECHT M, et al., 2002. Molecular phylogeny and evidence for multiple origins of freshwater gastropods of the circum-global, diverse superfamily Cerithioidea (Mollusca: Caenogastropoda) [J]. Molecular Phylogenetics and Evolution, 22: 399-406.

MAABN, GLAUBRECHT M, 2012. Comparing the reproductive biology of three "marsupial" eu-viviparous gastropods (Cerithioidea, Thiaridae) from drainages of Australia's monsoonal north [J]. Zoosystematic and Evolution, 88 (2): 293-315.

MARTENS E, 1886. Vorzeigung der von Dr. Gottsche in Japan und Korea gesammelten Land- und Süßwasser-Mollusken [J]. Sitzungs-Berichte der Gesellschaft naturforschender Freunde zu Berlin, 1886: 76-80.

MARTENS E, 1894. Mollusken [M] //SEMON R W. Zoologische forschungsreisen in Australien und dem Malayischen Archipel, 5: Systematik und Thiergeographie: 83-96. Gustav Fischer, Jena.

MARTENS E, 1897. Süß- und Brackwasser-Mollusken des Indischen Archipels [M] // WEBER M. Zoologische Ergebnisse Einer Reise in Niederlandisch Indien, 4: 1-331. Brill, Leiden.

MARTENS E, 1905. Koreanische Süßwasser-Mollusken [J]. Zoologische Jahrbücher Supplement, 8: 1-70.

MARWOTO R M, ISNANINGSIH N R, 2012. The freshwater snail genus *Sulcospira* Troschel, 1857 from Java, with description of a new species from Tasikmalaya, west Java, Indonesia (Mollusca: Gastropoda: Pachychilidae) [J]. The Raffles Bulletin of Zoology, 60: 1-10.

MINTON R L, LYDEARD C, 2003. Phylogeny, taxonomy, genetics and global heritage ranks of an imperiled, freshwater snail genus *Lithasia* (Pleuroceridae) [J]. Molecular Ecology, 12: 75-87.

MIURA O, KÖHLER F, LEE T, et al., 2013. Rare, divergent Korean *Semisulcospira* spp. Mitochondrial haplotypes have Japanese sister lineages [J]. Journal of Molluscan Studies, 79: 86-89.

MORLET L, 1893. Descriptions d'epèces nouvelles provenant de l'Indo-Chine [J]. Journal de Conchyliologie, 41: 151-157.

MORLET L, 1887. Liste de coquilles recueillies, au Tonkin, par M. Jourdy, chef d'escadron d'artillerie, et description d'espéces nouvelles [J]. Journal de Conchyliologie, 34: 257 -295.

MORRISON J P E, 1954. The relationships of old and new world melanians [J]. Proceedings of the United States National Museum, 103: 357-394.

MÜLLER O F, 1774. Vermium terrestrium et fluviatilium, seu animalium infusoriorum, helminthicorum, et testaceorum, non marinorum, succincta historia [M]. Havniae et Lipsiæ: apud Heineck et Faber, typis Martini Haliager: 214.

NASARAT H, AMR Z, NEUBERT E, 2014. Two invasive freshwater snails new to Jordan (Mollusca: gastropoda) [J]. Zoology in the Middle East, 60 (1): 46-49.

NEI M, 1978. Estimation of average heterozygosity and genetic distance from a small number of individuals [J]. Genetics, 89: 583-590.

OLIVEIRA C D L, OLIVEIRA C Y B, 2019. Growth parameters of the invasive gastropod *Melanoides tuberculate* (Müller, 1774) (Gastropoda, Thiaridae) in a semiarid region, Northeastern Brazil [J]. Acta Scientiarum Biological Sciences, 41: e45720.

ONIWA K, KIMURA M, 1986. Genetic variability and relationships in six snail species of the genus Semisulcospira [J]. Japanese Journal of Genetics, 61: 503-514.

PALMERA R, 1985. Quantum changes in gastropod shell morphology need not reflect speciation [J]. Evolution, 39: 699-705.

PALUMBI S R, MARTIN A, ROMANO S, et al., 1991. The simple fool's guide to PCR [M]. Honolulu: University of Hawaii.

PARK J K, FOIGHILO D, 2000. Sphaeriid and corbiculid clams represent separate heterodont bivalve radiations into freshwater enviornments [J]. Molecular Phylogenetics and Evolution, 14: 75-88.

PHILIPPI R A, 1842-1850. Abbildungen und Beschreibungen neuer oder wenig gekannter Conchylien unter Mithülfe meherer deutscher Conchyliologen [J]. Cassel, T. Fischer, Vol. 1: 1-20 [1842], 21-76 [1843], 77-186 [1844], 187-204 [1845]; Vol. 2: 1-64 [1845], 65-152 [1846], 153-232 [1847]; Vol. 3: 1-50 [1847], 51-82 [1848], 1-88 [1849], 89-138 [1850].

PHILIPPI R A, 1843. Abbildungen und Beschreibungen neuer oder wenig gekannter Conchylien unter Mithülfe meherer deutscher Conchyliologen [J]. Cassel, T. Fischer, 1: 21 -76.

PILSBRY H A, BEQUAERT J, 1927. The aquatic mollusks of the Belgian Congo, with a geographical and ecological account of Congo malacology [J]. Bulletin of the American Museum of Natural History, 53: 69-602.

PONDER W F, LINDBERG D R, PONDER J M, 2020. Biology and evolution of the mollusca. Volume one and two [M]. Boca Raton: Taylor & Francis Group.

PRASHAD B, 1921. Report on a collection of Sumatran molluscs from fresh and brckish water [J]. Records of the Indian Museum, 22: 461-507.

PRESTON H B, 1911. Descriptions of new Melaniidae from Goram and Kei Islands, Malay Archipelago [J]. Proceedings of the Malacological Society of London, 9 (4): 228-229.

PROZOROVA L A, RASSHEPKINA A V, 2006. On the radula and pallial gonoduct morphology of the gastropod *Biwamelania decipiens* and *B. multigranosa* (Cerithioidea: Pleuroceridae: Semisulcospirinae) [J]. Bulletin of the Russian Far East Malacological Society, 10: 130-132.

REEVE L A, 1859 - 1861. Monograph of Melania [M] //Conchologiaiconica, London: Lovell Reeve, 12: 1-59.

VON RINTELEN T, WILSON A B, MEYER A, et al., 2004. Escalation and trophic specializatin drive adaptive radiation of viviparous freshwater gastropods in the ancient lakes on Sulawesi, Indonesia [J]. Proceedings of the Royal Society of London, Series B, Biological Sciences, 271: 2541-2549.

ROGERS J S, 1972. Measure of genetic similarity and genetic distance [J]. Studies in Genetics, 7: 145-153.

ROLL U, DAYAN T, SIMBERLOFF D., et al., 2009. Non indigenous land and freshwater gastropods in Israel [J]. Biological Invasions, 11: 1963-1972.

RONQUIST F, TESLENKO M, VAN DER MARK P, et al., 2012. MrBayes 3.2: efficient Bayesian phylogenetic inference and model choice across a large model space [J]. Systematic Biology, 61: 539-542.

ROVERETO G, 1899. Primi ricerche sinonimiche sui generi dei gastropodi [J]. Atti de la Societa Ligustica, 10: 101-110.

SAMBROOK J, FRITSCH E F, MANIATIS T, 1989. Molecular Cloning: A laboratory manual [M]. Cold Spring Harbor, NY: Cold Spring Harbor Laboratory Press.

SARASIN P, SARASIN F, 1898. Die Süßwassermollusken vo Celebes [J]. Materialen zur Naturgeschichte der Insel Celebes, 1: 1-104.

SENGUPTA M E, KRISTENSEN T K, MADSEN H, et al., 2009. Molecular phylogenetic investigations of the Viviparidae (Gastropoda: Caenogastropoda) in the lakes of the Rift valley area of Africa [J]. Molecular Phylogenetics and Evolution, 52: 797-805.

SHI L, SHU Y, QIANG C, et al., 2020. A new freshwater snail (Gastropoda: Pomatiopsidae) endemic to Fuxian Lake (Yunnan, China) identified, based on morphological and DNA evidence [J]. Biodiversity Data Journal, 8: e57218.

SHU F Y, KÖHLER F, WANG H Z, 2010. On the shell and radular morphology of two en-
dangered species of the genus *Margarya* Nevill, 1877 (Gastropoda: Viviparidae) from
lakes of the Yunnan plateau, southwest China [J]. Mollusca Research, 30: 17-24.

SMITH E A, 1878. Description of new shells from the island of Formosa and the Persian Gulf,
and note upon a few known species [J]. Proceedings of the Zoological Society of London,
728-733.

STAMATAKIS A, 2014, RAxML Version 8: a tool for phylogenetic analysis and post-
analysis of large phylogenies [J]. Bioinformatics, 30, 1312-1313.

STARMÜHLER F, 1976. Ergebnisse der Österreichischen Indopazifik-Expedition 1971 des
1. Zoologischen Institutes der Universität Wien: Beiträge zur Kenntnis der
Süßwassergastropoden pazifischer Inseln [J]. Annalen des Naturhistorischen Museums in
Wien 80B: 473-656.

STAROBOGATOV Y A, PROZOROVA L A, BOGATOV K V, et al., 2004. Molliuski. In
Tsalolikhin S. J. (ed) Opredelitel Presnovodnykb Bespozvonocbnykb Rossii i Sopredelnykb
Territorii [Key to freshwater invertebrates of Russia and adjacent lands]. V. 6. Molliuski,
Polikbety, Nemertiny [Molluscs, Polycbaetes Nemerteans] [M]. St. Petersburg: Nauka
[In Russian]: 9-491.

STRONG E E, COLGAN D J, HEALY J M, et al., 2011. Phylogeny of the gastropod super-
family Cerithioidea using morphology and molecules [J]. Zool. J. of the Linnean Society
162: 43- 89.

STRONG E E, FREST T J, 2007. On the anatomy and systematics of *Juga* from western North
America (Gastropoda: Cerithioidea: Pleuroceridae) [J]. The Nautilus, 121: 43-65.

STRONG E E, GLAUBRECHT M, 1999. Tapping the unexplored: Midgut morphology in
cerithioidean gastropods (Caenogastropoda) -preliminary results and implications for phy-
logenetic analysis [J]. Abstract American Malacological Society Meeting, Pittsburgh July,
1999: 53-54.

STRONG E E, KÖHLER F, 2009. Morphological and molecular analysis of ' Melania '
jacqueti Dautzenberg and Fischer, 1906: from anonymous orphan to critical basal offshoot
of the Semisulcospiridae (Gastropoda: Cerithioidea) [J]. Zoologica Scripta, 38: 483
-502.

STRONG E E, GARGOMINY O, PONDER W, et al., 2008. Global diversity of gastropods
(Gastropoda: Mollusca) in freshwater [J]. Hydrobiologia, 595: 149-166.

SYTCHEVSKAYA E K, 1986. Paleogene freshwater fish fauna of the USSR and Mongolia
[J]. Joint Soviet-Mongolian Paleontol Exped Transact, 29: 1-157.

TAYLOR D W, 2003. Introduction to Physidae (Gastropoda: Hygrophila), biogeography,
classification, morphology [J]. Revista de Biologia Tropical 51, Supplement, 1: 1
-287.

TCHANG S, TSI C Y, 1949. Liste des mollusques d' eau douce recueillis pendant les années

1938-1946 au Yunnan et description d'éspèces nouvlles [J]. Contributions from the Institute of Zoology, National Academy of Peiping, 5: 205-220.

THIELE J, 1925. Mollusca [M] //Handbuch der Zoologie, Leipzig: Metzger & Wittig, 5: 1-256.

THIELE J, 1928. Revision des Systems der Hydrobiiden und Melaniiden [J]. Zoologisches Jahrbuch, Abteilung Systematik, 55: 351-402.

THIELE J, 1929. Handbuch der Systematischen Weichtierkunde [M]. Washington, D. C. : Smithsonian Institution Libraries: National Science Foundation.

TROSCHEL F H, 1837. Neue Süßwasser-Conchylien aus dem Ganges [J]. Archiv für Naturgeschichte. 3: 166-182.

TROSCHEL F H, 1857-1863. Das Gebiss der Schnecken zur Begründung einer natürlichen Classification [M]. Berlin: Nicolaische Verlagsbuchhandlung.

TRUSSELL G C, SMITH C D, 2000. Induced defenses in response to an invading crab predator: An explanation of historical and geographic phenotypic change [J]. Proceedings of the National Academy of Sciences of the United States of America, 97: 2123-2127.

TURGEON D D, QUINN J F, BOGAN A E, et al. , 1998. Common and scientific names of aquatic invertebrates from the United States and Canada: Mollusks, 2nd edn [M]. Special Publication 26. Bethesda, Maryland: American Fisheries Society.

URABE M, 1993. Two types of freshwater snail Semisulcospira reiniana (Brot) (Mesogastropoda: Pleuroceridae) identified by electrophoresis [J]. Japanese Journal of Limnology, 54: 109-116.

URABE M, 1998. Contribution of genetic and enviornmental factors to shell shape variation in the lotic snail Semisulcospira reiniana (Prosobranchia: Pleuroceridae) [J]. Journal of Molluscan Studies, 64: 329-3434.

URABE M, 2000. Phenotypic modulation by the substratum of shell sculpture in Semisulcospira reiniana (Prosobranchia: Pleuroceridae) [J]. Journal of Molluscan Studies, 66: 53-59.

URABE M, 2003. Trematode fauna of prosobranch snails of the genus Semisulcospira in Lake Biwa and the connected drainage system [J]. Parasitology International, 52: 21-34.

WANG C R, SUO W W, HUANG X R, et al. , 2018. A new species of Sulcospira (Gastropoda: Pachychilidae) from Hunan, China [J]. Zoological Science, 35 (5): 476-482.

WANG J K, LI G F, WANG J S, 1981. The early tertiary fossil fishes from Sanshui and its adjacent basin, Guadong [J]. Palaenotologia Sinica Series C, 22: 1-90.

WATANABE N C, Nishino M, 1995. A study on taxonomy and distribution of the freshwater snail, genus Semisulcospira in Lake Biwa, with descriptions of eight new species [J]. Lake Biwa Study Monographs, 6: 1-36.

WATANABE N C, 1984. Studies on taxonomy and distribution of the freshwater snails, genus Semisulcospira in the three islands inside Lake Biwa [J]. Japanese Journal of Limnology,

45: 194-203.

WENZ W, 1938 – 1944. Gastropoda. Teil 1: Allgemeiner Teil und Prosobranchia [M]// SCHINDEWOLF O H. Handbuch der Paläozoologie, Band 6. Berlin: Bornträge, Lief. 1, 1-240 [March 1938]; 3, 241-480 [October 1938]; 4, 481-720 [July 1939]; 6, 721-960 [August 1940]; 7, 961-1200 [October 1941]; 8, 1201-1506 [October 1943]; 9, 1507-1639, pl. 1-12 [November 1944].

WILSON A B, GLAUBRECHT M, MEYER A, 2004. Ancient lakes as evolutionary reservoirs: evidence from the thalassoid gastropods of Lake Tanganyika [J]. Proceedings of the Royal Society of London, Series B, Biological Sciences, 271: 529-536.

YEN T C, 1939. Die chinesischen Land- und Süßwasser-Gastropoden des Natur-Museums Senckenberg [J]. Abhandlungen der senckenbergisch – naturforschenden Gesellschaft, 444: 1-233.

YEN T C, 1942. A review of Chinese gastropods in the British Museum [J]. Proceedings of the Malacological Society of London, 24: 170-289.

YEN T C, 1948. Notes on Land and Freshwater Mollusks of Chekiang Province, China [J]. Proceedings of the California Academy of Sciences, 26: 69-99.

ZHANG L J, CHEN S C, YANG L T, et al. , 2015. Systematic revision of the freshwater snail *Margarya* Nevill, 1877 (Mollusca: Viviparidae) endemic to the ancient lakes of Yunnan, China, with description of new taxa [J]. Zoological Journal of the Linnean Society, 174: 760-800.

ZHANG N G, HAO T X, WU C Y, et al. , 1997. A research of freshwater Gastropoda from Yunnan [J]. Studies Marine Sinica, 39: 15-25.

836-840.

[10] Lenglet H, Schmitt C, Grange T, et al. From a dominant to an oligogenic model of inheritance with envi-ronmental modifiers in Acute Intermittent Porphyria [J] . Human Molecular Genetics, 2018, 27 (7).

[11] 李峰, 祝东林, 陈道文, 等. 急性间歇性血卟啉病的临床特点 (附 1 例报告) [J] . 临床神经病学杂志, 2017 (6): 468-470.

[12] Bai J, Wang ZH. Diagnosis and Treatment of Acute Intermittent Porphyria [J] . Zhongguo Yi Xue Ke Xue Yuan Xue Bao Acta Academiae Medicinae Sinicae, 2017, 39 (6): 836-840.

[13] 方艳伟, 许伟, 李新江, 等. 急性间歇性血卟啉病误诊为外科急腹症二例 [J] . 中华普通外科杂志, 2017, 32 (3): 242-242.

[14] Lenglet H, Schmitt C, GBonnefoy Mirralles AM, et al. A Comprehensive Rehabilitation Program and Follow-up Assessment for Acute Intermittent Porphyria [J] . American Journal of Physical Medicine & Rehabilitation, 2017, 96 (5): e85.

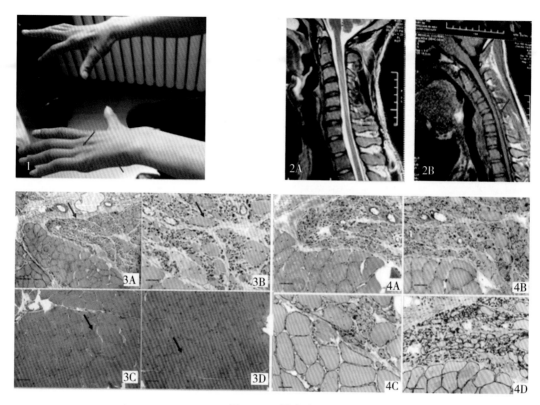

图 17-2　平山病

图 17-2.1 可见双侧骨间肌、大小鱼际萎缩,双侧上臂尺侧腕屈肌呈斜坡样萎缩。

图 17-2.2 中立位脊髓未见明显异常,过曲位可见颈髓前移,不同程度的低位颈髓($C_{4\sim7}$)萎缩变细,硬脊膜后壁前移,硬脊膜外间隙增宽。

图 17-2.3 3A 10×HE 染色显示可见大群萎缩肌纤维(红箭头所示),范围波及整个肌束。3B 40× HE 可见较多肥大肌纤维(绿箭头所示)。3C、3D 为两位确诊的 ALS 肱三头肌 10×HE 染色,显示多个散在的小角状萎缩肌纤维(黑箭头所示)。

图 17-2.4 4A 40×MGT 染色下未见典型及不典型 RRF。4B 40×ORO 染色未见肌纤维脂肪滴异常增多,未见血管壁脂肪滴增多。4C 肌细胞膜上 Dystraphin 均匀表达,排除肌营养不良。4D 肌细胞膜上 Dysferlin 均匀表达排除远端型肌营养不良

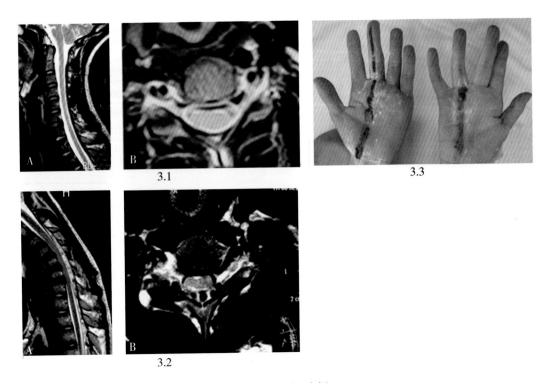

3.1

3.2

3.3

图 17-3 平山病(病例 3)

图 17-3.1 颈椎中立位:颈椎曲度变直,C$_{6\sim7}$节段脊髓较细

图 17-3.2 颈椎屈曲位:A 矢状位:硬脊膜明显前移,颈髓受压变扁,硬脊膜外间隙新月形改变;B 轴位 T$_2$ 序列可见颈髓受压变扁,硬脊膜外间隙有静脉丛流空信号影。

图 17-3.3 右手肌萎缩,以大小鱼际为著,双侧发汗试验无区别

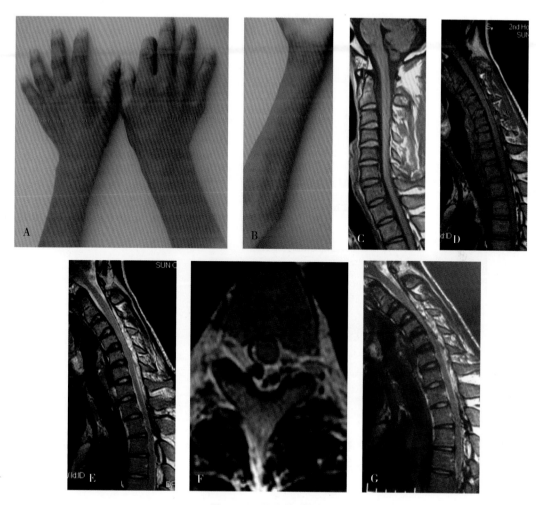

图 17-4 平山病(续 2)

A 示双手骨间肌萎缩,左侧著;B 示左前臂尺侧条带状肌萎缩,C 示 C$_6$ 以上变直;D 为 MRI T1 曲颈,脊髓后间隙增宽,其内信号欠均,以低信号为主;E 为 T2 像,示 C$_3$ 至上段颈髓后硬膜外腔增宽,以 C$_{4\sim6}$ 明显,呈高信号,其内有血管流空影;F 为颈髓横断面放大,示脊髓后硬膜外腔扩大及血管流空影更明显,脊髓右侧受压著;G 为增强扫描,显示病变更明显,颈髓前移,C$_{4\sim5}$ 脊髓前后径明显缩小

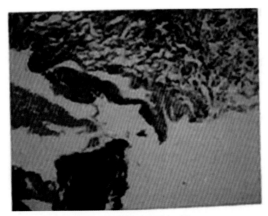

图 21-3 脑组织活检(续2)

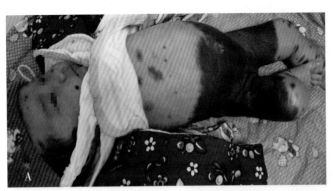

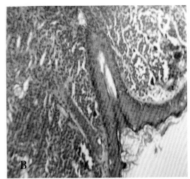

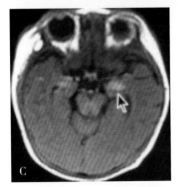

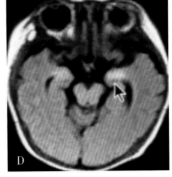

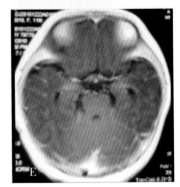

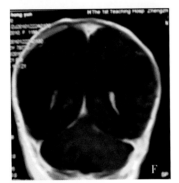

图 21-4 神经-皮肤黑变病

A 示皮肤黑色素沉着,其上有毛发生长;B 为腹部皮肤活检示:真皮层内可见黑色素细胞呈巢团状分布,胞体呈椭圆形或多角形,内含大量黑色素,诊断为皮内痣;C 为 MRI T_1,D 为黑水像显示双侧海马呈高信号,左侧明显,左侧颞角稍扩大,E、F 为 T_1 增强扫描显示双侧大脑半球脑表面多发斑片状及条状轻度强化信号影,可疑颞枕部硬脑膜强化、双侧额叶脑表面条状低信号;脑沟、脑池及脑裂未见明显增宽加深;中线结构未见偏移

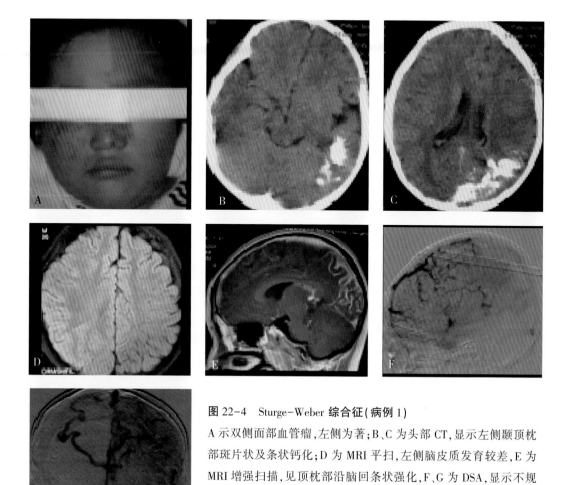

图 22-4 Sturge-Weber 综合征(病例 1)

A 示双侧面部血管瘤,左侧为著;B、C 为头部 CT,显示左侧颞顶枕部斑片状及条状钙化;D 为 MRI 平扫,左侧脑皮质发育较差,E 为 MRI 增强扫描,见顶枕部沿脑回条状强化,F、G 为 DSA,显示不规则杂乱血管影,引流静脉汇入上矢状窦

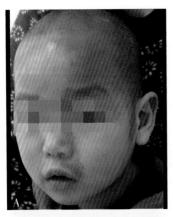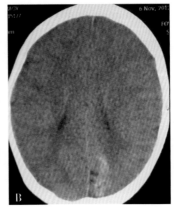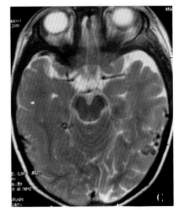

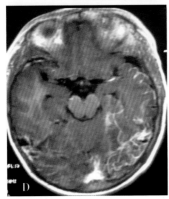

图 22-5 Sturge-Weber 综合征(病例 2)

A 为左侧三叉神经第Ⅰ、Ⅱ支分布区血管瘤,第Ⅰ支区著,B 为 CT 示左侧枕叶不规则带状钙化影,C 为 MRI T$_2$ 像,示左侧颞枕部异常线样高信号及血管流空影,D 为 MRI 增强扫描示做颞枕部异常血管团强化,呈"轨道样"

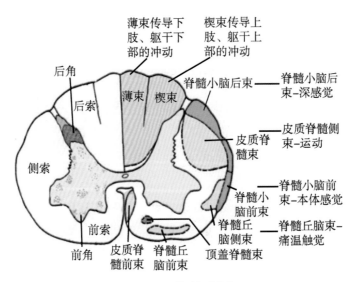

图 26-1 脊髓解剖图

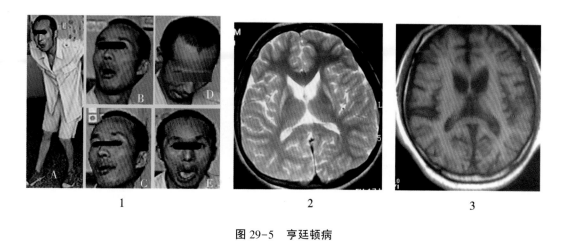

图 29-5 亨廷顿病

1 示舞蹈样奇异动作;2 为 T2 示壳核萎缩,呈条状高信号;3 为 T1 示尾状核头萎缩前角扩大、脑萎缩

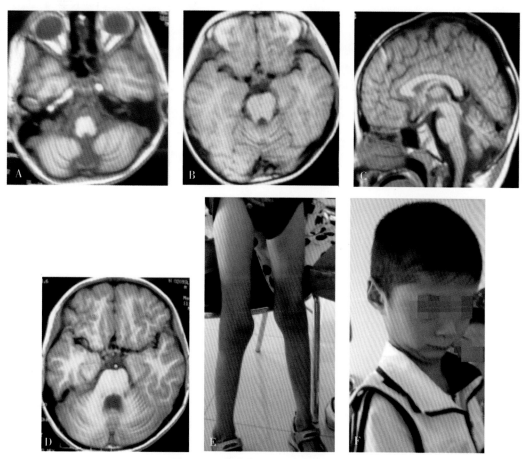

图 30-1 共济失调-毛细血管扩张症

A~D 示小脑、脑干萎缩;A:2 岁时,B、C:6 岁时,D:7 岁时。

E、F 为患者 7 岁时状况,消瘦,皮下脂肪少

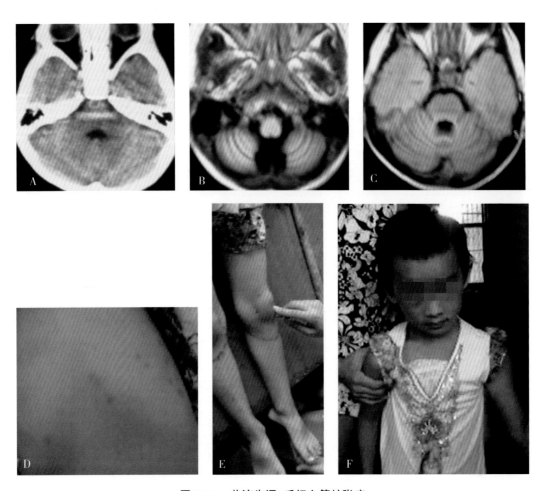

图 30-2 共济失调-毛细血管扩张症

A~C 示小脑萎缩 A:CT 示 2.8 岁时,B、C:MRI 示 9 岁时;

D:显示皮肤咖啡斑;E、F:患者 9 岁时状况,消瘦,皮下脂肪减少

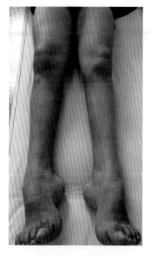

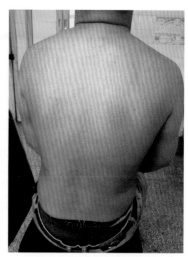

图31-2 腓骨肌萎缩症

A 示双下肢肌肉萎缩、马蹄内翻足;B 示双手肌肉萎缩伴轻度"爪形"改变;C 示脊柱无侧弯畸形

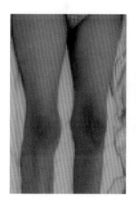

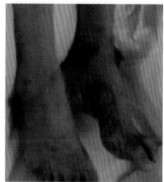

图31-3 腓骨肌萎缩症(续)

男,16岁,进行性双下肢无力伴肌萎缩2年;双手肌萎缩不明显,典型的"鹤腿"或倒立的"香槟酒瓶状",轻度弓形足

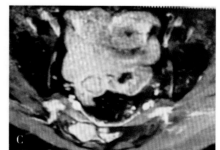

图39-1 POEMS 综合征

A、B 为上下肢皮肤色素沉积;C 为骶部硬化型骨髓瘤

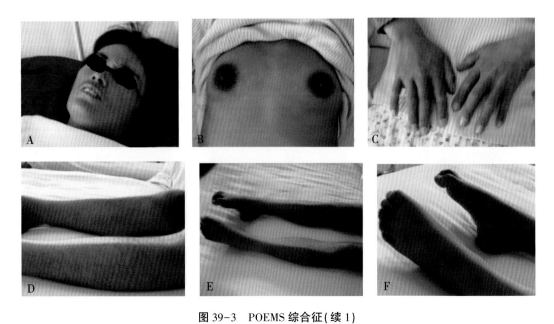

图 39-3　POEMS 综合征(续 1)

A~F 示患者面部、腹部、四肢皮肤色素沉着,乳晕扩大、发黑;F、G 示双下肢周围神经损害,足下垂,肌肉萎缩

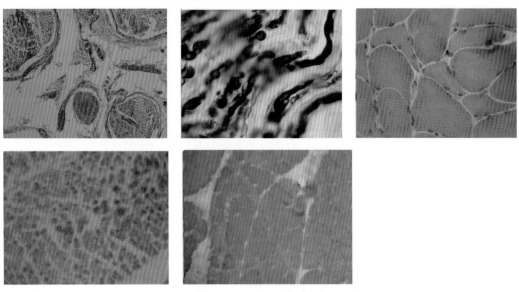

图 39-4　POEMS 综合征

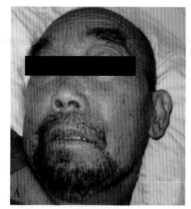

图 43-1　Fabry 病面容及皮疹

A 示面部发红,面部宽大,颧弓稍突,鼻基部宽,眶周稍肿,眉毛丛生;
B 示皮疹伴毛细血管扩张

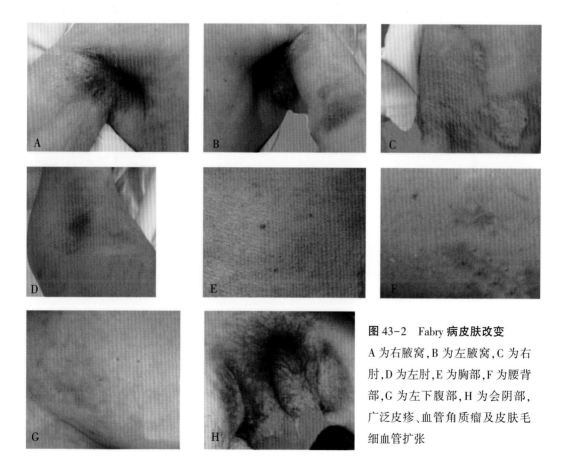

图 43-2　Fabry 病皮肤改变

A 为右腋窝,B 为左腋窝,C 为右肘,D 为左肘,E 为胸部,F 为腰背部,G 为左下腹部,H 为会阴部,广泛皮疹、血管角质瘤及皮肤毛细血管扩张

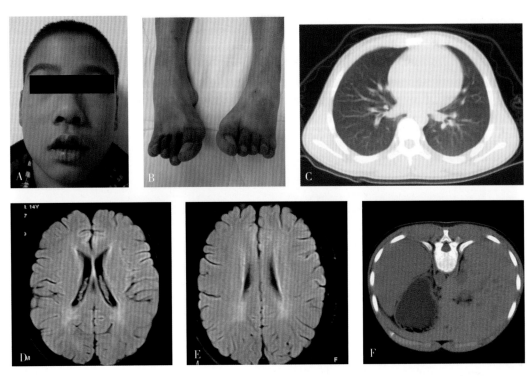

图 44-1 C 型尼曼-匹克病

A 示患者面部表情呆滞；B 示马蹄内翻足；C 示肺部无明显异常；D、E 为 MRI FLAIR 示脑白质脱髓鞘；
F 示肝脾大

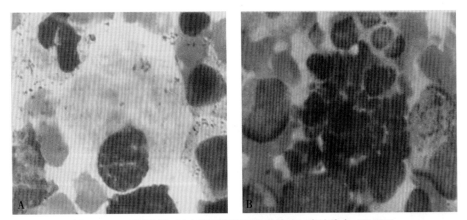

图 44-2 C 型尼曼-匹克病（骨髓细胞学检查-瑞特染色，X1000）

A 可见大量尼曼匹克细胞，细胞胞体较大，核偏位，染色质疏松，胞浆量丰富充满空泡，呈泡沫样；B 可见
海蓝细胞

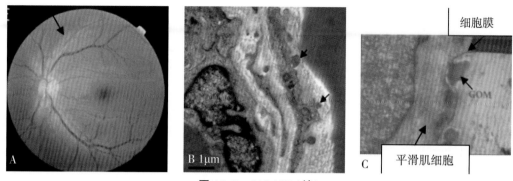

图 46-2　CADASIL(续)

A 示眼底视网膜动脉狭窄,反光强,血管周围有血管套改变(箭头),无交叉压迫现象;B、C 示微动脉
平滑肌细胞表面典型嗜锇颗粒(来自文献)

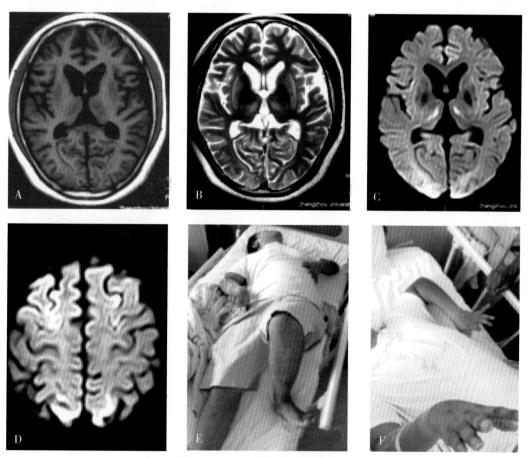

图 51-4　肝豆状核变性(病例 2)

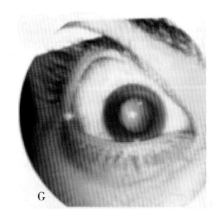

图 51-4　肝豆状核变性(病例 2)(续)

2016 年 8 月 29 日,A T1 序列示丘脑、壳核低信号;B T2 序列示丘脑、壳核高信号;C DWI 序列示丘脑、壳核、枕叶、额叶高信号;E、F 患者肌张力障碍,G 角膜可见棕色色素环带状改变

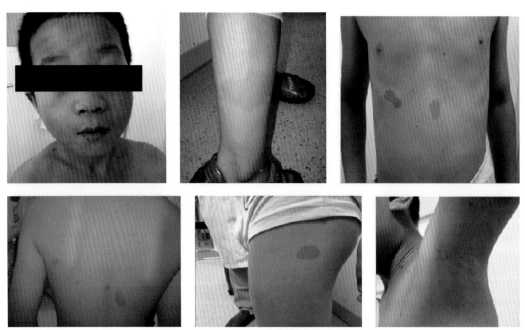

图 53-2　患者面部、胸背部、四肢、腋窝可见牛奶咖啡斑、雀斑

图 53-3　患者虹膜可见黄色小结节,Lisch 结节

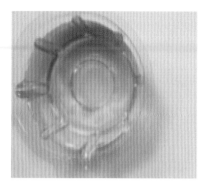

图 58-2　晒尿试验

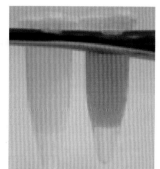

图 58-3　对二甲氨基苯
甲醛试验